高等职业教育公共课程“十三五”规划教材

计算机应用基础上机指导

舍乐莫　刘海涛　主　编

索晓红　刘　英　李庆玲　李　夏　副主编

马占丽　主　审

中国铁道出版社有限公司
CHINA RAILWAY PUBLISHING HOUSE CO., LTD.

内容简介

本书是《计算机应用基础》（杨秀芳、刘海涛主编）的配套上机指导，安排了与课程标准相对应的重点知识、技能实操。内容涵盖了近几年几乎所有计算机信息技术的核心要求，主要以提高学生的计算机应用动手能力为目的，兼顾计算机应用等级证书考试的要求。本书采用任务驱动的方式组织内容，突出实用性，精选相关行业实际技能需求的案例，从实际出发，直接模拟工作环境，力求使读者轻松完成从理论到实践的过渡。

全书包括计算机基础知识、键盘及文字录入、计算机网络及Internet应用、Windows 7操作系统、Word 2013文字处理软件、Excel 2013电子表格处理软件、PowerPoint 2013演示文稿制作软件7个项目。

本书适合作为高等职业院校的教材，还可作为各类计算机教育培训机构的教材，也可供广大计算机爱好者自学使用。

图书在版编目（CIP）数据

计算机应用基础上机指导/舍乐莫，刘海涛主编.— 北京：中国铁道出版社有限公司，2019.9
高等职业教育公共课程“十三五”规划教材
ISBN 978-7-113-26099-6

Ⅰ.①计… Ⅱ.①舍… ②刘… Ⅲ.①电子计算机-高等职业教育-教学参考资料 Ⅳ.①TP3

中国版本图书馆CIP数据核字(2019)第195054号

书　　名：计算机应用基础上机指导
作　　者：舍乐莫　刘海涛

策　　划：尹　鹏　　**编辑部电话：**010-63589185 转 2062
责任编辑：祁　云　徐盼欣
封面设计：刘　颖
责任校对：张玉华
责任印制：郭向伟

出版发行：中国铁道出版社有限公司（100054，北京市西城区右安门西街8号）
网　　址：http://www.tdpress.com/51eds/
印　　刷：中国铁道出版社印刷厂
版　　次：2019年9月第1版　2019年9月第1次印刷
开　　本：787 mm×1 092 mm　1/16　**印张：**15　**字数：**380千
书　　号：ISBN 978-7-113-26099-6
定　　价：42.00元

前　言

计算机应用基础是高等院校非计算机专业的一门计算机基础公共课程，通过学习，学生能系统地了解及熟练使用计算机，以及不断提高工作和学习效率。

本书是《计算机应用基础》的配套上机指导，安排了与课程标准相对应的知识点相关的实训。本书的编者都是长期工作在教学一线、具有丰富教学经验的优秀教师，为了编好本书，编者前期花费大量时间进行广泛的实地调研、素材收集和甄选符合新的课程体系要求的案例。

1．本书内容

本书共分为7个项目，包括计算机基础知识、键盘及文字录入、计算机网络及Internet应用、Windows 7操作系统、Word 2013文字处理软件、Excel 2013电子表格处理软件、PowerPoint 2013演示文稿制作软件。每个项目中将重要知识点融入若干任务中，帮助学生循序渐进地掌握相关技能，通过阶段测试完成知识点的掌握。

2．体系结构

本书的每个项目先提出"学习目标""能力目标"，然后完成具体的任务操作，之后进行"阶段测试"。每个任务包括任务技能目标和任务实施。部分任务还包括能力拓展。

① 任务技能目标：提出通过完成任务应达成的目标。

② 任务实施：对重点知识的提炼掌握或详细介绍任务的解决办法和操作步骤。

③ 能力拓展：对知识点进行展开说明，结合内容给出难度适中的操作题，通过练习，达到强化、巩固、提升所学知识的目的。

阶段测试针对本项目内容，通过"选择题"、"填空题"、"判断题"、"简答题"和"操作题"等形式进行一次较全面检验，巩固知识点、技能的掌握。

3．本书特色

① 本书是编者多年从事计算机专业教学的经验总结。本书的编者都是经验丰富的一线计算机教育能手，对高职院校学生的基本情况、特点和学习规律有深入的了解。

② 编写思路与众不同。全书重点知识与实训合二为一，各任务均通过任务实施完成，

有明晰的操作步骤。知识点的巩固通过阶段测试来实现。本书任务既突出知识点又给出了详尽的步骤，非常适合初学者使用。能力拓展部分提供了一些专业前沿的知识及技巧，可以满足更高一层的需求。

③ 任务来源于现实工作，强调实践，操作过程图文并茂，直观明了，帮助学生在完成过程中学习相关的知识和技能，提升自身的综合职业素养和能力。

本书由内蒙古机电职业技术学院老师编写，由舍乐莫、刘海涛任主编，索晓红、刘英、李庆玲、李夏任副主编，由马占丽主审，舍乐莫负责教材总体设计及统稿。具体编写分工如下：舍乐莫编写项目一、项目二，索晓红编写项目三，李夏编写项目四，李庆玲、舍乐莫编写项目五，刘海涛、舍乐莫编写项目六，刘英编写项目七。

由于编者水平有限，加之时间仓促，书中难免存在不妥与疏漏之处，敬请读者提出宝贵意见。编者邮箱：nmgjdxyslm@163.com 或 916937624@qq.com。

编　者

2019 年 7 月

目　　录

项目一　计算机基础知识

能力目标

- 任务一　认识计算机的发展及应用
- 任务二　认识计算机系统组成
- 任务三　认识衡量计算机性能的主要指标
- 任务四　认识计算机病毒

知识目标

- 掌握计算机的定义、发展、分类及应用
- 掌握计算机系统（冯氏结构）的组成
- 掌握计算机性能参数
- 掌握杀毒软件的安装
- 了解组装个人计算机

任务一　认识计算机的发展及应用

任务技能目标

- 掌握第一台电子计算机的概况
- 掌握计算机的发展简史、分类
- 了解计算机的特点、应用领域
- 了解计算机的工作原理

任务实施

1. 计算机概念及第一台电子计算机

(1) 计算机的定义

计算机又称电脑，英文名称为Computer，它是一种能够按照人们事先编写的程序对各类数据和信息进行自动、快速、高效、准确地进行加工和处理的现代化电子设备。

当前计算机是按照冯·诺依曼的“存储程序”思想制成的，因此也称冯·诺依曼计算机。

（2）第一台电子计算机

世界上公认的第一台电子计算机 ENIAC（Electronic Numerical Integrator And Calculator，电子数字积分和计算机），于 1946 年 2 月 14 日正式启用。它由美国宾夕法尼亚大学研制，最初专门用于火炮弹道的计算，后来经过多次改进而成为能进行各种科学计算的通用计算机。ENIAC 由 17 468 个电子管、6 万个电阻器、1 万个电容器和 6 千个开关组成，重达 30 t，占地约 170 m^2，功率为 174 kW，耗资 45 万美元。这台计算机每秒只能运行 5 千次加法运算，或 400 次乘法，比机械式的继电器计算机快 1 000 倍。当 ENIAC 公开展出时，一条炮弹的轨道用 20 s 就可以计算出来，比炮弹本身的飞行速度还快。ENIAC 的存储器是电子装置，而不是靠转动的“鼓”。它能够在一天内完成几千万次乘法运算。

2. 计算机的发展简史

计算机的发展简史如表 1-1 所示。

表 1-1 计算机的发展简史

发展阶段	时 间 段	核心元件	代 表
第一代	1946—1957 年	电子管	ENIAC
第二代	1958—1964 年	晶体管	TRADIC 催迪克、441-B 型
第三代	1965—1970 年	中小规模集成电路	IBM360
第四代	1971 年至今	大规模超大规模集成电路	ILLIAC-IV、470V/6、M-190

3. 冯·诺依曼体系结构及哈弗结构

目前，大部分计算机体系都是在 CPU 内部使用哈弗结构，在 CPU 外部使用冯·诺依曼结构，如图 1-1 ~ 图 1-3 所示。

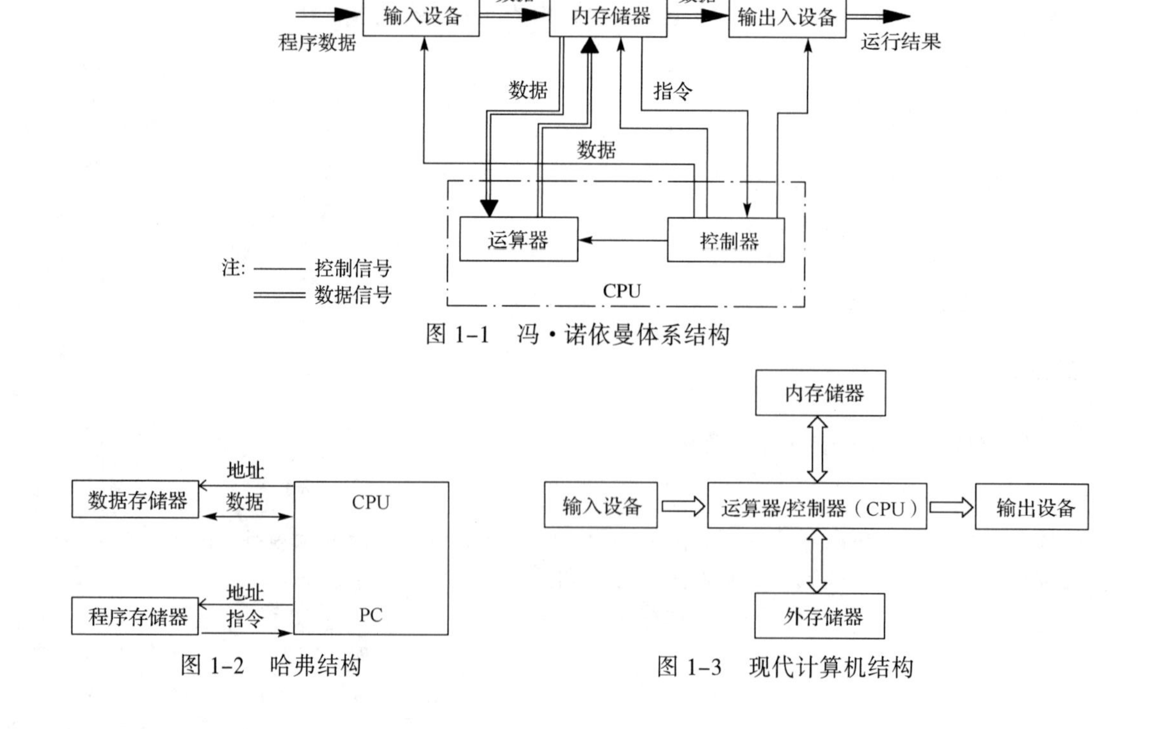

图 1-1 冯·诺依曼体系结构

图 1-2 哈弗结构

图 1-3 现代计算机结构

4．计算机工作原理

指令是对计算机进行程序控制的最小单元，是一种采用二进制表示的命令代码。它通常由两个部分组成，即操作码和操作数。

内存储器中存放运行的程序和数据。计算机工作原理如图 1–4 所示。

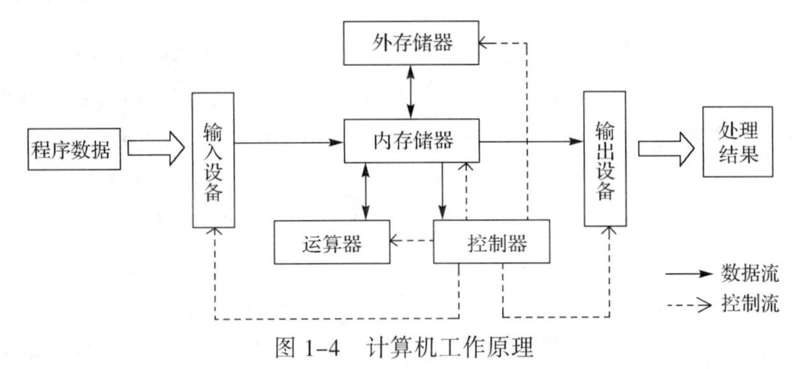

图 1–4　计算机工作原理

5．计算机的应用领域

计算机的应用领域有：科学计算；数据处理；计算机通信（电子邮件、IP 电话等）；计算机辅助工程，如 CAI（计算机辅助教学）、CAD（计算机辅助设计）、CAM（计算机辅助制造）、CAT（计算机辅助测试）；过程控制；AI（人工智能）；电子商务；休闲娱乐、远程教育等。

能力拓展

1．未来的计算机

（1）分子计算机

分子计算机是指利用分子计算的能力进行信息处理的计算机。它的运行靠的是分子晶体可以吸收以电荷形式存在的信息，并以更有效的方式进行组织排列。凭借分子纳米级的尺寸，分子计算机的体积将剧减。此外，分子计算机耗电可大大减少，并能更长期地存储大量数据。

美国惠普公司和加州大学于 1999 年 7 月 16 日宣布，已成功地研制出分子计算机中的逻辑门电路，其线宽只有几个原子直径之和。分子计算机的运算速度是目前计算机的 1 000 亿倍，最终有可能会取代硅芯片计算机。

（2）量子计算机

量子计算机是一种全新的基于量子理论的计算机，遵循量子力学规律进行高速数学和逻辑运算、存储及处理量子信息。量子计算机的概念源于对可逆计算机的研究。量子计算机应用的是量子比特，可以同时处在多个状态，而不像传统计算机那样只能处于 0 或 1 的二进制状态。

量子计算机早先由理查德 · 费曼提出，一开始是从物理现象的模拟而来的。他发现在模拟量子现象时，因为庞大的希尔伯特空间使数据量也变得庞大，一个完好的模拟所需的运算时间变得相当可观，甚至是不切实际的天文数字。理查德 · 费曼当时就想到，如果用量子系统构成的计算机来模拟量子现象，则运算时间可大幅度减少。量子计算机的概念从此诞生。20 世纪 80 年代，量子计算机多处于理论推导等纸上谈兵状态。一直到 1994 年彼得 · 秀尔提出量子素因子分解算法后，因其对通行于银行及网络等处的 RSA 加密算法破解而构成威胁，量子计算机成为热门的话题。

2011年5月11日，加拿大D-Wave 系统公司发布了一款号称“全球第一款商用型量子计算机”的计算设备D-Wave One。2017年5月3日，中国科学技术大学潘建伟教授宣布，在2016年首次实现十光子纠缠操纵的基础上，利用高品质量子点单光子源构建了世界首台超越早期经典计算机的单光子量子计算机。

（3）光子计算机

光子计算机是靠光而不是靠电来运行的，也就是说，光子计算机利用光子取代电子进行数据运算、传输和存储。在光子计算机中，不同波长的光表示不同的数据，可快速完成复杂的计算工作。光子计算机的运算速度在理论上可达每秒千亿次以上，其信息处理速度比电子计算机要快数百万倍。

1984年国际商用机器公司研发出能够在接近绝对零度的环境下工作的光子计算机；1990年美国电话电报公司贝尔实验室以美籍华裔科学家黄庚珏为首的小组研制成功第一台光子计算机，它由棱镜、透镜和激光器等元器件完成，走出了光子计算机的关键步伐。

光子计算机主要有三大类：光模拟信号计算机（也称光模拟机）、全光数字信号计算机（也称光数字机）、光智能形式计算机。光子计算机起始于模拟机。

（4）纳米计算机

纳米计算机是指将纳米技术运用于计算机领域所研制出的一种新型计算机。纳米技术是从20世纪80年代初迅速发展起来的一种科研领域。纳米技术正从MEMS（微电子机械系统）起步，把传感器、电动机和各种处理器放在一个硅芯片上而构成一个系统。应用纳米技术研制的计算机内存芯片，其体积不过数百个原子大小，相当于人的头发丝直径的千分之一。纳米计算机不仅几乎不需要耗费任何能源，而且其性能要比今天的计算机强大许多。

2013年9月26日，斯坦福大学马克斯·夏拉克尔宣布，人类首台基于碳纳米晶体管技术的计算机已成功测试运行。夏拉克尔团队打造的人类首台纳米计算机实际只包括了178个碳纳米管，并运行只支持计数和排列等简单功能的操作系统。然而，尽管原型看似简单，却已是人类多年的研究成果。

（5）生物计算机

生物计算机也称仿生计算机，主要原材料是生物工程技术产生的蛋白质分子，并以此作为生物芯片来替代半导体硅片，利用有机化合物存储数据。信息以波的形式传播，当波沿着蛋白质分子链传播时，会引起蛋白质分子链中单键、双键结构顺序的变化。其运算速度要比当今最新一代计算机快10万倍。它具有很强的抗电磁干扰能力，并能彻底消除电路间的干扰。生物计算机的能量消耗仅相当于普通计算机的十亿分之一，且具有巨大的存储能力。

生物计算机具有生物体的一些特点，如能发挥生物本身的调节机能，自动修复芯片上发生的故障，还能模仿人脑的机制等。生物芯片一旦出现故障，可以进行自我修复，所以具有自愈能力。也就是说，生物计算机具有生物活性，能够和人体的组织有机地结合起来，尤其是能够与大脑和神经系统相连。这样，生物计算机就可直接接受大脑的综合指挥，成为人脑的辅助装置或扩充部分，并能由人体细胞吸收营养补充能量，因而不需要外界能源。它将有可能植入人体内，成为帮助人类学习、思考、创造、发明的最理想伙伴。

生物计算机是以核酸分子作为“数据”，以生物酶及生物操作作为信息处理工具的一种新颖的计算机模型。生物计算的早期构想始于1959年，诺贝尔奖获得者Feynman提出利用分子尺度研制计算机；20世纪70年代以来，人们发现脱氧核糖核酸（DNA）处在不同的状态下，可产生有信息和无信息的变化。科学家发现生物元件可以实现逻辑电路中的 0 与 1、晶体管的通导或截止、电压的高或低、脉冲信号的有或无等。经过特殊培养后制成的生物芯片可作为一种新型高速计算机的集成电路。1983 年美国提出了生物计算机的概念；1994 年，图灵奖获得者 Adleman 提出基于生化反应机理的 DNA 计算模型；北京大学在 2007 年提出的并行型 DNA 计算模型，将具有 61 个顶点的一个 3–色图的所有 48 个 3–着色全部求解了出来，即使是当今最快的超级电子计算机，也需要 13 217 年方能完成该求解过程，该结果似乎预示着生物计算机时代即将来临。

2. 我国的计算机发展简史

1958 年，中科院计算所研制成功我国第一台小型电子管通用计算机 103 机（八一型），标志着我国第一台电子计算机的诞生。

1965 年，中科院计算所研制成功第一台大型晶体管计算机 109 乙机，之后推出 109 丙机，该机在两弹试验中发挥了重要作用。

1974 年，清华大学等单位联合设计、研制成功采用集成电路的 DJS–130 小型计算机，运算速度达每秒 100 万次。

1983 年，国防科技大学研制成功运算速度每秒上亿次的银河–I 巨型机，这是我国高速计算机研制的一个重要里程碑。

1985 年，电子工业部计算机管理局研制成功与 IBM PC 兼容的长城 0520CH 微机。

1992 年，国防科技大学研究出银河–II 通用并行巨型机，峰值速度达每秒 4 亿次浮点运算（相当于每秒 10 亿次基本运算操作），为共享主存储器的四处理机向量机，其中央向量处理机是采用中小规模集成电路自行设计的，总体上达到 20 世纪 80 年代中后期国际先进水平。它主要用于中期天气预报。

1993 年，国家智能计算机研究开发中心（后成立北京市曙光计算机公司）研制成功曙光一号全对称共享存储多处理机，这是国内首次以基于超大规模集成电路的通用微处理器芯片和标准 UNIX 操作系统设计开发的并行计算机。

1995 年，曙光公司推出了国内第一台具有大规模并行处理机（MPP）结构的并行机曙光 1000（含 36 个处理机），峰值速度为每秒 25 亿次浮点运算，实际运算速度上了每秒 10 亿次浮点运算这一高性能台阶。

1997 年，国防科大研制成功银河–III 百亿次并行巨型计算机系统，采用可扩展分布共享存储并行处理体系结构，由 130 多个处理结点组成，峰值性能为每秒 130 亿次浮点运算，系统综合技术达到 20 世纪 90 年代中期国际先进水平。

1997—1999 年，曙光公司先后在市场上推出具有机群结构（Cluster）的曙光 1000A、曙光 2000–I、曙光 2000–II 超级服务器，峰值计算速度已突破每秒 1 000 亿次浮点运算，机器规模已超过 160 个处理机。

1999 年，国家并行计算机工程技术研究中心研制的神威 I 计算机通过了国家级验收，并在国家气象中心投入运行。该系统有 384 个运算处理单元，峰值运算速度达每秒 3 840 亿次。它是我国在巨型计算机研制和应用领域取得的重大成果，标志着我国成为继美国、日本之后世界上第 3 个具备研制高性能计算机能力的国家。

2000 年，曙光公司推出每秒 3 000 亿次浮点运算的曙光 3000 超级服务器。

2001年，中科院计算所研制成功我国第一款通用CPU——“龙芯”芯片。

2002年，曙光公司推出完全自主知识产权的“龙腾”服务器。龙腾服务器采用“龙芯-1”CPU，采用曙光公司和中科院计算所联合研发的服务器专用主板，采用曙光 Linux 操作系统，该服务器是国内第一台完全实现自主产权的产品，在国防、安全等部门发挥了重大作用。

2003年，百万亿次数据处理超级服务器曙光4000L通过国家验收，再一次刷新了国产超级服务器的历史纪录，使得国产高性能产业再上新台阶。

2009年10月29日，中国首台千万亿次超级计算机“天河一号”诞生。2010年，“天河一号A”让中国第一次拥有了全球最快的超级计算机。

2011年，我国成为第3个自主构建千万亿次计算机的国家，神威蓝光千万亿次系统CPU是申威1600，这是国内首台全部采用国产中央处理器（CPU）和系统软件构建的千万亿次计算机系统。

2012年，全部采用国产CPU和系统软件构建的我国首台千万亿次计算机——“神威蓝光”千万亿次计算机系统在国家超级计算（济南）超级计算中心成功投入应用，这标志着我国成为继美国、日本之后世界上第3个能够采用自主CPU构建千万亿次计算机的国家。

从2013年6月起，“天河二号”超级计算机以每秒33.86千万亿次的运算速度连续称雄。

2016年，由国家并行计算机工程技术研究中心研制的超级计算机神威·太湖之光成为世界上首台运算速度超过十亿亿次的超级计算机。2016年7月，获吉尼斯世界纪录认证。2016年11月18日凌晨4:20时许，中国团队凭借在“神威·太湖之光”上运行的“全球大气非静力云分辨模拟”应用获得2016年度“戈登·贝尔”奖。

2017年8月，中国科学家打破纪录，在“神威·太湖之光”计算机上创造出最大的虚拟宇宙，用了10万亿个数字粒子来模拟宇宙的形成和早期扩张。

2017年11月，新一期的全球超级计算机500强发布，中国的“神威·太湖之光”连续第4次获得冠军。

2018年11月12日，新一期全球超级计算机500强榜单在美国达拉斯发布，中国超算“神威·太湖之光”位列第3名。排名第一位的超级计算机“顶点”，浮点运算能力为每秒12.23亿亿次，峰值接近每秒18.77亿亿次。

截至2018年底，全球超算前5名分别为美国“顶点”、中国“神威·太湖之光”、美国Sierra、中国“天河二号”和日本AI Bridging Cloud Infrastructure（ABCI）。根据榜单内容，中国的高性能计算机数量已经增加到了206台；美国的高性能计算机数量为124台。在500强榜单中排名前5的制造商中，中国公司占了3家，联想、浪潮和中科曙光分别位列第1、第3名和第5名；美国公司惠普和克雷分列第2名和第4名。在超级计算机领域，中国和美国正在形成交错领先的发展态势。

当前，全球的超级计算机正在进入E级计算时代，核心技术研发成为关键。我国超算在自主可控、持续性能等方面实现了较大突破。2018年5月，我国在国家超算天津中心发布我国新一代百亿亿次（1 000 PFlops）超级计算机“天河三号”原型机，如图1-5所示。完整版的“天河三号”将在2020年交付，在进度上又比对手暂时领先。原型机采用全自主创新，包括“飞腾”CPU、“天河”高速互联通信模块和“麒麟”操作系统等。目前，我国的E级计算规划布局已经展开，有望在超算领域再次领先世界。

图 1-5　超级计算机“天河三号”原型机

任务二　认识计算机系统组成

任务技能目标

- 掌握计算机系统的组成
- 掌握计算机性能参数指标
- 了解计算机中数的表示
- 了解不同进制数间的转换

任务实施

1. 计算机系统

一个完整的计算机系统由计算机硬件系统及软件系统两大部分构成，如图 1-6 所示。计算机硬件系统是组成计算机系统的各种物理设备的总称，它们是看得见、摸得着的，它们是计算机的“躯壳”。软件系统是为了运用、管理和维护计算机而编制的各种程序、数据和相关文档的总称，用于管理和控制计算机软硬件资源。软件是计算机的“灵魂”。通常把不装备任何软件的计算机称为裸机。计算机系统的各种功能都是由硬件和软件共同完成的。所以，一般来说，计算机硬件是软件的物质基础，计算机软件是硬件的灵魂。

2. 冯氏结构

基于冯·诺依曼结构（简称冯氏结构）的计算机硬件系统从功能上讲由运算器、控制器、存储器、输入设备和输出设备 5 部分组成。

冯·诺依曼体系结构的要点：将硬件按功能可划分为五大部分；控制器和运算器是其核心，统称 CPU；工作方式按存储程序原理进行。

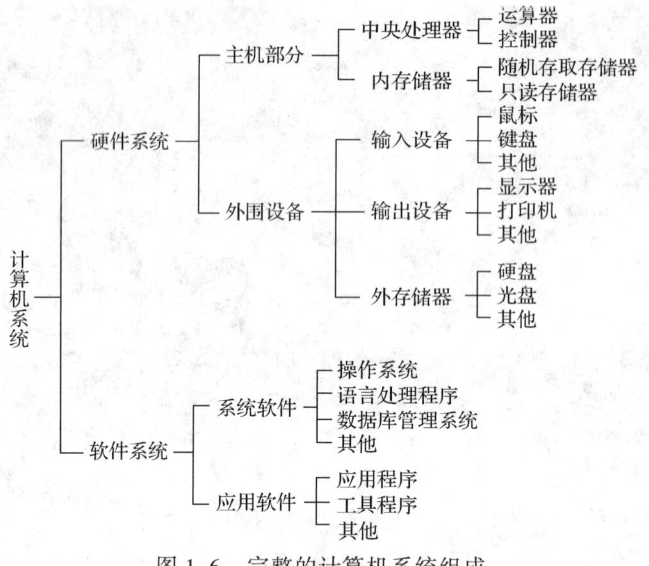

图 1-6 完整的计算机系统组成

存储程序工作原理基于计算机的两个基本能力：一是能够存储程序；二是能够自动地执行程序。

计算机是利用“存储器”（内存）来存放所要执行的程序的，而 CPU 可以依次从存储器中取出程序中的每一条指令，并加以分析和执行，直至完成全部指令任务为止。

3. 硬件系统

计算机硬件系统又可以分为主机部分和外围设备两大部分。主机部分主要包括 CPU 和显卡等设备，而外围设备包括鼠标、键盘、显示器、打印机和扫描仪等 I/O 设备。

（1）控制器

控制器是计算机的指挥中心，控制器主要由指令寄存器、译码器、程序计数器和操作控制器等组成。运算器是计算机的核心部件，又称算术逻辑单元（Arithmetic Logic Unit，ALU），主要功能是对二进制数码进行加、减、乘、除等算术运算和与、或、非等基本逻辑运算，实现逻辑判断。

一般所说的中央处理器（CPU）包括运算器、控制器和寄存器组。

（2）存储器

存储器按照在计算机系统中的作用可分为 3 种。首先是内存储器（简称内存），也称主存储器（简称主存），它直接与 CPU 相连，存储容量较小，但速度快，用来存放当前运行程序和数据，并直接与 CPU 交换信息。在计算机中，内存由 RAM、ROM 和 Cache 三部分组成。其次是外存储器（简称外存），又称辅助存储器（简称辅存）。它是内存的扩充，外存存储容量大，价格低，但存储速度较慢，一般用来存放大量暂时不用的程序、数据和中间结果。外存只能与内存交换信息，不能被计算机系统的其他部件直接访问。常用的外存有磁盘、光盘等。最后一种是高速缓冲存储器（Cache），它位于 CPU 和内存之间，以此弥补内存的运行速度与 CPU 之间的差距，减少 CPU 直接访问内存的次数，提高处理速度。CPU 对 Cache 的访问速度比一般内存快数倍。目前在常用微机中 Cache 分为两级。

按其存取方式来分，主存储器可分为随机存取存储器（Random Access Memory，RAM）和只读存储器（Read Only Memory，ROM）。其中，RAM 是短期存储器，只要断电，其存储内容就会全部丢失。而 ROM 的数据是厂家在生产芯片时以特殊的方式固化在上面的，用户一般不做修改。所以，ROM 中一般存放系统管理程序，比如固化在主板上的 BIOS 程序。即使断电，ROM 中的数据也不会丢失。

一般情况下所说的主机存储器是指内存储器。所以，人们通常把内存储器、中央处理器合称为计算机主机。而主机以外的装置称为外围设备，如输入设备、输出设备、外存储器等。

存储系统的层次结构如图 1–7 所示。高速缓冲存储器、内存储器、外存储器构成的三级存储系统可以分为两个层次，其中高速缓冲存储器和内存间称为 Cache–内存层次，而内存和外存间称为内存–外存层次。

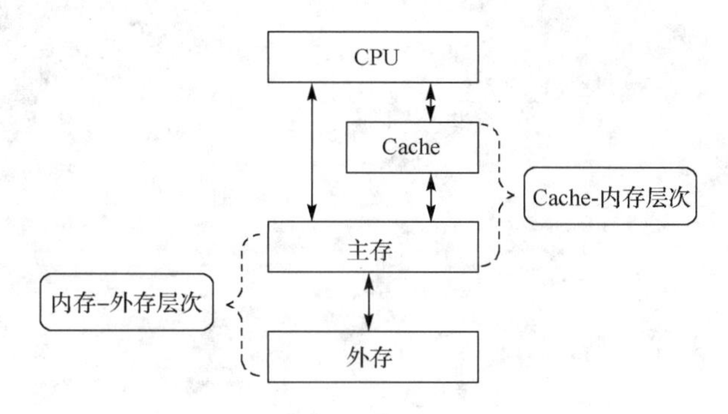

图 1–7　存储系统的层次结构

（3）输入/输出设备

常用的输入设备有键盘、鼠标、扫描仪、数字化仪等，常用的输出设备有显示器、打印机、绘图仪等。

4．计算机总线结构

当前微型计算机各部件之间采用系统总线（Bus）相连接，如图 1–8 所示。系统总线指 CPU、存储器与各类输入/输出设备之间相互交换信息的线路。根据传送的信号不同，总线分为 3 种：数据总线（Data Bus）、地址总线（Address Bus）和控制总线（Control Bus）。

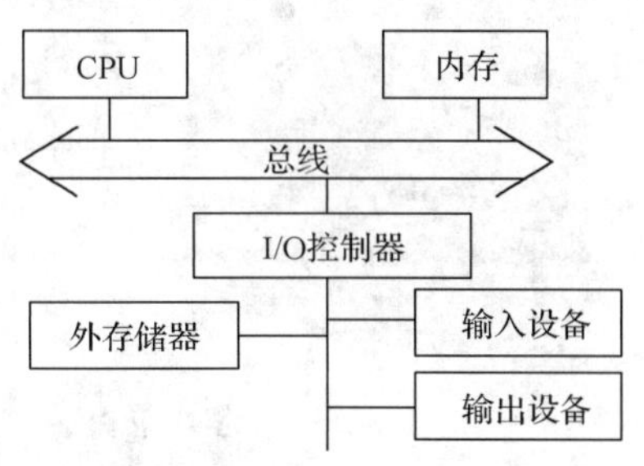

图 1–8　计算机总线结构

各部件之间传输的信息可分为 3 种类型：数据（含指令）、地址信号、控制信号。

数据总线负责传输各部件之间的数据信号；地址总线负责指出数据存放的存储位置信号；控制总线在传输信息时起控制作用。

总线涉及各部件之间的接口和信号交换规程，它与计算机系统对硬件结构的扩展和各类外围设备的增加有密切的关系。因此，总线在计算机的组成与发展过程中起着重要作用。

5. 主板组成

主板组成如图 1-9 和图 1-10 所示。

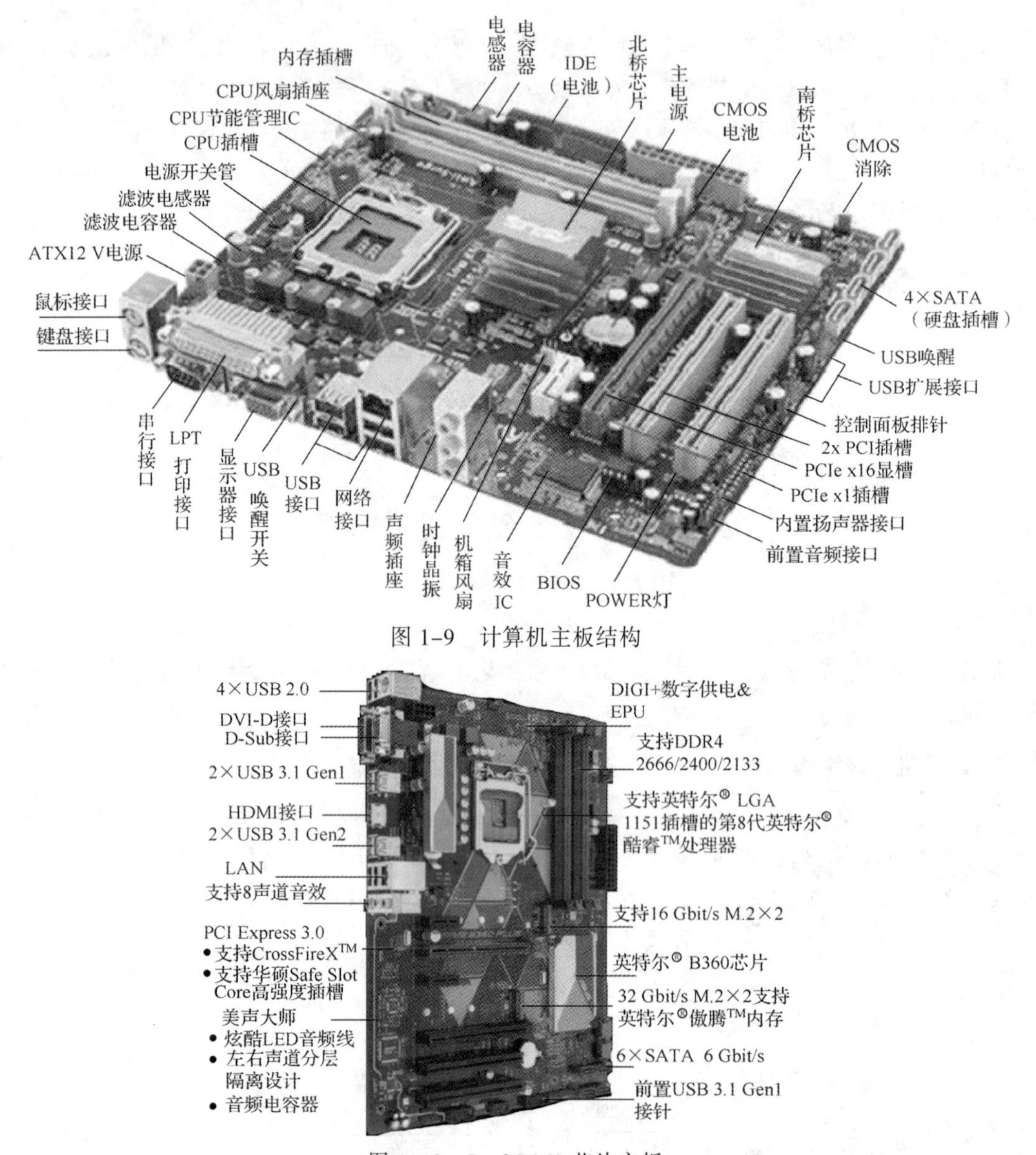

图 1-9 计算机主板结构

图 1-10 Intel B360 芯片主板

6. 软件系统

计算机系统的软件分为系统软件和应用软件两类。其中，系统软件是用户与计算机系统进行信息交换、通信对话、控制和管理的接口，是生产、准备和执行其他程序所必需的一组程序。它通常负责管理、控制和维护计算机的各种软硬件资源，并为用户提供一个友好的操作界面，其他软件一般都通过它发挥作用。应用软件是特定应用领域的专用软件，是专业人员为各种应用目的而编制的程序及软件开发商推出的一些专用软件包、数据管理系统等。例如，文字处理软件、表格处理软件、绘图软件、财务软件、过程控制软件等。

最基本、最重要的系统软件是操作系统，它是附着在计算机硬件上的第一层软件，是用户与硬件联系的接口，同时又是用户进行软件开发的基础，是系统软件的核心。它的主要功能是对计算机系统的全部硬件和软件资源进行统一管理、统一调度、统一分配。

其他系统软件和应用软件必须在操作系统的支持下才能合理调度工作流程，正常工作。操作系统与其他硬件与软件的关系如图 1-11 所示。

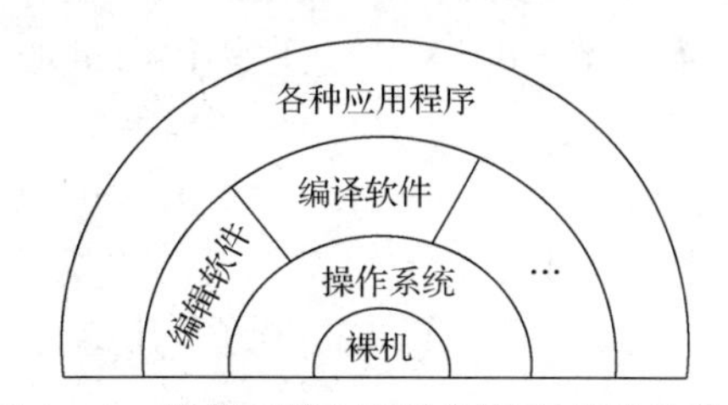

图 1-11　操作系统与其他硬件与软件的关系

7. 操作系统的分类

① 操作系统按用户界面分类，如图 1-12 所示。

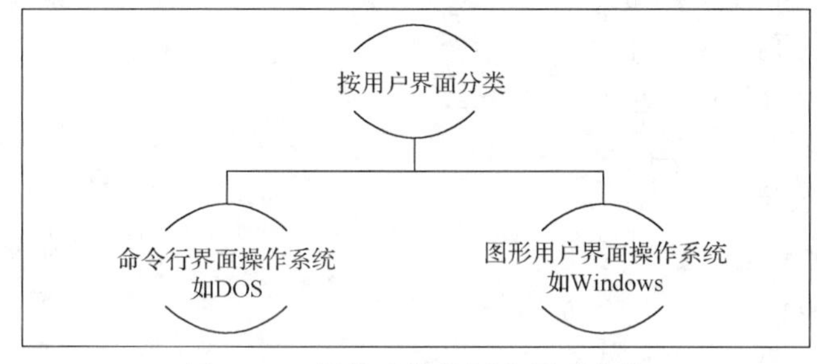

图 1-12　操作系统按用户界面分类

② 操作系统按工作方式分类，如图 1-13 所示。

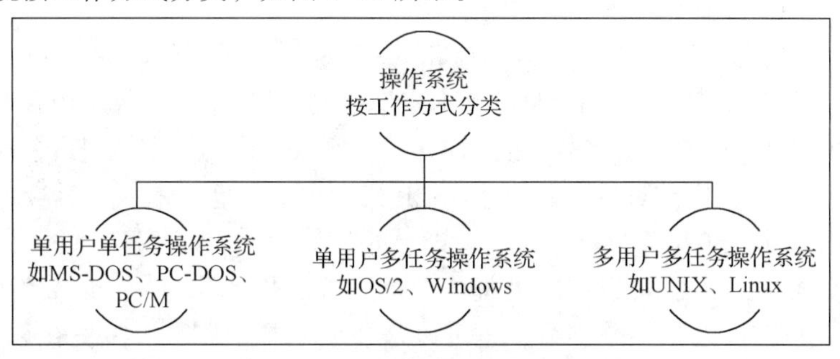

图 1-13　操作系统按工作方式分类

③ 操作系统按功能分类，如图 1-14 所示。

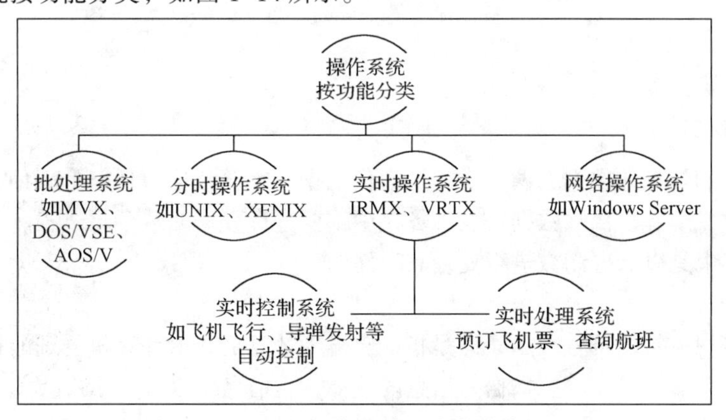

图 1-14　操作系统按功能分类

8. 计算机中信息存储单位

在计算机中，所谓的存储容量是指存储器中能包含的字节数，而计算机存储容量的计量单位有字节（Byte，B）、千字节（Kilobyte，KB）、兆字节（Megabyte，MB）、吉字节（Gigabyte，GB）、太字节（Terabyte，TB）、拍字节（Petabyte，PB）、艾字节（Exabyte，EB）、泽字节（Zetabyte，ZB）、尧字节（Yottabyte，YB）、BB（Brontobyte）、NB（Nonabyte）、DB（Doggabyte）等。

通常用B（字节）、KB（千字节）、MB（兆字节）、GB（吉字节）、TB（太字节）等来表示。

在计算机中，以二进制进行计量：

1 B=8 bit;

1 KB= 2^{10} B = 1 024 B;

1 MB= 2^{10} KB = 1 024 KB = 2^{20} B;

1 GB= 2^{10} MB = 1 024 MB = 2^{30} B;

1 TB= 2^{10} GB = 1 024 GB = 2^{40} B;

1 PB= 2^{10} TB = 1 024 TB = 2^{50} B;

1 EB= 2^{10} PB = 1 024 PB = 2^{60} B;

1 ZB= 2^{10} EB = 1 024 EB = 2^{70} B;

1 YB= 2^{10} ZB = 1 024 ZB = 2^{80} B;

1 BB= 2^{10} YB = 1 024 YB = 2^{90} B;

1 NB= 2^{10} BB = 1 024 BB = 2^{100} B;

1 DB= 2^{10} NB = 1 024 NB = 2^{110} B

计算机中最小的信息单位是位（bit）。在计算机中，一个二进制代码称为一位，记为 bit。如10110100 为 8 bit；计算机中用来存储信息的基本容量单位是字节。在计算机中以八位二进制代码为一个单元存放在一起，称为一个字节，记为 Byte。一个汉字由两个字节组成，即两个字节可以存储一个汉字国际码。一个字节可以存储一个 ASCII 码。例如，U 盘里有一个容量为 1 MB 的文章，则其内可容纳 1 × 1 024 × 1 024 个字节信息，理论上可保存 524 288 个汉字。

计算机处理数据时，一次可以同时处理的二进制数的长度称为一个“字”（Word）。字的长度称为字长。一个字可以是一个字节，也可以是多个字节。常用的字长有 8 位、16 位、32 位和 64 位等。字长越长的计算机的运算速度越快、精度也越高。字长通常为一个计算机性能的标志。

能力拓展

1. 不同的进制数

计算机中使用和处理的数据有两大类，即数值数据和字符数据。任何形式的数据，如数字、文字、图形、图像、声音、视频数据，在计算机中都要进行数据的数字化，以一定的数制进行表示。信息在计算机中是以二进制数进行处理和存储的。

（1）概念的理解

数据：是对客观事物的符号表示，即是指能够输入计算机并由计算机处理的符号。例如：数值、文字、语言、图形、图像等。数据是信息的载体，是信息的具体表示形式。

信息：是数据所表达的含义。当数据以某种形式经过处理、描述或与其他数据比较时，才能成为信息。即信息是对事物变化和特征的反映，又是事物之间互相作用、联系的表征。例如，数据 39 ℃本身是没有意义的。某个病人的体温是 39 ℃，这才是信息。信息具有针对性、时效性。信息是有意义的，而数据没有。

数制（计数制）：就是用一组固定的数字符号和一套统一的规则来表示数值的方法，即人们利用符号来计数的科学方法。

数制有很多种，例如最常使用的十进制、钟表的六十进制（每分钟 60 秒、每小时 60 分钟）、年月的十二进制（一年 12 个月）等。

进位计数制（进位数制或进制）：用一组特定的数字符号按照先后顺序排列起来，从低位向高位进位计数表示数的方法。也就是说，按进位的原则（即指逢基数进位）进行计数的数制。例如，十进制数 2615 就是用 5、1、6、2 这 4 个数字从低位到高位排列起来的，表示二千六百一十五。

一般来说，如果数值只采用 *N* 个基本符号，则称为 *N* 进制。例如，二进制只有两个数值，即 0 和 1。

数码：某进制中的记数符号。例如，八进制的数码为 0、1、2、3、4、5、6、7。

数位：指数码在一个数中所处的位置。

基数：某计数制中数码的个数，即在一种数制中，一组固定不变的不重复数字的个数。例如，十进制的基数为 10，数码为 0、1、2、3、4、5、6、7、8、9。

位权：指单位数码在该数位上所表示的数量。简单来说，位权是以基数为底、数码所在位置的序号为指数的整数次幂，可以理解为某个位置上的数代表的数量大小。它是以指数形式表达，指数的底是计数进位制的基数。例如，十进制数个位的 1 代表 1，即个位的位权是 1；十位的 1 代表 10，即十位的位权是 10；百位的 1 代表 100，即百位的位权是 100；依此类推。再如，十进制中，数字 5 在个位、十位、小数点后 1 位分别代表 5、50 和 0.5。这是为什么呢？因为在十进制中，个位、十位、小数点后 1 位的位权不同，分别为 1、10 和 0.1。

位权与基数的关系：位权的值等于基数的若干次幂。

例如，十进制数 327.5 中，3 表示的是 300，即 3×10^2；2 表示的是 20，即 2×10^1；7 表示的是 7，即 7×10^0；5 表示的是 0.5，即 5×10^{-1}。

位权的两要素：基数和位置序号。

其中，位置序号的排列规则如下：小数点左边从右至左分别为 0、1、2、3……，小数点右边从左至右分别为 -1、-2、-3、……，如图 1-15 所示。

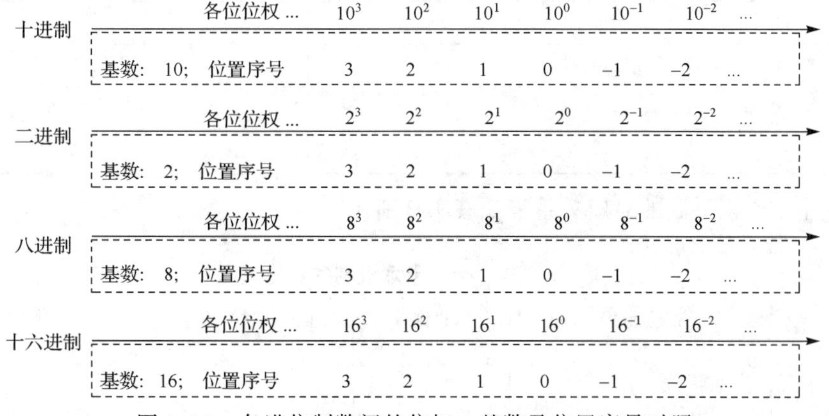

图 1-15 各进位制数间的位权、基数及位置序号对照

任何一个数字都可以按位权展开方式表示，位权展开方式又称按权展开方式或乘权求和。进位计数制的编码遵循“逢 R 进一”的原则。各位的权是以 R 为底的幂。对于任意一个具有 n 位整数和 m 位小数的 R 进制数 N，按各位的权展开可表示为：

$$(N)_R=a_{n-1}R^{n-1}+a_{n-2}R^{n-2}+\cdots+a_1R^1+a_0R^0+a_{-1}R^{-1}+\cdots+a_{-m}R^{-m}$$

公式中 a_i 表示各个数位上的数码，其取值范围为 0～$(R-1)$，R 为计数制的基数，i 为数位的编号。

例如：$(876.54)_{10}=8\times10^2+7\times10^1+6\times10^0+5\times10^{-1}+4\times10^{-2}$

$(101.01)_2=1\times2^2+0\times2^1+1\times2^0+0\times2^{-1}+1\times2^{-2}$

$(357.01)_8=3\times8^2+5\times8^1+7\times8^0+0\times8^{-1}+1\times8^{-2}$

$(\text{A6.E4})_{16}=10\times16^1+6\times16^0+14\times16^{-1}+4\times16^{-2}$

（2）进位计数制的基本特点及书写规则

进位计数制的 3 个基本特点为基数、位权和逢 n 进一。如十进制中逢 10 进 1。

书写规则有两种：在数字后面加英文标识，或在括号外面加数字下标。

① 在数字后面加英文标识。

B（Binary）：表示二进制数。例如，二进制数 500 可写成 500B。

O（Octonary）：表示八进制数。例如，八进制数 500 可写成 500O。

D（Decimal）：表示十进制数。例如，十进制数 500 可写成 500D。一般约定 D 可省去不写，即无后缀的数字为十进制数。

H（Hexadecimal）：表示十六进制数。例如，十六进制数 500 可写成 500H。

② 在括号外面加数字下标。

$(1001)_2$：表示二进制数 1001。

$(3423)_8$：表示八进制数 3423。

$(5679)_{10}$：表示十进制数 5679。

$(3FE5)_{16}$：表示十六进制数 3FE5。

（3）常用数制的表示方法

常用的进位制的特征对照表如表 1-2 所示。

表 1-2　常用的进位制的特征对照表

进位制	基数	基 本 符 号	权	表示符号	运算规则	数的表示方法
二进制	2	0、1	2^n	B	逢二进一	$(1101)_2$
八进制	8	0、1、2、3、4、5、6、7	8^n	O	逢八进一	$(17)_8$
十进制	10	0、1、2、3、4、5、6、7、8、9	10^n	D	逢十进一	$(23)_{10}$
十六进制	16	0、1、2、3、4、5、6、7、8、9、A、B、C、D、E、F	16^n	H	逢十六进一	$(2F)_{16}$

二、八、十、十六进制的对应关系表如表 1-3 所示。

表 1-3　二、八、十、十六进制的对应关系表

十进制数	二进制数	八进制数	十六进制数	一些对应规律
0	0	0	0	$(2^0)_{10}=(1)_2$
$1(2^0)$	1	1	1	$(2^1)_{10}=(10)_2$

续表

十进制数	二进制数	八进制数	十六进制数	一些对应规律
$2(2^1)$	10	2	2	$(2^2)_{10}=(100)_2$
3	11	3	3	$(2^n)_{10}=(\underbrace{10\ldots0}_{n个0})_2$
$4(2^2)$	100	4	4	
5	101	5	5	
6	110	6	6	
7	111	7	7	八进制的一个数字与一个3位的二进制数对应
$8(2^3)$	1000	10	8	
9	1001	11	9	
10	1010	12	A	
11	1011	13	B	
12	1100	14	C	
13	1101	15	D	
14	1110	16	E	
15	1111	17	F	
$16(2^4)$	10000	20	10	
17	10001	21	11	
$32(2^5)$	100000	40	20	
$64(2^6)$	1000000	100	40	
$128(2^7)$	10000000	200	80	
$256(2^8)$	100000000	400	100	十六进制的一个数字与一个4位的二进制数对应
$512(2^9)$	1000000000	1000	200	
$1024(2^{10})$	10000000000(1K)	2000	400	
2^{20}	(1M)	4000000	100000	
2^{30}	(1G)	10000000000	40000000	

2．不同进位制数间的转换

（1）非十进制数转换成十进制数

转换方法：将要转换的非十进制数的各位数字与它的位权相乘，其积相加，和数就是十进制数，即按权展开求和。

例如：

① 将二进制数 101101.11 转化为十进制数。

$$(101101.11)_2=1\times2^5+0\times2^4+1\times2^3+1\times2^2+0\times2^1+1\times2^0+1\times2^{-1}+1\times2^{-2}$$
$$=32+0+8+4+0+1+0.5+0.25=(45.75)_{10}$$

② 将八进制数 123.4 转化为十进制数。

$$(123.4)_8=1\times8^2+2\times8^1+3\times8^0+4\times8^{-1}=64+16+3+0.5=(83.5)_{10}$$

③ 将十六进制数 5F.A 转化为十进制数。

$$(5F.A)_{16}=5\times16^{1}+15\times16^{0}+10\times16^{-1}=80+15+0.0625=(95.0625)_{10}$$

（2）十进制数转换成非十进制数

转换方法：将十进制数转换为其他进制数时，可将此数分成整数与小数两部分分别转换，然后再按照规则组合起来即可。

整数部分转换：将十进制整数连续除以非十进制数的基数，并将所得余数保留下来，直到商为 0，然后用“倒数”的方式（第一次相除所得余数为最低位，最后一次相除所得余数为最高位），将各次相除所得余数组合起来即为所要求的结果。此法称为“除以基数倒取余法”。

小数部分转换：将十进制小数连续乘以非十进制数的基数，并将每次相乘后所得的整数保留下来，直到小数部分为 0 或已满足精确度要求为止，然后将每次相乘所得的整数部分按先后顺序（第一次相乘所得整数部分为最高位，最后一次相乘所得的整数部分为最低位）组合起来。

例如，将$(25.6875)_{10}$转换成二进制数。

整数部分转换如图 1–16 所示。

图 1–16　整数部分转换方法

小数部分转换如图 1–17 所示。

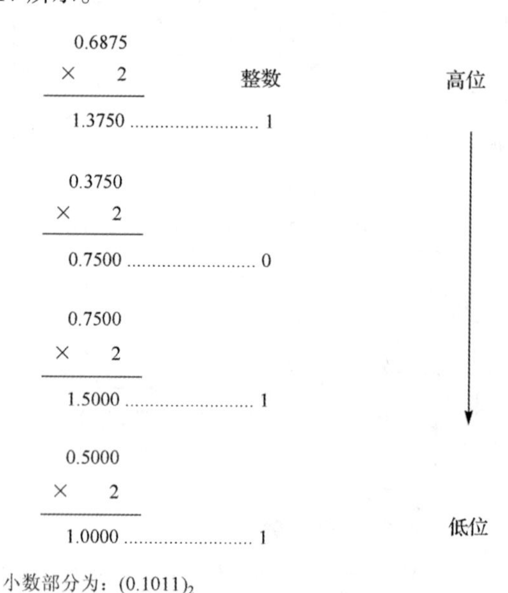

图 1–17　小数部分转换方法

再将整数部分与小数部分组合起来，即$(25.6875)_{10}=(11001.1011)_2$。

再如，将$(678.156)_{10}$转换成八进制数，如图 1–18 所示。

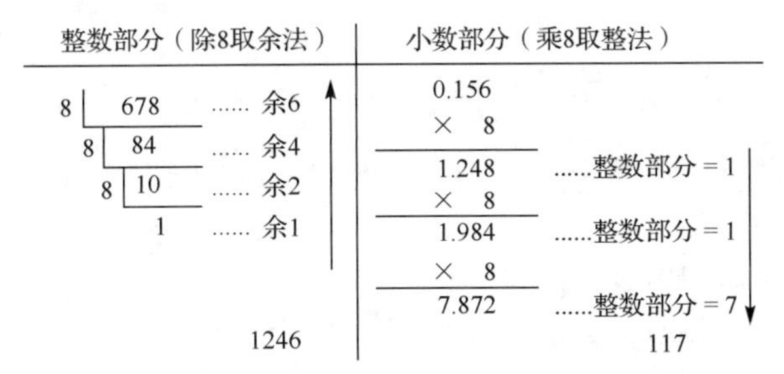

图 1-18　十进制数 678.156 转换成等值的八进制数方法图解

所以，$(678.156)_{10}=(1246.117)_8$。

十进制数向八进制数转换方法：分为整数部分（除 8 取余、自底向上）和小数部分（乘 8 取整、自顶向下）。

十进制数向二进制数转换方法：分为整数部分（除 2 取余、自底向上）和小数部分（乘 2 取整、自顶向下）。

十进制数向十六进制数转换方法：分为整数部分（除 16 取余、自底向上）和小数部分（乘 16 取整、自顶向下）。

说明：

① 十进制纯小数转换时，若遇到转换过程无穷尽时，应根据精度的要求确定保留几位小数，以得到一个近似值。

② 十进制与八进制、十六进制的转换方法和十进制与二进制之间的转换方法相同。

（3）二、八、十六进制数的相互转换

① 二进制数与八进制数之间的转换，由于一位八进制数对应 3 位二进制数，因此转换方法如下：

二进制数转换为八进制数：将二进制数以小数点为界，分别向左、向右每 3 位分为一组，不足 3 位时用 0 补足（整数在高位补 0，小数在低位补 0），然后将每组 3 位二进制数转换成对应的八进制数。

例如，将$(1011010.1)_2$转换成八进制数。

方法：$\frac{001}{1}$　$\frac{011}{3}$　$\frac{010}{2}$　.　$\frac{100}{4}$

结果为：$(1011010.1)_2=(132.4)_8$。

八进制数转换为二进制数：按原数位的顺序，将每位八进制数等值转换成 3 位二进制数。

例如：将八进制数$(756.3)_8$转换成二进制数。

方法：$\frac{7}{111}$　$\frac{5}{101}$　$\frac{6}{110}$　.　$\frac{3}{011}$

结果为：$(756.3)_8=(111101110.011)_2$

② 二进制数与十六进制数之间的转换：由于一位十六进制数对应四位二进制数，因而转换方法如下：

二进制数转换为十六进制数：将二进制数以小数点为界，分别向左、向右每 4 位分为一组，不足 4 位时用 0 补足（整数在高位补 0，小数在低位补 0），然后将每组的 4 位二进制数等值转换成对应的十六进制数。

例如，将二进制数$(1100111001.001011)_2$转换成十六进制数。

方法：$\frac{0011}{3}\quad\frac{0011}{3}\quad\frac{1001}{9}\ .\ \frac{0010}{2}\quad\frac{1100}{C}$

结果为：$(1100111001.001011)_2=(339.2C)_{16}$。

十六进制数转换为二进制数：按原数位的顺序，将每位十六进制数等值转换成 4 位二进制数。

例如，将$(AB3.57)_{16}$转换成二进制数。

方法：$\frac{A}{1010}\quad\frac{B}{1011}\quad\frac{3}{0011}\ .\ \frac{5}{0101}\quad\frac{7}{0111}$

结果为：$(AB3.57)_{16}=(101010110011.01010111)_2$。

3．汉字编码

数字、字符和符号在计算机应用中必须按特定的规则用二进制编码才能在计算机内表示。目前微机中普遍采用的是美国国家信息交换标准代码，即 ASCII（American Standard Code for Information Interchange）码。

计算机内部普遍采用 0 和 1 表示的二进制，这就使得通过输入设备输入计算机中的任何信息，都必须转换成二进制数的表示形式，才能被计算机硬件识别。

我国用户在使用计算机进行信息处理时，一般都要用到汉字，在计算机中使用汉字必须解决汉字的输入/输出及汉字处理等一系列问题。由于汉字数量大，汉字的形状和笔画差异极大，无法用一个字节的二进制代码实现汉字编码，因此汉字有自己独特的编码方法。在汉字输入/输出、存储和处理的不同过程中，所使用的汉字编码不相同，归纳起来主要有汉字输入码、汉字交换码、汉字机内码和汉字字形码等编码形式。

4．组装计算机

下面是在装机过程中所要注意的一些事项。

（1）装机前的注意事项

① 释放静电：静电容易对计算机造成损坏，并且是不易发觉的。因为人体带有静电，在干燥的天气更明显，这种静电足以对计算机内部芯片造成损坏。解决的办法是：在装机前，接触一下金属导体，把人体所带的静电放掉。

② 检查零件包中的零件是否齐全：零件包在机箱内，一般包括固定螺钉、铜柱螺钉、挡板等。固定螺钉用于固定硬盘、板卡等设备。铜柱螺钉用于固定主板。装机过程中，安装硬盘、光驱、电源等都需要用螺钉来固定。

③ 上螺钉的时候，先不要上紧：等到所有的螺钉都到位后再逐一上紧。

④ 移动主机的时候要轻拿轻放，特别是一些精密配件更要小心拿取。

⑤ 在组装时不要让一些杂物掉到机箱里去：一旦不小心有东西掉进去，一定要把它取出来。

⑥ 不要过度用力：一般情况下，在整个装机过程中，没有需要用很大力气的地方。

⑦ 在计算机运行时千万要注意，不要对其内部元件做任何操作，包括移动和拆除。

（2）装机流程

组装计算机各部件流程如图 1-19 所示。

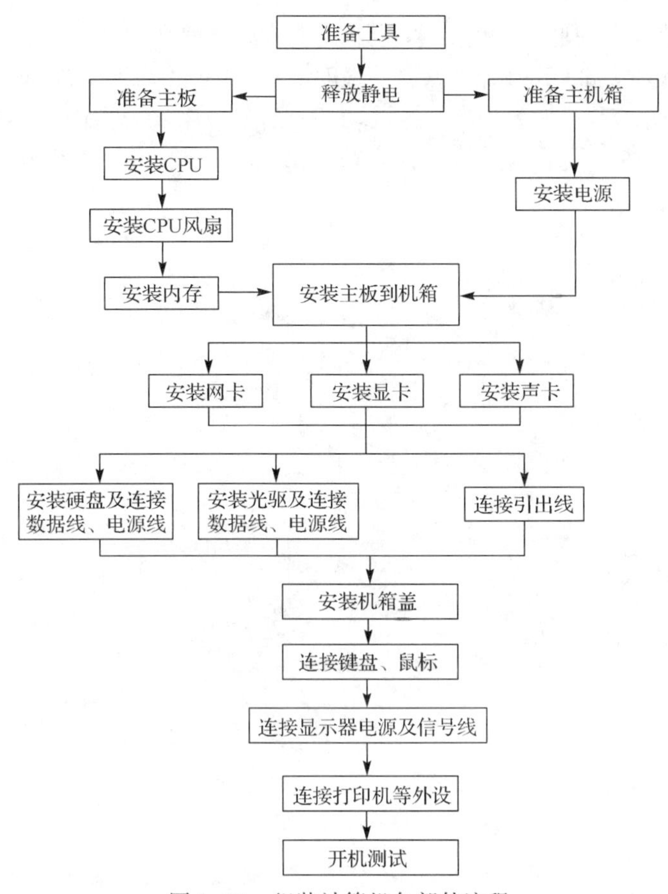

图 1-19　组装计算机各部件流程

任务三　认识衡量计算机性能的主要指标

任务技能目标

- 掌握影响计算机性能的参数指标
- 掌握关键参数的基本内容

任务实施

全面衡量一台计算机的性能要考虑多种因素指标，并且对不同的用途，所侧重的方面也有所不同。

计算机的主要技术指标有性能、功能、可靠性和兼容性等，技术指标的好坏由硬件和软件两方面决定。

评价计算机的性能指标，从普遍应用的角度来看，一般情况下可参照以下几种性能指标。

1. CPU 核心数和主频速度

一般说来，CPU 主频越高、核心数越多，运算速度就越快。其中，主频是指 CPU 的时钟频率，即指计算机的 CPU 在单位时间内发出的脉冲数目，它在很大程度上决定了计算机的运行速度。主频通常用 MHz（兆赫兹）和 GHz（千兆赫兹）来度量。1 MHz 相当于 1 s 内有 1 百万个时钟周期，1 GHz 相当于 1 s 内有 10 亿个时钟周期。例如，Intel 酷睿 i9 7900X 的 CPU 主频达 3.3 GHz，动态加速频率达 4.3 GHz，核心数量达 10 个。Intel 酷睿 i7 8700K 和 Intel 酷睿 i9 7980EX 参数分别如图 1-20 和图 1-21 所示。

Intel 酷睿i7 8700K

参数规格　　查看：更多信息 或 更多图片

基本参数	
适用类型	台式机
CPU系列	酷睿i7 8代系列
制作工艺	14纳米
核心代号	Coffee Lake
插槽类型	LGA 1151
包装形式	盒装
性能参数	
CPU主频	3.7GHz
动态加速频率	4.7GHz
核心数量	六核心
线程数量	十二线程
三级缓存	12MB
总线规格	DMI3 8GT/s
热设计功耗(TDP)	95W
内存参数	
支持最大内存	64GB
内存类型	DDR4 2666MHz
内存描述	最大内存通道数：2 ECC内存支持：否
显卡参数	
集成显卡	英特尔 超核芯显卡 630
显卡基本频率	350MHz
显卡最大动态频率	1.2GHz
显卡其它特性	图形输出最大分辨率：4096×2304 显示支持数量：3 支持英特尔Quick Sync Video，InTru 3D技术，无线显示技术，清晰视频核芯技术，清晰视频技术
技术参数	
睿频加速技术	支持，2.0
超线程技术	支持
虚拟化技术	Intel VT-x
指令集	SSE4.1/4.2，AVX2，AVX-512，64bit
64位处理器	是
性能评分	50912

数据来源：中关村在线 报价中心 (detail.zol.com.cn)

图 1-20　Intel 酷睿 i7 8700K 参数

Intel 酷睿i9 7980XE 至尊版	
适用类型	台式机
CPU系列	酷睿i9 X系列
制作工艺	14纳米
核心代号	SkyLake-X
CPU架构	Skylake
插槽类型	LGA 2066
包装形式	盒装
CPU主频	2.6GHz
动态加速频率	4.2GHz
核心数量	十八核心
线程数量	三十六线程
二级缓存	18MB
三级缓存	24.75MB
总线规格	DMI3 8GT/s
热设计功耗(TDP)	165W
支持最大内存	128GB
内存类型	DDR4 2666MHz
内存描述	最大内存通道数：4
睿频加速技术	支持，2.0
虚拟化技术	Intel VT-x
指令集	SSE4.1/4.2，AVX2，AVX-512
64位处理器	是
性能评分	109725
其它技术	睿频加速Max技术3.0（频率4.4GHz），44个PCIe 3.0通道

图 1-21　Intel 酷睿 i9 7980EX 参数

2．字长

CPU 字长是指 CPU 一次所能处理的二进制数的最大位数，它决定着计算机的内部寄存器、加法器及数据总线的位数，也反映了 CPU 内部寄存器、数据总路线的宽度。它都是字节的 1、2、4、8 倍。目前，64 位计算机已普及。

CPU 的字长越长，表明 CPU 的功能越强，指令系统的功能越丰富，所处理的数据的精度越高。

3．运算速度

通常所说的计算机运算速度是指计算机每秒所能执行的指令条数，一般用"百万条指令/秒"（MIPS）来描述，是衡量计算机运算速度快慢的指标。

4．存储容量

存储容量分为内存容量和外存容量。内存容量是指计算机内存储器中所能存储信息的最大字节数，常用单位为 GB。

内存是 CPU 可以直接访问的存储器，需要执行的程序与需要处理的数据就是存放在内存中的，内存用来直接与 CPU 进行信息交换。内存容量大，处理问题的能力就强；同时由于它与外存之间的信息交换次数少，解题时间效率也高。计算机的最大内存容量由 CPU 地址总线的条数决定。例如，Intel 酷睿 i9 7900X 最大支持 DDR4 2666 MHz 的内存 128 GB，二级缓存达 10 MB。

5．存取周期（I/O 的速度）

存取周期是指存储器进行一次完整的读 / 写操作所允许的最短时间，即连续启动两次独立的“读”或“写”操作（如连续的两次“读”操作）所需的最短时间。存取周期越短，则存取速度越快，一般以纳秒（ns）为单位。

6．内存主频

习惯上，内存主频用来表示内存的速度，代表该内存所能达到的最高工作频率，其单位为 MHz。内存主频越高，内存所能达到的速度越快。

DDR2 内存的频率有 533 MHz、667 MHz、800 MHz、1 066 MHz；DDR3 内存的频率有 1 066 MHz、1 333 MHz、1 600 MHz、3 000 MHz；DDR4 内存的频率有 2 133 MHz、2 400 MHz、3 200 MHz、4 266 MHz。

任务四　认识计算机病毒

任务技能目标

- 了解计算机病毒的发展及种类
- 了解计算机病毒的特点和发作征兆
- 掌握杀毒软件的安装及使用
- 树立正确的计算机安全意识

任务实施

1．计算机病毒的定义

计算机病毒是指编制或者在计算机程序中插入的、破坏计算机功能或者毁坏数据、影响计算机使用，并能自我复制的一组计算机指令或程序代码。简单地说，计算机病毒是一种人为编制的特殊程序，或普通程序中的一段特殊代码。

在大多数情况下，计算机病毒不是独立存在的，而是依附（寄生）在其他计算机文件中。由于它像生物病毒一样，具有传染性、破坏性并能够进行自我复制，因此被称为病毒。

2．计算机病毒的特点

计算机病毒是一种特殊的危害计算机系统的程序，它能在计算机系统中驻留、繁殖和传播，它具有类似于生物学中病毒的某些特征，如传染性、潜伏性、破坏性、变种性。

计算机病毒与医学上的“病毒”不同，计算机病毒不是天然存在的，是人利用计算机软件和硬件所固有的脆弱性编制的一组指令集或程序代码。它能潜伏在计算机的存储介质（或程序）里，条件满足时即被激活，通过修改其他程序的方法将自己的精确副本或者可能演化的形式放入其他程序中，从而感染其他程序，对计算机资源进行破坏，危害性很大。

计算机病毒具有繁殖性、隐蔽性、触发性、破坏性、传染性、潜伏性、变异性等七种特点。而其中破坏性、传染性是判断某段程序为计算机病毒的首要条件。

3. 计算机病毒的发展

第一份关于计算机病毒理论的学术工作（“病毒”一词当时并未使用）于1949年由冯·诺依曼完成。最初是以“Theory and Organization of Complicated Automata”为题的一场在伊利诺伊大学的演讲，后改以“Theory of Self-Reproducing Automata”为题出版。冯·诺依曼在他的论文中描述了一个计算机程序如何复制其自身。

1983年11月，在一次国际计算机安全学术会议上，美国学者科恩第一次明确提出计算机病毒的概念，并进行了演示。“病毒”一词最早用来表达此意是在科恩1984年的论文《计算机病毒实验》中。

一般业界都公认真正具备完整特征的计算机病毒始祖是1986年年初发作流行的“大脑”病毒，又被称为“巴基斯坦”病毒。

中国最早发现的计算机病毒是1988年发现的“小球”病毒，又称“乒乓”病毒。其触发条件：当系统时钟处于半点或整点，而系统又在进行读盘操作时，该病毒就会发作。该病毒发作时，屏幕会出现一个小球，不停地跳动，呈近似正弦曲线状运动。小球碰到的英文字母会被整个削去，而碰到的中文会被削去半个或整个，也可能留下制表符乱码。

通过互联网传播的第一种蠕虫病毒：1988年11月2日美国康乃尔大学一年级研究生罗伯特·莫里斯将名为蠕虫的病毒（又称莫里斯蠕虫或大虫病毒）从麻省理工学院（MIT）施放到互联网上。

4. 计算机病毒的传播途径

目前，计算机病毒传播的主要途径是通过存储设备（主要是移动存储设备）、局域网和Internet等传播。

计算机病毒的防治可以按3个层次进行：计算机病毒的预防、计算机病毒检测及计算机病毒清除，通常这3个层次是结合起来执行的。

能力拓展

1. 使用360杀毒软件

（1）启动360杀毒软件

单击任务栏通知区中的“360杀毒软件”图标或在桌面上双击360杀毒软件快捷图标，启动360杀毒软件。其工作界面如图1-22所示。

（2）全盘杀毒

在360杀毒软件工作界面中单击“全盘扫描”即可对系统进行全盘扫描，并在扫描过程中自动消除有威胁的病毒，如图1-23所示。扫描完毕，会显示扫描结果。用户可根据提示进行相应操作，清除一些没有在扫描过程中被自动清除的病毒，如图1-24所示。

图 1-22　360 杀毒软件工作界面

图 1-23　全盘扫描过程

360杀毒

本次扫描发现 19 个待处理项！

如果您公司开发的软件被误报，请联系 360软件检测中心 及时去除误报。

暂不处理　立即处理

项目	描述	处理状态	
指向网址的快捷方式：网址大全.lnk	[直接删除] 快速启动栏快捷方式	未处理	信任
指向网址的快捷方式：网址导航.lnk	[直接删除] 快速启动栏快捷方式	未处理	信任
无效的快捷方式：Adobe Photoshop CS6(64 Bit).l...	[直接删除] 快速启动栏快捷方式	未处理	信任
指向网址的快捷方式：上网首选.lnk	[直接删除] 快速启动栏快捷方式	未处理	信任
指向网址的快捷方式：网址大全.lnk	[直接删除] 快速启动栏快捷方式	未处理	信任
指向网址的快捷方式：网址导航.lnk	[直接删除] 快速启动栏快捷方式	未处理	信任
指向网址的快捷方式：360极速浏览器.lnk	[修复文件] 开始菜单快捷方式	未处理	信任
可能影响开机速度的启动项（7）			
Adobe Creative Cloud：禁止率87%	[禁止启动] 建议禁止的开机启动项	未处理	信任
Adobe产品升级相关程序：禁止率89%	[禁止启动] 建议禁止的开机启动项	未处理	信任
Adobe产品更新服务：禁止率86%	[禁止启动] 建议禁止的开机启动项	未处理	信任
快压软件升级检查服务：禁止率75%	[禁止启动] 建议禁止的开机启动项	未处理	信任
Adobe软件的升级任务：禁止率82%	[禁止启动] 建议禁止的开机启动项	未处理	信任

图 1-24　手动清除

（3）更新病毒库

在 360 杀毒软件工作界面中单击“检查更新”，升级成功后单击“确定”即可，如图 1–25 和图 1–26 所示。

图 1–25 软件升级

图 1–26 软件升级更新后界面

2. 计算机部分部件的安装

（1）Intel CPU 的安装

Intel 近年来主流的产品是 Core i 酷睿系列 CPU，分一代、二代、三代和四代，其中二代和三代都采用 LGA1155 接口，一代是 LGA1156，四代是 1150，互不兼容，因此可分三大类，可以通过看 CPU 上面的金色点行数和宽度来区分它们。三行长金点是一代，三行短金点是二代/三代，两行短金点是四代，如图 1–27 所示。

Intel 平台的针脚都在主板上而不是 CPU 上，因此对应也有 3 种 CPU 护盖用来保护主板的 CPU 插槽。LGA1156 的专用内嵌护盖对应一代 Core i 的 5 系列主板，LGA1155 的专用内嵌护盖对应二代/三代的 6、7 系列主板，这两种护盖都没有泛用性，因此比较不方便。目前 8 系列以及大部分 7 系列主板都采用了外扣的护盖，这种护盖可以兼容所有 Core i 系列主板（LGA1156/LGA1155/LGA1150），如图 1-28 所示。

图 1-27 Intel Core i 一代、二代/三代和四代 CPU

图 1-28 Intel Core i 一代、二代/三代和四代 CPU 护盖

Intel 主板都有护盖来保护 CPU 插槽，因此装 CPU 第一步就是拆除内外护盖。对于外扣 CPU 护盖，首先要掀起扣具，捏住图 1-29 所示位置，然后用拇指顶一下即可把护盖拆下。

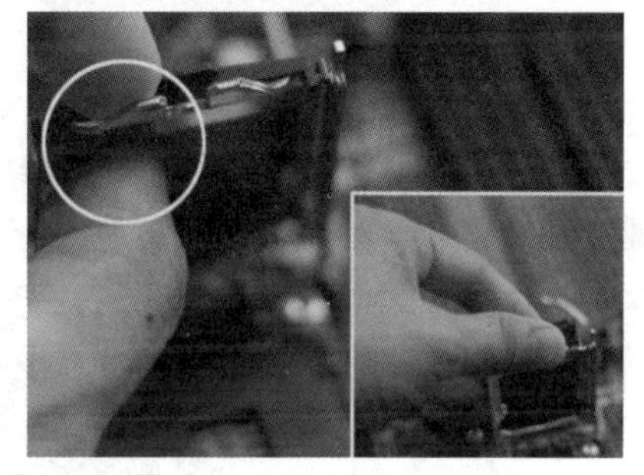

图 1-29 外扣 CPU 护盖的拆解

对于内嵌式护盖，当掀起扣具后，食指按住护盖上部，然后拇指从 REMOVE 突出部分把护盖掀起，然后两指捏住轻轻一拔即可以拆下，如图 1-30 所示。在没有安装之前，要防止 CPU 插槽的针脚被碰到。

Intel 和 AMD 都有一个通用的防呆设计，就是“三角形”，通常 CPU 的扣具或插槽上会有一个指向左下角的三角形，如图 1-31 所示。当 CPU 上的金色小三角指向和它对应时，才是正确的安装方向。

图 1-30 CPU 内嵌式护盖的拆解

图 1-31 CPU 的防呆设计

两个手指捏住 CPU，让 CPU 上的金色小三角与扣具上的三角形指向对应，对应主板上的缺口位置，对准两侧的防呆卡口，将 CPU 缓缓地放入进去如图 1-32 所示，直上直下放入，切记千万不要来回移动，这样即可完成 CPU 的安装。如果卡口对不上，要么是方向错了，要么就是 CPU 和主板不匹配需要更换。安装 CPU 的另外一种更安全的放置方式是先把有卡口的部分对上、放下，然后再放下 CPU 的另一部分。

如果 CPU 安装没问题，其在插槽里应该是平整的。确认没问题后可以压下扣具杆，锁定扣具，完成安装，如图 1-33 所示。如果 CPU 不平整，可能是背面粘有东西，要拿出来擦干净重新放置。如果在 CPU 没放平整的情况下压下扣具，可能会把 CPU 插槽的针脚压弯甚至压断，导致主板报废。

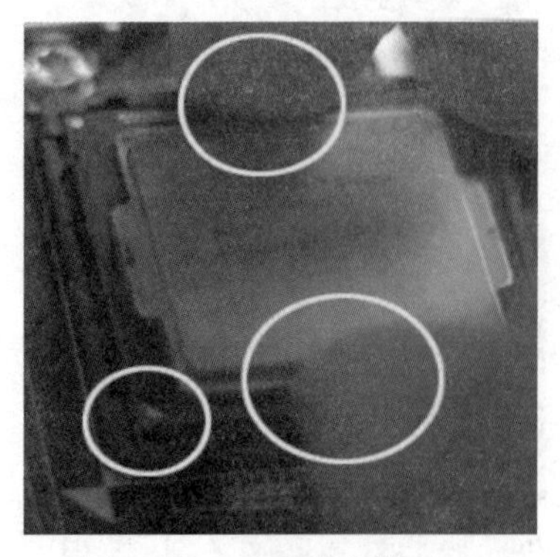

图 1-32 CPU 的安装

图 1-33 CPU 扣具的固定

（2）安装 CPU 风扇

一般来说，CPU 散热器都是在第二步来安装的，当然也有例外的，如一些高端水冷散热器，由于需要固定在机箱内部，所以这种散热器需要主板安装在机箱后才能安装。也就是说，无论 CPU 散热器有多大，优先安装 CPU 散热器能够减少主板装入机箱后空间不足而引起的麻烦。个人建议风冷 CPU 散热器优先安装，若是水冷 CPU 散热器，则可以仅先安装扣具。

此处以 Intel 原装散热器为例来讲解，如图 1-34 所示。

图 1-34 Intel 原装散热器正、反面

由于无扣具式散热器一般都只针对特定平台，所以无扣具式散热的通用性比较差，孔距必须要对应。不过，由于 Intel 原装散热器的扣具正好接近正方形，所以无所谓方向。

Intel 原装散热器的扣具是通过按压 4 个角的扣锁实现固定的，图 1-35 中两个箭头分别是解锁（上）与锁定（下）两个状态。在解锁状态下向下压即可进入锁定状态，锁定状态下逆时针旋转向上提，再顺时针旋转即可回到解锁状态。所以，这里对准孔之后下压即可固定散热器。四个方向的锁扣向下压即可锁紧散热器。

图 1-35 Intel 原装散热器的固定

最后，将 CPU 散热器上的供电接口，插入主板的对应供电插口上。CPU 风扇线的一侧有防呆接口，按着方向安装即可正确插入 CPU 风扇电源线，如图 1-36 所示。

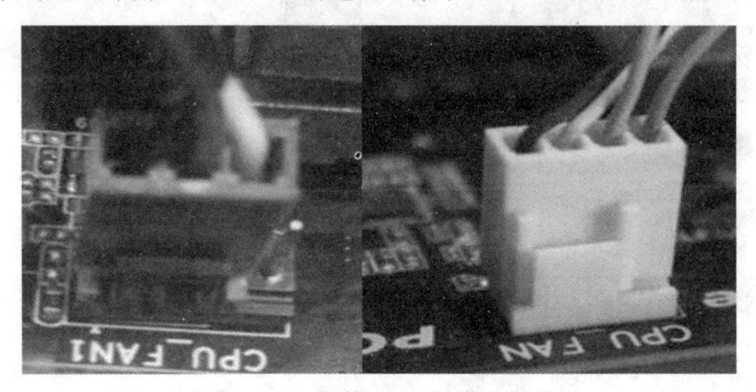

图 1-36　安装 CPU 风扇电源线

（3）安装内存

目前常见的内存为 DDR3（三代）与 DDR4（四代）内存（见图 1-37），三代、四代内存是互不兼容的，从它们的防插错设计（防呆设计）上就可以看出来。

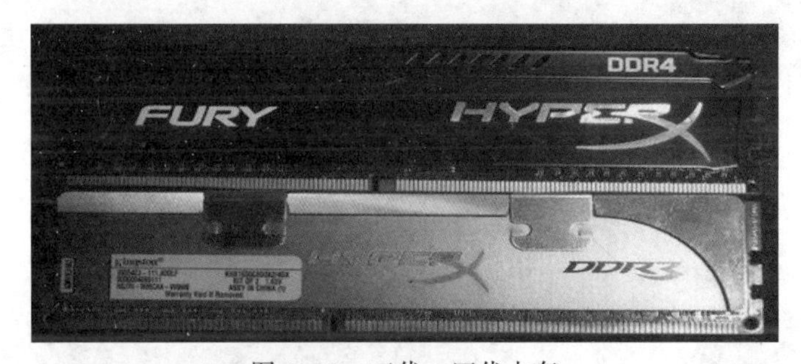

图 1-37　三代、四代内存

一般主板上都会有注明内存插槽的编号，但是由于不同主板编号方式不一样，所以参考意义不大。为了组建双通道。必须要正确插入能够组建双通道的内存插槽，一般而言是当前插槽隔一个即是可以组建双通道的插槽，图 1-38 中，是 1 与 2 或 3 与 4（当然更简单的就是颜色一样插在一起）。如果仅一条内存，则可以随意选一个插槽（一般是离 CPU 最近的插槽隔一个，图 1-38 中是 2）。

图 1-38　主板内存插槽

内存与 CPU 一样有防呆设计。打开插槽两侧的固定锁，让内存能够滑入。垂直插入内存槽，两侧稍微用力（不要用蛮力），当听到两声清脆的“咔嗒”声就说明已经正确插入内存了，同时也可以看到扣锁咬住了内存的口，如图 1-39 所示。

图 1-39 安装内存

但是，有时怎么用力都只能听到一声“咔嗒”声，这并不是内存插不进去，而是内存卡扣没有与内存的卡口发出声音或者太紧了。此时，可以用手稍微用力把卡扣卡入内存口内，如图 1-40 所示。

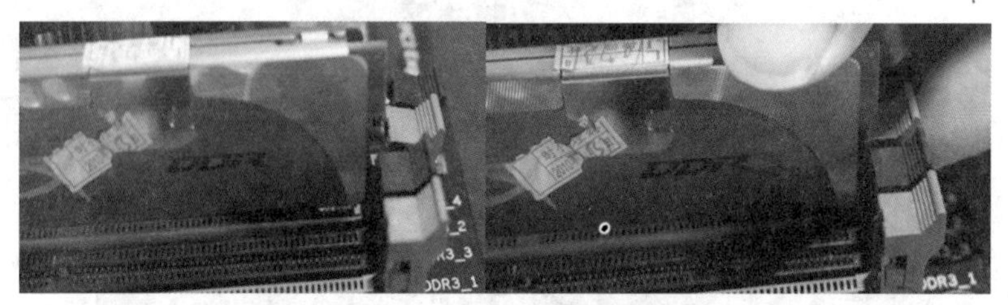

图 1-40 处理内存扣锁

（4）安装固态硬盘

拿出固态硬盘，找到机箱上安装固态硬盘的孔位，如图 1-41 所示。

图 1-41 固态硬盘及固定孔位

将固态硬盘的背部孔位对准机箱的 4 个孔位，拧上螺钉，即可完成固态硬盘的安装，如图 1-42 所示。

图 1-42 固定固态硬盘

最后，按图 1-43 所示连接好固态硬盘的电源线、数据线，即可完成计算的组装过程。

图 1-43　安装固态硬盘的电源和数据线

阶 段 测 试

1．选择题

（1）一个完整的计算机系统是由（　　）组成的。

A．主机部分及外围设备　　B．硬件系统和软件系统

C．系统软件和应用软件　　D．主机、键盘、显示器和打印机

（2）冯·诺依曼计算机工作原理的设计思想是（　　）。

A．程序编制　　B．程序存储　　C．程序设计　　D．算法设计

（3）在下面的 4 种存储器中，易失性存储器是（　　）。

A．RAM　　B．PROM　　C．ROM　　D．CD-ROM

（4）办公自动化是计算机的一项应用，按计算机应用的分类，它属于（　　）。

A．辅助设计　　B．实时控制　　C．数据处理　　D．科学计算

（5）操作系统是一种对计算机（　　）进行控制和管理的系统软件。

A．文件　　B．资源　　C．软件　　D．硬件

（6）计算机硬件能直接识别和执行的只有（　　）。

A．符号语言　　B．高级语言　　C．汇编语言　　D．机器语言

（7）CPU 包括（　　）。

A．内存储器和运算器　　B．控制器和运算器

C．内存储器和控制器　　D．控制器、运算器和内存储器

（8）计算机中存储信息的最小单位是（　　）。

A．Byte　　B．帧　　C．字　　D．bit

（9）运算器的主要功能是（　　）。

A．控制计算机各个部件协同进行计算

B．进行算术和逻辑运算

C．进行运算并存储结果

D．进行运算并存取结果

（10）微型计算机的外存主要包括（　　）。

A．硬盘、CD-ROM 和 DVD　　B．U 盘、硬盘和光盘

C．U 盘和硬盘　　D．RAM、ROM、U 盘和硬盘

（11）下面关于解释程序和编译程序的论述中，正确的是（　　）。

A. 编译程序和解释程序均不能产生目标程序
B. 编译程序和解释程序均能产生目标程序
C. 编译程序能产生目标程序而解释程序则不能
D. 编译程序不能产生目标程序而解释程序能

（12）Pentium Ⅲ/500 微型计算机，其 CPU 的时钟频率是（　　）。
A. 250 kHz　B. 500 MHz　C. 500 kHz　D. 250 MHz

（13）存储容量 1 GB 等于（　　）。
A. 1 024 B　B. 128 MB　C. 1 024 MB　D. 1 024 KB

（14）在计算机中，一个字节由（　　）个二进制位组成。
A. 2　B. 16　C. 8　D. 4

（15）下列 4 种存储器中，存取速度最快的是（　　）。
A. 磁带　B. U 盘　C. 硬盘　D. 内存

（16）以下叙述中，错误的是（　　）。
A. 平时所说的内存是指 RAM
B. 外存不怕停电，信息可长期保存
C. 从输入设备输入的数据直接存放在内存
D. 内存和外存都是由半导体器件组成的

（17）应用软件是指（　　）。
A. 所有能够使用的软件　B. 能被各应用单位共同使用的某种软件
C. 所有微机上都应使用的软件　D. 专门为某一应用目的而编制的软件

（18）汉字占两个字节的位置指的是汉字的（　　）。
A. 区位码　B. 机内码　C. 输入码　D. 字形码

（19）汉字字库中存放的是汉字的（　　）。
A. 国标码　B. 机内码　C. 输入码　D. 字形码

（20）世界上第一台电子计算机是 1946 年在美国研制成功的（　　）。
A. ENIAC　B. EDVAC　C. MARK　D. EDSAC

（21）人们习惯于将计算机的发展划分为 4 代，划分的主要依据是（　　）。
A. 计算机的规模　B. 计算机的运行速度
C. 计算机的应用领域　D. 计算机主机所使用的主要元器件

（22）我国研制的“银河”系列计算机属于（　　）。
A. 小型机　B. 大型机　C. 巨型机　D. 微型机

（23）用计算机进行资料检索工作是属于计算机应用中的（　　）。
A. 科学计算　B. 实时控制　C. 数据处理　D. 人工智能

（24）关于计算机中的数据，不正确的是（　　）。
A. 数据分为数值型数据和非数值型数据
B. 信息的符号化就是数据
C. 数据包括文字、声音、图像、视频等，是信息的具体形式
D. 音频、视频等信息不是数据

（25）下列叙述中，正确的选项是（　　）。

A. 计算机系统由硬件系统和软件系统组成

B. 程序语言处理系统是常用的应用软件

C. CPU 可以直接处理外部存储器中的数据

D. 汉字的机内码与汉字的国标码是一种代码的两种名称

（26）计算机硬件能直接执行的程序设计语言是（　　）。

A. C　　B. BASIC　　C. 汇编语言　　D. 机器语言

（27）下列英文名称分别指目前常见的软件，其中（　　）是一种操作系统软件。

A. BASIC　　B. UNIX　　C. AutoCAD　　D. Kill

（28）WPS Office、Word 2013 等文字处理软件属于（　　）。

A. 管理软件　　B. 应用软件　　C. 网络软件　　D. 系统软件

（29）下列 4 组数应依次为二进制、八进制和十六进制，符合这个要求的是（　　）。

A. 11，78，19　　B. 12，77，10　　C. 12，80，10　　D. 11，77，19

（30）计算机上广泛使用的操作系统 Windows 7 是（　　）。

A. 多用户多任务操作系统　　B. 单用户多任务操作系统

C. 实时操作系统　　D. 多用户分时操作系统

（31）计算机总线包括（　　）。

A. 地址总线和数据总线　　B. 地址总线和控制总线

C. 数据总线和控制总线　　D. 地址总线、数据总线和控制总线

（32）计算机字长取决于（　　）的总线宽度。

A. 控制总线　　B. 数据总线　　C. 地址总线　　D. 通信总线

（33）计算机最主要的工作特点是（　　）。

A. 高速度　　B. 高精度

C. 存储记忆能力　　D. 存储程序和程序控制

（34）软件与程序的区别是（　　）。

A. 程序价格便宜，软件价格昂贵

B. 程序是用户自己编写的，软件是由厂家提供的

C. 程序是用高级语言编写的，软件是由机器语言编写的

D. 软件是程序以及开发、使用和维护所需要的所有文档的总称，而程序是软件的一部分

（35）目前微型计算机中采用的逻辑元器件是（　　）。

A. 小规模集成电路　　B. 中规模集成电路

C. 大规模和超大规模集成电路　　D. 分立元件

（36）在操作系统中，文件系统的主要作用是（　　）。

A. 实现对文件的按内容存取　　B. 实现虚拟存储

C. 实现文件的高速输入/输出　　D. 实现对文件的按名存取

（37）计算机内部所有的信息都是以（　　）数码形式表示的。

A. 十进制　　B. 二进制　　C. 十六进制　　D. 八进制

（38）计算机能直接识别并进行处理的语言是（　　）。

A. 高级语言　　B. 机器语言　　C. 汇编语言　　D. C 语言

（39）小李使用一部标配为 4 GB RAM 的手机，因存储空间不够，他将一张 128 GB 的 microSD

卡插入到手机上，此时，小李这部手机上的 4 GB 和 128 GB 参数分别代表的指标是（　　）。

A. 内存、内存　B. 内存、外存　C. 外存、内存　D. 外存、外存

（40）作为现代计算机理论基础的冯·诺依曼原理和思想是（　　）。

A. 十进制和存储程序概念　B. 十六进制和存储程序概念

C. 二进制和存储程序概念　D. 自然语言和存储程序概念

（41）下列设备中属于计算机设备的是（　　）。

A. 键盘、打印机　B. 显示器、鼠标

C. 打印机、显示器　D. 打印机、移动硬盘

（42）1946 年首台电子数字计算机 ENIAC 问世后，冯·诺依曼在研制 EDVAC 计算机时，提出两个重要的改进，它们是（　　）。

A. 引入 CPU 和内存储器的概念　B. 采用机器语言和十六进制

C. 采用二进制和存储程序控制的概念　D. 采用 ASCII 编码系统

（43）汇编语言是一种（　　）。

A. 依赖于计算机的低级程序设计语言

B. 计算机能直接执行的程序设计语言

C. 独立于计算机的高级程序设计语言

D. 面向问题的程序设计语言

（44）电子计算机最早的应用领域是（　　）。

A. 数据处理　B. 数值计算　C. 工业控制　D. 文字处理

（45）下列叙述中，正确的是（　　）。

A. 内存中存放的是当前正在执行的程序和所需的数据

B. 内存中存放的是当前暂时不用的程序和数据

C. 外存中存放的是当前正在执行的程序和所需的数据

D. 内存中只能存放命令

2. 填空题

（1）显示器的分辨率使用________表示。

（2）计算机软件主要分为________和________。

（3）型号为 Pentium 4 3.2G 的 CPU 主频是________Hz。

（4）指令是计算机进行程序控制的________。

（5）在 CPU 中，用来暂时存放数据和指令等各种信息的部件是________。

（6）CPU 执行一条指令所需的时间称为________。

（7）把计算机高级语言编制的程序翻译成计算机能直接执行的机器语言的两种方法是________、________。

（8）存储程序把________和________存入________中，这是计算机能够自动、连续工作的先决条件。

（9）计算机系统中的硬件如果按功能来划分，主要包括________、________、________、________和________五大部分。

（10）存储器一般可以分为主存储器和________两种。

（11）计算机系统软件中的核心软件是________。

（12）KB、MB、GB 和 TB 都是存储容量的单位。1 TB=________KB。

（13）微机的主要技术指标有________、________、________和________等，技术指标的性能由硬件和软件两方面决定。

（14）计算机的性能指标，一般情况下可参照以下几项：________、字长、运算速度和________。

（15）数据是指能够输入计算机并由计算机处理的符号，例如数值、文字、语言、图形、图像等。所以说它是________的载体，是信息的具体表示形式。

（16）进位计数制中具有________和________两要素。

（17）进位制数中位权与基数的关系是：________。

（18）按照其对硬件的依赖程度通常把程序设计语言分为三类：________、________、________。

（19）在汉字输入、输出、存储和处理的不同过程中，所使用的汉字编码不相同，归纳起来主要有________、汉字交换码、________和汉字字形码等编码形式。

（20）8 个字节中含有________个二进制位。

（21）计算机的工作过程实际上是周而复始地________、执行指令的过程。

（22）计算机中系统软件的核心是________，它主要用来控制和管理计算机的所有软硬件资源。

（23）一组排列有序的计算机指令的集合称为________。

（24）电子计算机能够自动地按照人们的意图进行工作的最基本思想是________。

（25）计算机进行数据存储的最小单位是________，而进行数据处理和数据存储的基本单位是________。

（26）1946 年，世界上第一台现代意义上的电子计算机在美国________大学诞生，其中文全称为________。

（27）微机中的 CPU 是由________、________和________组成的。

（28）我国从 1956 年开始研制计算机，到目前成绩斐然，2018 年研制的________运算速度达 12.54 亿亿次/秒，居当时世界第一。

（29）在计算机中我们平常所说的主机是指________、________。

（30）运算器主要完成对数据的运算，包括________运算和________运算。

（31）按照计算机应用类型划分，某单位自行开发的工资管理系统属于计算机的________应用范围。

（32）计算机语言通常分为________、________和________等三类。

（33）在计算机领域中，通常用英文单词 Byte 来表示________。

（34）主板上最主要的部件是________。

3．判断题

（1）计算机中的内存容量 128 MB 就是 128×1 024×1 024×8 个字节。（　　）

（2）操作系统是用户与计算机的接口。（　　）

（3）U 盘属于外存储器，主要用于存放需长期保存的程序和数据。（　　）

（4）操作系统是一种对所有硬件进行控制和管理的系统软件。（　　）

（5）若一台微机感染了病毒，只要删除所有带病毒文件，就能消除所有病毒。（ ）

（6）指令和数据在计算机内部都是以区位码形式存储的。（ ）

（7）计算机中的信息以数据的形式出现，数据是信息的载体。（ ）

（8）数据具有针对性、时效性。（ ）

（9）云计算是分布式计算、网格计算、并行计算、网络存储及虚拟化计算机和网络技术发展融合的产物。（ ）

（10）计算机辅助设计、计算机辅助教学、人工智能的英文缩写分别是CAD、CAT、AI。（ ）

（11）计算机病毒的清除是指从内存、磁盘和文件中清除掉病毒程序。（ ）

（12）当系统硬件发生故障或更换硬件设备时，为了避免系统意外崩溃，正确启动方式为安全模式。（ ）

（13）人类第一台机械齿轮计算机是德国科学家卡什尔研发的。（ ）

（14）使用计算机综合处理声音、图像、动画、文字、视频和音频信号，称为面向对象技术。（ ）

（15）如果一个存储单元能存放一个字节，那么一个32K存储器共有32 768个存储单元。（ ）

（16）计算机病毒是具有传染性，可以使计算机无法正常工作，危害极大的一段特制程序。（ ）

4. 简答题

（1）简述冯·诺依曼思想体系的主要内容。

（2）简述计算机中的数据、信息的定义及区别。

（3）将文档中所有文字“计算机”替换为“电脑”，并将修改后的文档另存到E盘根目录下。简述其操作步骤。

5. 标识题

（1）在图1-44中，用文字标识机箱内部组成。

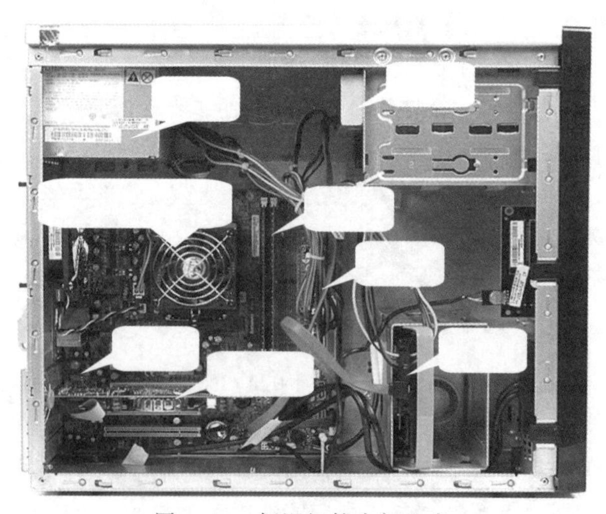

图1-44 标识机箱内部组成

（2）在图 1-45 中，用文字分别标出 CPU 插座、PCI 插槽、PCI-E 插槽、内存插槽、鼠标和键盘接口及主电源接口、辅助电源接口、光驱和硬盘接口位置。

图 1-45　标识相应插槽及接口

6. 计算题

$(1010.101)_2=(\quad)_{10}$；　$(101.11)_2=(\quad)_{10}$

$(42.57)_8=(\quad)_{10}$；　$(2B8F.5)_{16}=(\quad)_{10}$

$(11011.01)_2=(\quad)_{10}$；　$(18.8125)_{10}=(\quad)_2$

$(1246.12)_8=(\quad)_{10}$；　$(678.156)_{10}=(\quad)_8$

$(314.12)_{16}=(\quad)_{10}$；　$(314.31)_{10}=(\quad)_{16}$

$(11101.1101)_2=(\quad)_8$；　$(45.61)_8=(\quad)_2$

$(111101.010111)_2=(\quad)_{16}$；　$(4B.61)_{16}=(\quad)_2$

$(83)_{10}=(\quad)_2$；　$(0.8125)_{10}=(\quad)_2$

$(83.8125)_{10}=(\quad)_2$；　$(1101.01)_2=(\quad)_{10}$

$(11001011.01011)_2=(\quad)_{16}$；

$(101010001.001)_2=(\quad)_8$；

$(576.35)_{16}=(\quad)_2$；

$(576.35)_8=(\quad)_2$；

项目二 键盘及文字录入

能力目标

- 任务一　认识键盘
- 任务二　认识指法入门
- 任务三　认识输入法

知识目标

- 掌握键盘的分类
- 掌握键盘上每一个键位的使用方法
- 掌握熟悉手指分工及正确的打字姿势
- 了解软键盘的应用

任务一　认 识 键 盘

任务技能目标

- 熟悉键盘各个键位的名称、作用
- 掌握键盘分区及种类

任务实施

1. 键盘的种类

（1）标准键盘

PC XT/AT 时代的键盘主要以 83 键为主，升级到 101 键，主要是增加了一些功能键，随着 Windows 操作系统的流行，键盘又增加到 104 键，现在市场主流的标准键盘就是 104 键键盘。与 101 键相比，其主要增加了两个 Win 键和一个菜单键，如图 2-1 所示。

（2）多媒体键盘

所谓的多媒体键盘，是指在传统的键盘基础上增加了常用多媒体播放控制按键，以及音量调节装置，使 PC 操作进一步简化，对于收发电子邮件、打开浏览器软件、启动多媒体播放器等都只需要按一个特殊按键即可，同时在外形上做了重大改善，着重体现了键盘的个性化，如图 2-2 所示。

图 2-1　标准 104 键盘

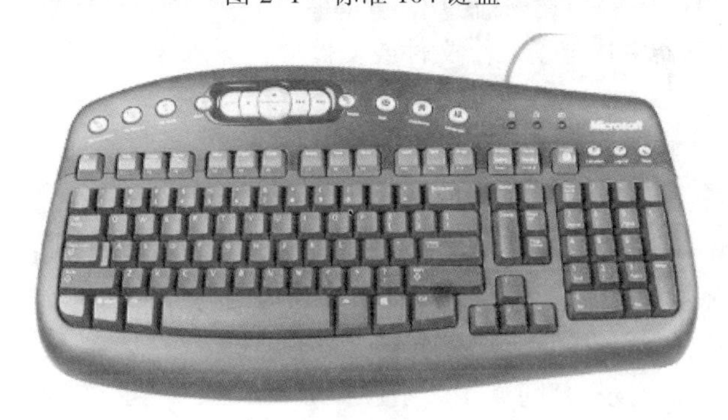

图 2-2　多媒体键盘

（3）Office 键盘

Office 键盘即办公键盘，它是为了提高工作效率，减轻长时间使用时的疲劳感，采用人体工学设计：使标准键盘上将指法规定的左手键区和右手键区这两大板块左右分开，并形成一定角度，操作者不必有意识地夹紧双臂，能够保持一种比较自然的形态；采用舒适型曲线设计，超薄外形的按键让用户使用起来手感舒适；并增加了办公常用的快捷键，如图 2-3 所示。

图 2-3　Office 键盘

2．键盘分区

键盘一般包括 26 个英文字母键、0～9 的 10 个数字键、12 个功能键（F1～F12）、4 个方向键以及其他一些辅助功能键。所有按键分为 5 个区：功能键区、主键盘（区）、数字小键盘（区）、编辑键区和键盘指示灯等。

（1）功能键区

功能键区位于键盘的最上边，包括 Esc 和 F1～F12 共计 13 个键。

Esc：退出键。它是英文 Escape 的缩写，中文意思是逃脱、出口等。在计算中主要作用是退出某个程序。例如，在玩游戏的时候想退出来，就可以按一下这个键。

F1～F12 统称功能键，英文为 Function，中文为“功能”。在不同的软件中，为其定义的相应功能有所不同，也可以配合其他键使用。下面以在 Windows 系统中所具有的功能进行介绍。

F1：帮助键。如果现在不是处在任何程序中，而是处在资源管理器或桌面，那么按 F1 键就会出现 Windows 的帮助程序。如果正在对某个程序进行操作，而想得到 Windows 帮助，则需要按 Win+F1 组合键。按 Shift+F1 组合键，会出现“What's This?”的帮助信息。

F2：如果在资源管理器中选定了一个文件或文件夹，会按 F2 键可对这个选定的文件或文件夹重命名。

F3：在资源管理器或桌面上按 F3 键会出现“搜索文件”窗口。如果想对某个文件夹中的文件进行搜索，那么直接按 F3 键就能快速打开搜索窗口，并且搜索范围已经默认设置为该文件夹。

F4：F4 键用来打开 IE 中的地址栏列表，要关闭 IE 窗口，可以按 Alt+F4 组合键。

F5：F5 键用来刷新 IE 或资源管理器中当前所在窗口的内容。

F6：F6 键可以快速在资源管理器及 IE 中定位到地址栏。

F7：F7 键在 Windows 中没有任何作用。不过在 DOS 窗口中，F7 键是有作用的。

F8：在启动计算机时，可以用 F8 键来显示启动菜单。有些计算机还可以在计算机启动最初按 F8 键来快速调出启动设置菜单，从中可以快速选择是 U 盘启动，还是光盘启动，或者直接用硬盘启动，不必进入 BIOS 进行启动顺序的修改。另外，还可以在安装 Windows 时接受微软的安装协议。

F9：F9 键在 Windows 中没有任何作用。但在 Windows Media Player 中可以用 F9 键来快速降低音量。

F10：F10 键用来激活 Windows 或程序中的菜单，按 Shift+F10 组合键会出现右键快捷菜单。在 Windows Media Player 中，F10 键的功能是提高音量。

F11：F11 键可以使当前的资源管理器或 IE 变为全屏显示。

F12：F12 键在 Windows 中没有任何作用。

（2）主键盘（区）

主键盘（区）就是常见的键盘上面积最大、使用频率最高的区域，也称其为打字键区，有 A～Z 共 26 个字母、数字键、符号键以及空格键、回车键等。

Tab：表格键。它是 Table 的缩写，中文意思是“表格”。在计算机中主要是在文字处理软件里（如 Word）起到等距离移动的作用。例如，在处理表格时，不需要用空格键来一格一格地移动，只要按一下 Tab 键就可以等距离地移动了，因此称之为制表定位键。

CapsLock：大写锁定键。它是 Capital Lock 的缩写，用于输入大写英文字符。它是一个单项开关（循环）按键，再按一下就又恢复为小写。当启动到大写状态时，键盘上的 CapsLock 指示灯会亮。注意：当处于大写的状态时，中文输入法无效，也就是告诉大家，中文只能在小写状态下输入。

Shift：转换键，又称上档键。Shift 是“转换”的意思。Shift 键用以转换大小写或上符键，还可以配合其他键共同起作用。例如，要输入电子邮件的@，在英文状态下按 Shift+2 组合键即可。

Ctrl：控制键。Ctrl 是 Control 的缩写，中文意思是“控制”。其单独使用无效，必须与其他键或鼠标使用配合使用。例如，在 Windows 状态下配合鼠标使用可以选定多个不连续的对象。

Alt：可选（切换）键或称特殊键。其英文是 Alternative，意思是可以选择的。它需要和其他键配合使用来达到某一操作目的。例如，要将计算机热启动，可以按 Ctrl+Alt+Delete 组合键。

Ctrl 和 Alt 是组合键，跟其他按键一起完成一些功能，如 Ctrl+空格是中英文切换，Alt+F4 是退出。

Delete：删除，用于删除选定内容或光标右侧字符，如按 Shift+Delete 组合键将永久删除所选项，而不将其放到“回收站”中。

Enter：回车键（确定键），是“输入”的意思。Enter 键是用得最多的键，因而在键盘上设计成面积较大的键，以便于击键。其主要作用是执行某一命令；在文字处理软件中是换行的作用。

Backspace：退格键，也称删除键，用于删除光标左侧字符。

Space：空格键。

笔记本键盘上的 Fn 键也是一个上档键（也称功能键），可以跟其他一些按键组合成一些功能键，按键上画有月亮的键用于休眠、关机等。

Win 键：在主键盘区键盘最底端两边各有一个标着 Windows 图标的 Windows 键，简称 Win 键。其常用组合键功能如下：

Win+F1：打开 Windows 的帮助文件。

Win+F：打开 Windows 的查找文件窗口。

Win+E：打开 Windows 的资源管理器。

Win+Break：打开 Windows 的系统属性窗口。

Win+M：最小化所有打开的 Windows 的窗口。

Win+Shift+M：恢复所有最小化的 Windows 的窗口。

Win+U：打开 Windows 工具管理器。

Win+Ctrl+F：打开 Windows 查找计算机窗口。

Win+D：快速显示/隐藏桌面。

Win+R：打开“运行”对话框，重新开始一个 Windows 任务。

Win+L：在 Windows XP 中快速锁定计算机。

Win+Tab：在目前打开的多个任务之间切换，再按 Enter 键即变成当前任务。

Win+Break：打开“系统属性”窗口。

（3）数字小键盘（区）

处于键盘的右侧，主要是数字键和加减乘除运算键。

Num Lock：数字锁定键，默认情况下，其对应指示灯亮，表示此时该区数字有效，而数字下方的符号无效。

（4）编辑键区

在主键盘和数字键盘的中间，主要是上、下、左、右 4 个方向键和 Home、End、Insert、Delete 等光标控制键。

Home：原位键（光标移至行首）。Home 的中文意思是家，即原地位置。在文字编辑软件中，定位于本行的起始位置。和 Ctrl 键一起使用可以定位到文章的开头位置。

End：结尾键（光标移至行尾）。End 的中文意思是结束、结尾。在文字编辑软件中，定位于本行的末尾位置。与 Home 键相呼应。和 Ctrl 键一起使用可以定位到文章的结尾位置。

PageUp：向上翻页键。Page 是页的意思，Up 是向上的意思。在软件中 PageUP 键用于将内容向上翻页。

PageDown：向下翻页键。Page 是页的意思，Down 是向下的意思。和 PageUp 键相呼应，PageDown 键用于将内容向下翻页。

Print Screen：打印屏幕键。如果与 Alt 键配合使用可实现复制当前活动窗口的目的。

Scroll Lock：滚动锁定（屏幕上卷下键）。可以将滚动条锁定。

Pause Break：暂停键。将某一动作或程序暂停。例如，将打印暂停。

Insert：插入键（插入/改写转换键）。在文字编辑中主要用于插入字符。它是一个单项开关按键（循环键），再按一下就变成改写状态。

任务二　认识指法入门

任务技能目标

✍ 掌握正确的手指分工

✍ 正确运用打字姿势

任务实施

1. 基本指法

操作键盘时，应首先将各手指放在其对应的基准键位上，拇指放在空格键上，十指分工明确，如图 2-4 所示。基准键位是指 A、S、D、F、J、K、L、; 等 8 个键，其中 F 键和 J 键称为定位键，在这两个键上各有一个凸起的小横杠。

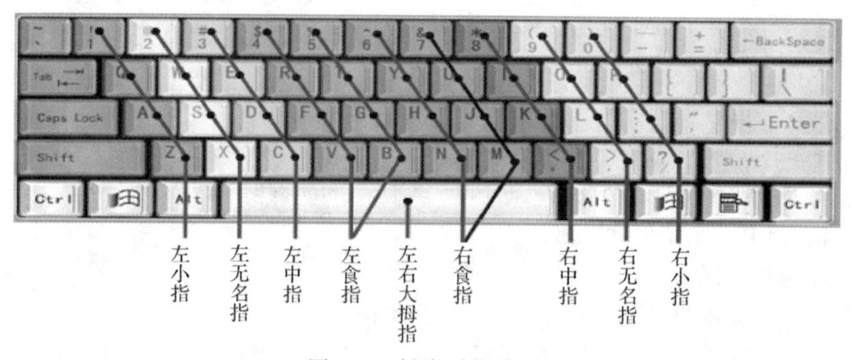

图 2-4　键盘手指分工

击打字母键时要注意以下方面：

① 击键总体方向。

② 改变击键方向的字母。

③ 与基准键间距离较远的字母。

2. 正确的打字姿势

① 两脚平放，腰部挺直，两臂自然下垂，两肘贴于腋边。

② 身体可略倾斜，离键盘的距离为 20 ~ 30 cm。眼睛与显示器屏幕的距离为 30～40 cm，且显示器的中心应与水平视线保持 15°～20° 的夹角。另外，不要长时间盯着屏幕。

③ 打字教材或文稿放在键盘的左边，或用专用夹夹在显示器旁边。

④ 一般以双手自然垂放在键盘上时肘关节略高于手腕为宜。

⑤ 打字时眼观文稿，进行盲打，身体不要跟着倾斜。

注意：初学者要养成良好的触键习惯，即随时保持双手 8 个手指分别放置基准键上，完成其他键的击键动作后也应迅速回到相应的基准键上；双手拇指轻放于空格键上。

3. 手指击键要诀

① 打字时，手指自然弯曲成弧形，用手指第一关节的圆肚部分轻放于基准键位上，手腕悬起轻放键盘上，左手腕略有弯曲，右手自然下垂。

② 击键时应该是指关节用力，而不是手腕用力。敲击键位要迅速，按键时间不宜过长，击键要短促、轻快、有弹性。

③ 每一次击键动作完成后，只要时间允许，一定要习惯性地回到各自的基准键位。

④ 输入时应注意，应严格遵守手指分工，学会“盲打”。只有要击键时，手指才可伸出击键，击毕立即返回到基准键位上。

任务三　认识输入法

任务技能目标

- 了解汉字输入法的种类
- 掌握输入法软键盘的应用

任务实施

1. 汉字输入法的种类

汉字输入法，基本上都是采用将音、形、义与特定的键相联系，再根据不同汉字进行组合来完成汉字的输入。

① 音码，即拼音输入法，按照拼音输入汉字。常见的有微软拼音、智能 ABC、搜狗拼音输入法等。

② 形码，按照汉字的字形（笔画、部首）来进行编码。常见的有五笔字型、表形码输入法等。

③ 音形码，是将音码和形码结合的一种输入法。常见的有郑码、丁码输入法等。

④ 混合输入法，同时采用音、形、义多途径输入。例如，万能五笔输入法包含五笔、拼音、中译英等多种输入法。

2. 输入法间的切换（Windows 系统中）

① 中英文输入法间的切换按 Ctrl+Space 组合键。

② 各种汉字输入法（包括英文）之间循环切换按 Ctrl+Shift 组合键。

③ 全角和半角间的切换按 Shift+Space 组合键。

3. 使用搜狗输入法

从状态栏中选择搜狗拼音输入法后，默认将显示一个如图 2-5 所示的状态条。

（1）中英文输入法间的切换

若当前是中文输入法状态，则可按一次 Shift 或 Ctrl+Space 组合键切换为英文输入法状态，再按一次则切换回中文输入法状态；也可单击状态条上的“中/英”切换按钮进行中英文输入法间的切换。

（2）中英文标点符号的切换

可按 Ctrl+.组合键，或按状态条上的“中/英文标点”切换按钮进行中英文标点符号的切换。

（3）切换“软键盘”

单击状态条中的“输入方式”按钮，此时会在状态条上方出现图 2-6 所示内容。此时单击“软键盘”图标，则会在屏幕左下方出现图 2-7 所示内容。如果在图 2-6 中的“软键盘”图标处右击，则会出现图 2-8 所示的快捷菜单，可从中选择键盘种类。

图 2-5　搜狗拼音输入状态条

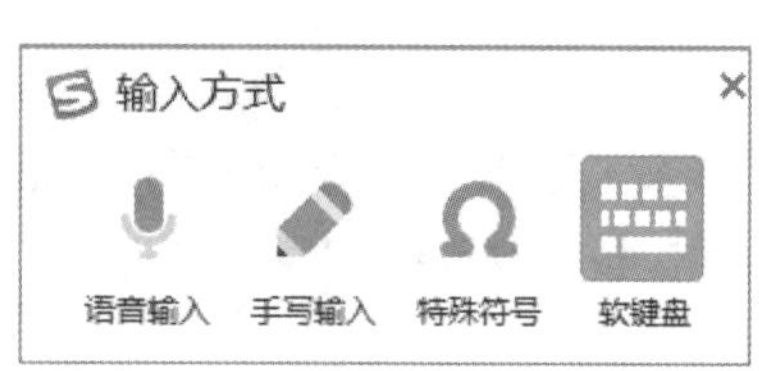

图 2-6　搜狗拼音输入状态条

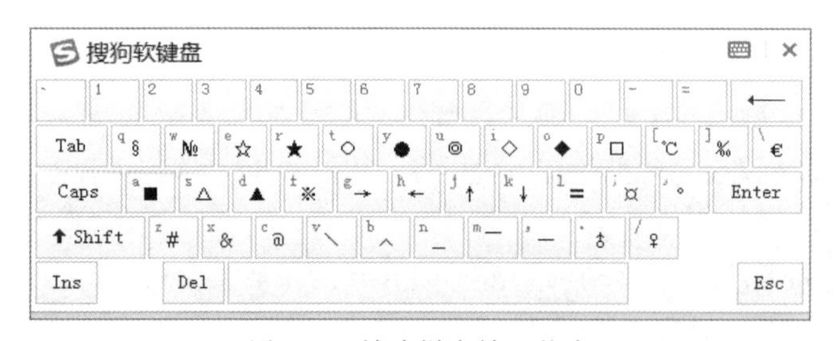

图 2-7　搜狗拼音输入状态

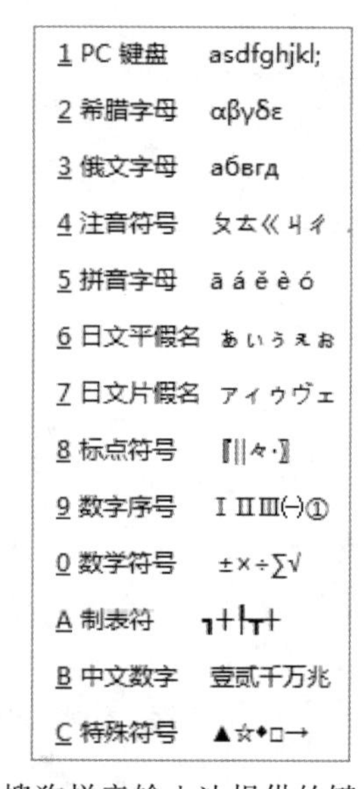

图 2-8　搜狗拼音输入法提供的键盘种类

阶段测试

1. 选择题

（1）可用来删除光标左侧字符的是（　　）键。

A. Backspace　　B. Alt　　C. Enter　　D. Caps Lock

（2）键盘上最长的键是（　　）。

A. Backspace　　B. Alt　　C. Space　　D. Caps Lock

（3）F1 ~ F12 键的具体功能根据具体的操作系统和应用程序而定，通常（　　）。

A. F2 键代表帮助，F5 键代表刷新　　B. F1 键代表帮助，F6 键代表刷新

C. F1 键代表帮助，F5 键代表刷新　　D. F3 键代表帮助，F7 键代表刷新

（4）Insert 键的功能是（　　）。

A. 制表符，用于光标的移动　　B. 大小写转换

C. 上档键，也可以用于大小写的切换　　D. 插入、改写状态的转换

（5）Print Screen 键的功能是（　　）。

A. 制表符，用于光标移动　　B. 复制屏幕，常与 Alt 键进行组合

C. 上档键，也可用于大小写的切换　　D. 插入、改写状态的转换

（6）打字之前一定要端正坐姿，下列叙述中错误的是（　　）。

A. 两脚平放，腰部挺直，两臂自然下垂，两肘贴于腋边

B. 身体可略倾斜，离键盘的距离约为 50 cm

C. 打字教材或文稿放在键盘的左边，或用专用夹夹在显示器旁边

D. 打字时眼观文稿，身体不要跟着倾斜

（7）打字时，除了拇指外其余的 8 个手指分别放在基本键上，拇指放在（　　）键上。

A. Backspace　　B. Alt　　C. Space　　D. Caps Lock

（8）数字小键区的标准用法是（　　）。

A. 用右手食指击打

B. 用左手食指击打

C. 用右手食指、中指、无名指轻放于 4、5、6 键上，上下移动击打键位

D. 用左手食指、中指、无名指轻放于 4、5、6 键上，上下移动击打键位

（9）Ctrl+Shift 组合键的功能是（　　）。

A. 输入法之间的切换　　B. 打开/关闭输入法

C. 全角/半角的切换　　D. 中英文标点的切换

（10）Ctrl+Space 组合键的功能是（　　）。

A. 输入法之间的切换　　B. 打开/关闭输入法

C. 全角/半角的切换　　D. 中英文输入法间的切换

（11）Shift+Space 组合键的功能是（　　）。

A. 输入法之间的切换　　B. 打开/关闭输入法

C. 全角/半角的切换　　D. 中英文标点的切换

（12）Ctrl+C 组合键的功能是（　　）。

A. 复制　　B. 粘贴　　C. 剪切　　D. 打开

（13）Tab 键的功能是（　　）。

A. 上档键，也可用于大小写的切换

B. 退格键，可用来删除光标左侧字符

C. 空格键，使用频率非常高

D. 制表符，用于光标的移动

（14）Delete 键的功能是（　　）。

A. 插入/改写转换键　　B. 向上翻页键

C. 删除光标右侧字符　　D. 删除光标处或光标右侧字符

（15）输入法默认状态下，切换到英文状态和返回中文状态的快捷键分别是（　　）。

A. Shift　Ctrl　　B. Ctrl　Shift

C. Shift　Shift　　D. Ctrl　Ctrl

2. 填空题

（1）拼音输入法的缺点有________。

（2）击打汉字时手指分工中左右无名指分别控制________和________。

（3）击打汉字时手指分工中左食指要控制________键。

（4）手指按分工放在正确的位置上，击完它迅速返回________，食指击键注意角度，小指击键力量保持均匀，数字键采用跳跃式击落键。

（5)键盘的主键区又称________，是最常用的区域，这里除了________个字母键，________个数字键外还有________个符号键。

（6）若想输入键盘上的%、*、#等符号，则输入时先按________键再输入对应的________。

（7）键盘上的 Num Lock 键称为________，默认其对应指示灯亮，表示此时该区数字有效，而数字下方的符号无效。

（8）笔记本键盘上的 Fn 键也是一个________，也称________，可以和其他一些按键组合成功能键，按键上画有月亮的是休眠、关机等。

（9）________位于键盘的最上边，含有 Esc 和 F1 ~ F12 共计 13 个键。

（10）在 Windows 操作系统下________键是用来刷新 IE 或资源管理器中当前所在窗口的内容。

（11）________键可以打印屏幕上的内容，如果与 Alt 键配合使用可实现复制当前活动窗口的目的。

（12）利用键盘进行击键时应该是指关节用力，而不是手腕用力。敲击键位要迅速，按键时间不宜过长，击键要有________、________、弹性。

（13）每一次击键动作完成后，只要时间允许，一定要习惯性地回到各自的________上。

（14）汉字输入法，基本上都是采用将________、________、________与特定的键相联系，再根据不同汉字进行组合来完成汉字的输入。

（15）在搜狗汉字拼音输入法中，要想输入№、◎、‰、℃等符号时，需要利用________进行键盘的转换进行输入。

3. 判断题

（1）键盘一般分成主键区、功能键区、编辑键区和数字小键区等 4 部分。（　　）

（2）一般利用键盘上的 PageDown 进行文稿页面的向上翻页。（　　）

（3）一般所说的特殊控制键是指 Home、Ctrl。（　　）

（4）五笔字型汉字输入法是一种形码方案。（　　）

（5）键盘上的 Pause Break 键称为暂停键。其功能是将某一动作或程序暂停，例如将打印暂停。（　　）

（6）打字时，手腕悬起，手指肚要轻轻放在字键的正中面上，两手拇指悬空放在空格键上。（　）

（7）击键时手指自然弯曲成弧形，指端的第一关节与键盘成垂直角度，两手与两前臂成直线，手不要过于向里或向外弯曲。（　）

（8）字母F键和J键的下边缘上都分别有一个突起，是供左右手定位的。（　）

（9）常用的拼音输入法中包括五笔字型输入法。（　）

（10）击打键盘右侧数字小键盘内容时需要用右手食指、中指、无名指，上下击打键位。（　）

（11）计算机病毒的清除是指从内存、磁盘和文件中清除掉病毒程序。（　）

（12）在击打文字时把A、S、D、F、J、K、L、；等8个键位称为基准键。（　）

（13）拼音输入法中，左食指在击打文字时需要控制的键位是T、Y、G、H、B、N。（　）

（14）手指按分工放在A、S、D、F、G、H、J、K、L键位上。（　）

（15）利用计算机进行文字录入时手指没有具体要求，可随意击打。（　）

4．简答题

（1）简述计算机的冷启动、热启动。

（2）简述何为系统复位启动。

（3）简述击键操作姿态及手指分工。

项目三　计算机网络及 Internet 应用

能力目标

- 任务一　了解计算机网络基础知识
- 任务二　获取 Internet 上的信息和资源
- 任务三　掌握收发电子邮件

知识目标

- 了解常用网络拓扑结构的类型及适用的场合
- 掌握 IE 浏览器的使用方法
- 掌握查找资源和保存资源的方法
- 掌握电子邮件的使用方法

任务一　了解计算机网络基础知识

任务技能目标

- 了解计算机网络的定义
- 了解计算机网络的传输介质和拓扑结构
- 了解计算机局域网的相关知识

任务实施

1．计算机网络的定义及组成

（1）计算机网络的定义

计算机网络，是指将地理位置不同的具有独立功能的多台计算机及其外围设备，通过通信线路连接起来，在网络操作系统、网络管理软件及网络通信协议的管理和协调下，实现资源共享和信息传递的计算机系统。

连接在网络中的计算机、外围设备、通信控制设备等称为网络结点。

（2）计算机网络的组成

计算机网络系统主要由网络通信系统、操作系统和应用系统等 3 部分构成。

2．计算机网络中计算机之间互连方式

计算机网络中的计算机之间互连方式，一是通过双绞线、电话线、光纤等有形介质连接；二是通过微波等无形介质连接。

3．计算机网络的组成

从网络逻辑功能角度来看，可以将计算机网络分成通信子网和资源子网两部分，如图 3-1 所示。

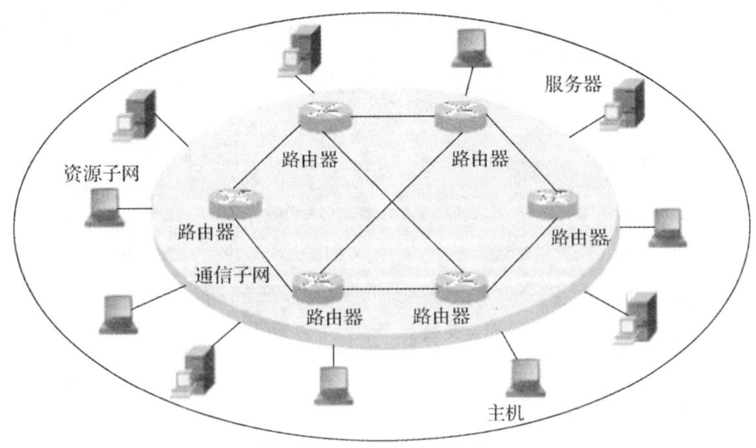

图 3-1　计算机网络组成

网络系统以通信子网为中心，通信子网处于网络的内层，由网络中的通信控制处理机、其他通信设备、通信线路和只用作信息交换的计算机组成，负责完成网络数据传输、转发等通信处理任务。当前的通信子网一般由路由器、交换机和通信线路组成。

资源子网处于网络的外围，由主机系统、终端、终端控制器、外设、各种软件资源与信息资源组成，负责全网的数据处理业务，向网络用户提供各种网络资源和网络服务。主机系统是资源子网的主要组成部分，它通过高速通信线路与通信子网的通信控制处理机相连接。普通用户终端可通过主机系统连接入网。

随着计算机网络技术的不断发展，在现代的网络系统中，直接使用主机系统的用户在减少，资源子网的概念已有所变化。

4．计算机网络的分类

计算机网络可以从不同角度进行分类。

① 按照网络的地理范围分类：局域网（LAN）、城域网（MAN）、广域网（WAN）。

② 按照网络的使用范围分类：公用网、专用网。

③ 按照网络的交换方式分类：电路交换、报文交换、分组交换。

④ 按照采用的拓扑结构分类：星状、环状、总线、树状、网状。

⑤ 按照信道的带宽分类：宽带网、窄带网。

5．计算机网络的功能

（1）资源共享

资源共享是计算机网络的目的，也是计算机网络最核心的功能。可以使网络中各单位的资源

互通有无、分工协作，大大提高系统资源的利用率。

（2）数据传输

数据传输是计算机网络最基本的功能，是实现其他功能的基础。主要完成网络中各个结点之间的通信。

（3）分布式数据处理

分布式处理是指将分散在各个计算机系统中的资源进行集中控制与管理，从而将复杂的问题交给多个计算机分别同时进行处理，以提高工作效率。

（4）均衡负载

利用计算机网络，可以将负担过重的计算机所处理的任务转交给空闲的计算机来完成，这样处理能均衡各个计算机的负载，提高处理问题的实时性。

6. 网络拓扑结构种类

引用拓扑学中研究与大小、形状无关的点、线关系的方法，把网络中的计算机和通信设备抽象为一个点，把传输介质抽象为一条线，由点和线组成的几何图形就是计算机网络的拓扑结构。

网络拓扑结构就是网络中各个站点相互连接的形式，在局域网中就是文件服务器、工作站和电缆等的连接形式。

（1）总线拓扑

总线拓扑是局域网最主要的拓扑结构之一，它采用单根传输线作为传输介质，如图 3-2 所示。

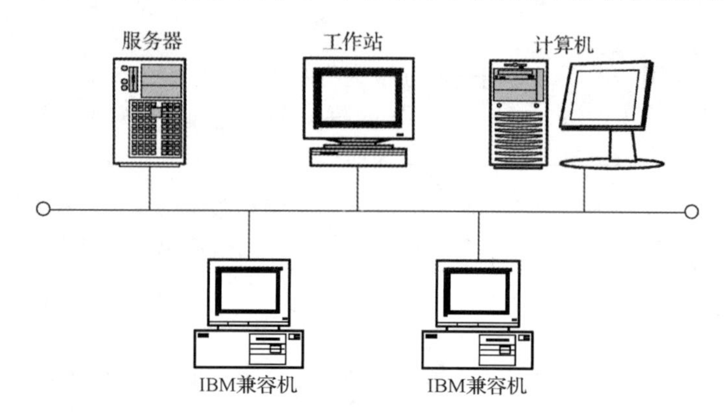

图 3-2　总线拓扑结构

主要特点：总线拓扑结构所有设备连接到一条连接介质上。总线结构所需要的电缆数量少，线缆长度短，易于布线和维护。多个结点共用一条传输信道，信道利用率高。但不易诊断故障。

优点：布线容易、电缆用量小；可靠性高；易于扩充；易于安装。

缺点：故障诊断困难；故障隔离困难；中继器配置；通信介质或中间某一接口点出现故障，会导致整个网络瘫痪；终端必须是智能的。

适用范围：总线拓扑结构适用于计算机数目相对较少的局域网络，通常这种局域网络的传输速率为 100 Mbit/s，网络连接选用同轴电缆。总线拓扑结构曾流行了一段时间，典型的总线局域网为以太网。

（2）环状拓扑

环状拓扑是将联网的计算机由通信线路连接成一个闭合的环，如图 3-3 所示。

优点：电缆长度短；增加或减少工作站时，仅需简单的连接操作；可使用光纤。

缺点：结点的故障会引起全网故障；故障检测困难；环状拓扑结构的媒体访问控制协议采用令牌方式，在负载很轻时，信道利用率相对比较低。

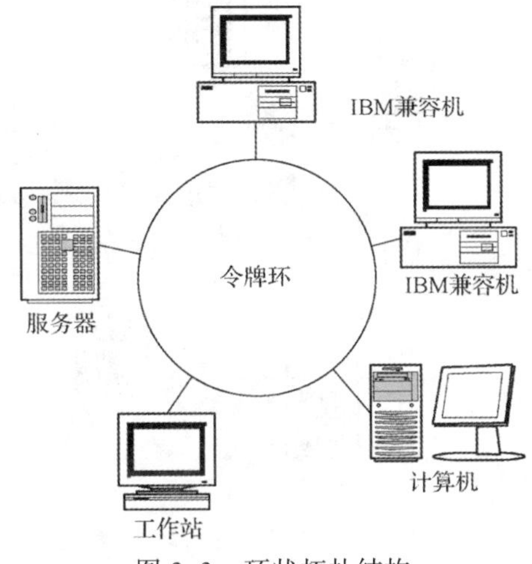

图 3-3　环状拓扑结构

（3）星状拓扑

星状拓扑是由各站点通过点对点链路连接到中央节点上而形成的网络结构，如图 3-4 所示。

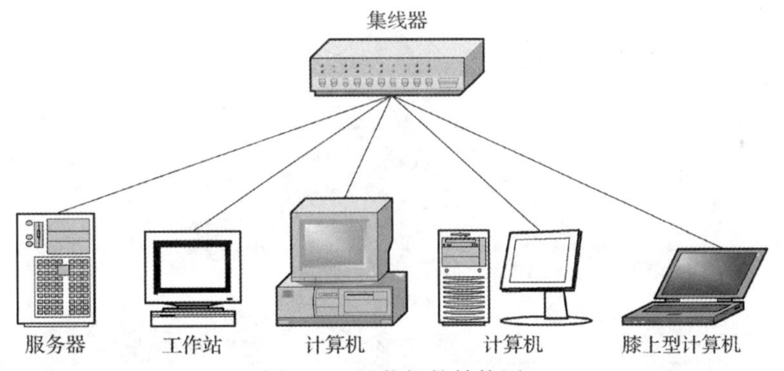

图 3-4　星状拓扑结构图

优点：可靠性强：在网络中，连接点往往容易产生故障。星状拓扑结构中，由于每一个连接点只连接一个设备，所以当一个连接点出现故障时只影响相应的设备，不会影响整个网络。故障诊断和隔离容易：由于每个结点直接连接到中心结点，如果是某一结点的通信出现问题，就能很方便地判断出有故障的连接，方便地将该结点从网络中删除。如果是整个网络的通信都不正常，则需考虑是否是中心结点出现了错误。

缺点：所需电缆多：由于每个结点直接于中心结点连接，所以整个网络需要大量电缆，增加了组网成本。可靠性依赖于中心结点 ：如果中心结点出现故障，则全网不可能工作。

（4）网状拓扑

网状拓扑使用单独的电缆将网络上的站点两两相连，从而提供了直接的通信路径，如图 3-5 所示。

优点：可靠性强；不受瓶颈问题和失效问题的影响。

缺点：结构复杂，成本比较高；为提供不受瓶颈问题和失效问题影响的功能，网状拓扑结构的网络协议也比较复杂。

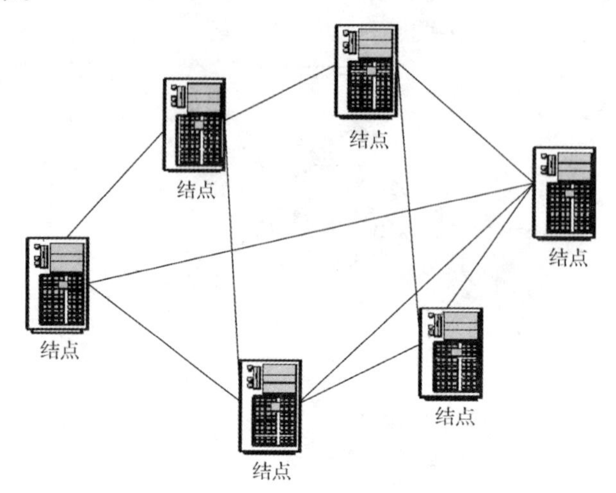

图 3-5　网状拓扑结构

（5）树状拓扑

树状拓扑从总线拓扑演变而来，形状像一棵倒置的树，顶端是树根，树根以下带分支，每个分支还可再带子分支，如图 3-6 所示。

优点：易于扩展；故障隔离较容易。

缺点：各个结点对根的依赖性太大。

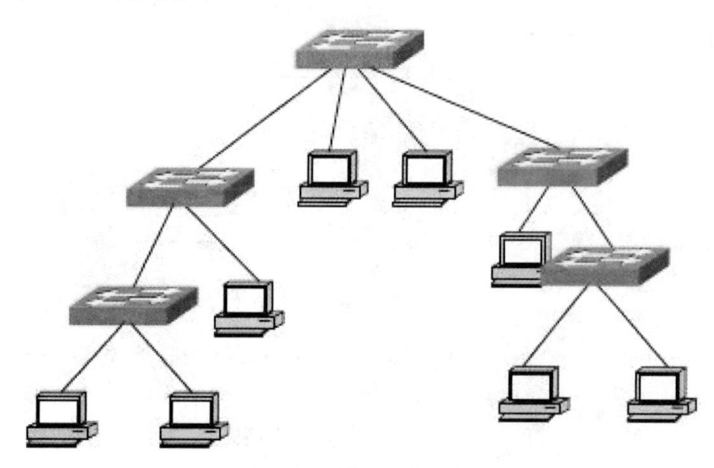

图 3-6　树状拓扑结构

7. 局域网简介

局域网的范围一般是方圆几千米以内；可以实现文件管理、应用软件共享、打印机共享、工作组内的日程安排、电子邮件和传真通信服务等功能；专用性非常强，具有比较稳定和规范的拓扑结构。其结构如图 3-7 所示。

（1）几种局域网新技术

① 无线局域网。无线局域网（Wireless LAN，WLAN）是 20 世纪 90 年代计算机网络与无线

通信技术相结合的产物，它利用了无线多址信道的一种有效方法来支持计算机之间的通信，并为通信的移动化、个性化和多媒体应用提供了可能。

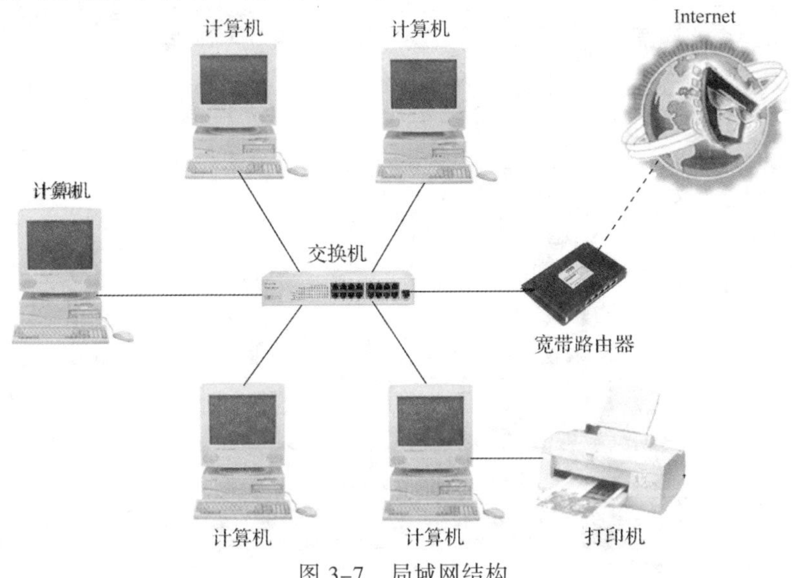

图 3-7　局域网结构

无线局域网最重要的优点是安装便捷。在有线网络建设中，大楼的综合布线需要花费大量的时间和精力，而无线网络的安装建设不需要布线或开挖沟槽，一般只要安装一个或多个接入点 AP（Access Point）设备，就可建立覆盖整个建筑或地区的局域网络。

② 虚拟局域网。虚拟局域网（Virtual Local Area Network，VLAN）是指在局域网交换机中采用网络管理软件所构建的可跨越不同网段、不同网络、不同位置的端到端的逻辑网络。VLAN 可以根据网络用户的位置、作用、部门或者根据网络用户所使用的应用程序和协议来进行逻辑网段的划分。经过 VLAN 技术的划分，一个物理上的局域网就划分成逻辑上不同的广播域，VLAN。由于它是逻辑上的而不是物理上的划分，所以同一个 VLAN 内的各个工作站无须在同一个物理空间里。一个 VLAN 上的结点既可以连接在同一个交换机上，也可以连接在不同的交换机上。一个 VLAN 内部的广播不会转发到其他 VLAN 中。

（2）局域网的特点

区域范围相对不远，是封闭型的；局域网的 IP 地址是其内部分配的，不同局域网的 IP 地址可以重复，但互不影响；路由器或网关不会阻拦来自局域网内计算机发起的对外连接请求；价格低廉，结构简单，便于维护，容易实现。

任务二　获取 Internet 上的信息和资源

任务技能目标

- 掌握 IE 浏览器的使用
- 熟练掌握网络搜索与信息收集技巧
- 掌握查找资源和保存资源的方法

任务实施

1．从 Internet 查找资源

打开百度搜索引擎（www.baidu.com），输入关键词“故宫”，搜索关于“故宫”的资料，如图 3-8 所示。

图 3-8　百度资料

单击要查找的资料链接，即可打开相应网页，如图 3-9 所示。

图 3-9　百度资料链接

2．保存查找的资源

（1）打开关于“故宫”的网页后，在要保存的文字左上方按住鼠标左键不放开并向右下方拖

动，选中文中所需文本，然后右击，从弹出的快捷菜单中选择“复制”命令，或直接按 Ctrl+C 组合键。

（2）选择“开始”→“所有程序”→“附件”→“记事本”命令（见图 3-10），打开记事本程序。

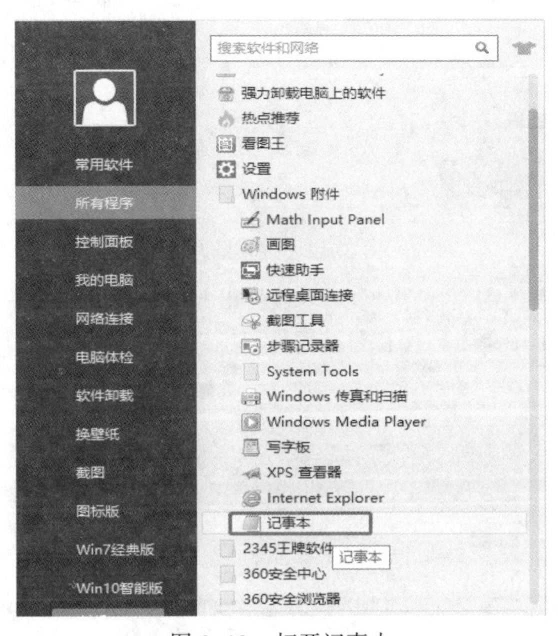

图 3-10　打开记事本

（3）按 Ctrl+V 组合键将网页中需要的文本粘贴到记事本中，如图 3-11 所示。

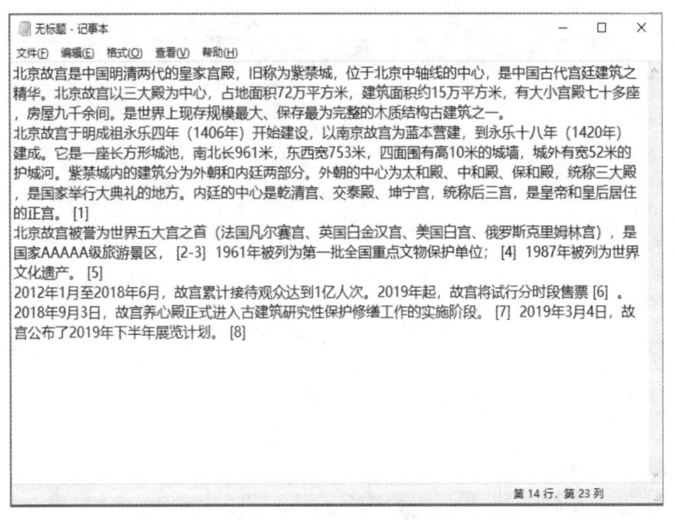

图 3-11　粘贴到记事本

（4）打开 Word 或 WPS，从记事本中把刚才复制的文字再复制到 Word 或 WPS 中进行编辑。这样可以把网页上文字的格式都清除掉，自行设置所需的格式。

（5）在百度搜索引擎中输入“图片”，单击“图片”超链接（见图 3-12）搜索关于“故宫”的图片。根据需要输入图片的像素大小，之后，在搜索结果中单击需要的图片。

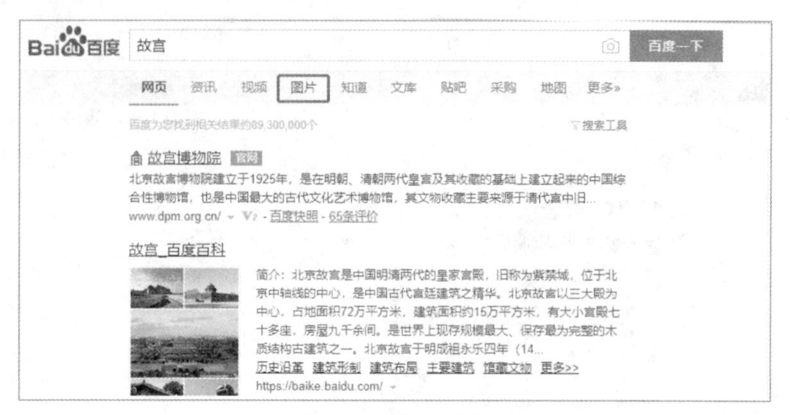

图 3-12　搜索图片

（6）在打开的网页中右击需要保存的图片，从弹出的快捷菜单中选择“图片另存为”命令（见图 3-13），在打开的对话框中单击“保存”按钮保存图片，如图 3-14 所示。

图 3-13　另存图片

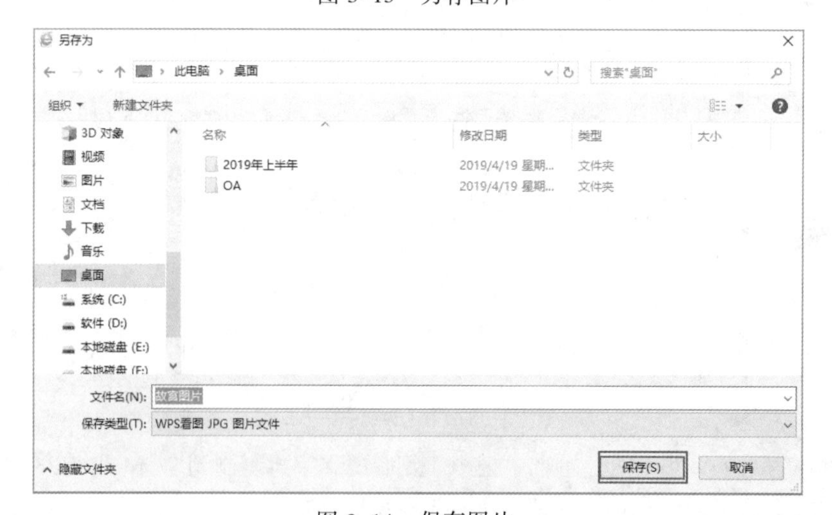

图 3-14　保存图片

（7）参考以上操作，继续在网页中打开相关图片并保存；也可以直接搜索网页，打开相关网页并保存网页中的图片。

任务三　收发电子邮件

任务技能目标

- 掌握电子邮箱的申请
- 熟练掌握收发邮件

任务实施

1．在浏览器中打开 http://mail.163.com

单击“开始”菜单中的“IE 浏览器”图标 Internet Explorer 或在桌面上双击 IE 浏览器快捷方式图标，并在地址栏中输入 mail.163.com，按 Enter 键，打开网易邮箱主页界面，如图 3–15 所示。

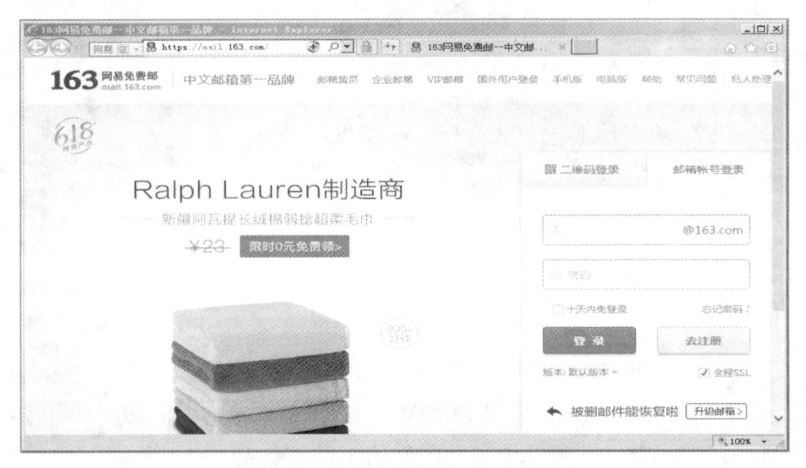

图 3–15　进入网易邮箱主页界面

2．邮箱注册

在网易邮箱主页界面单击“去注册”按钮即跳转到邮箱注册页面，根据引导注册个人邮箱，如图 3–16 所示。注册完毕跳转回 mail.163.com 页面。用注册好的账号密码登录即可。

图 3–16　邮箱注册页面

3．收取邮件

单击“收信”按钮，即可看到收件箱情况，如图 3-17 所示。

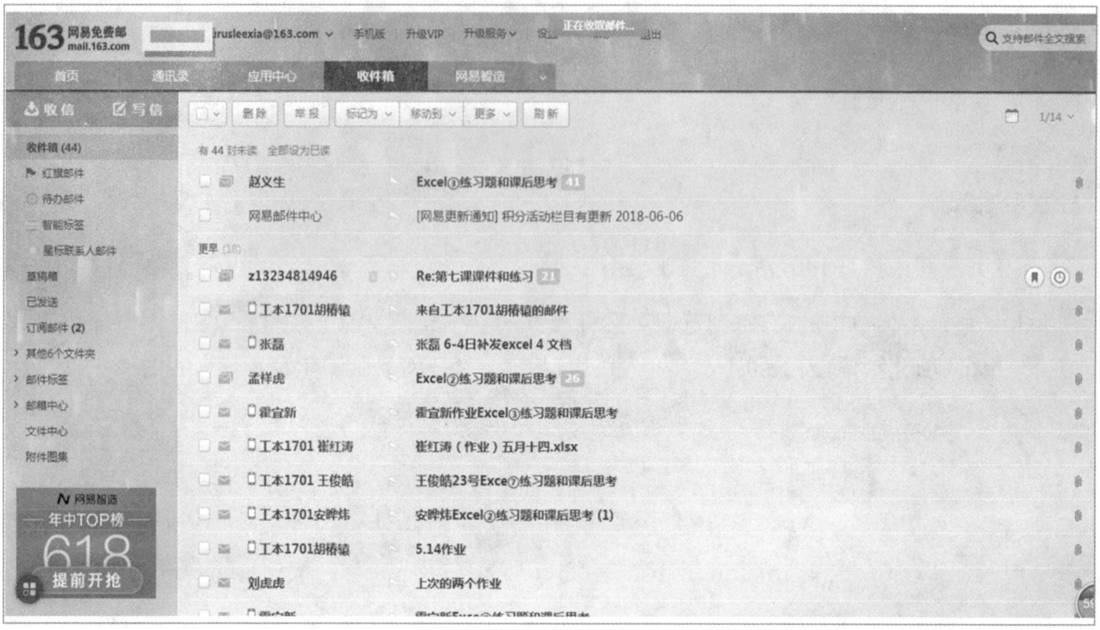

图 3-17　收取邮件

4．发送邮件

单击“写信”按钮，即可进入编辑邮件界面，如图 3-18 所示。填写“收件人”电子邮箱地址、“邮件主题”，编辑要发送的内容；如果是发送“文件”，则单击“添加附件”按钮，从计算机中找到“文件”添加到邮箱里，即可发送带有附件的邮件，如图 3-19 所示。

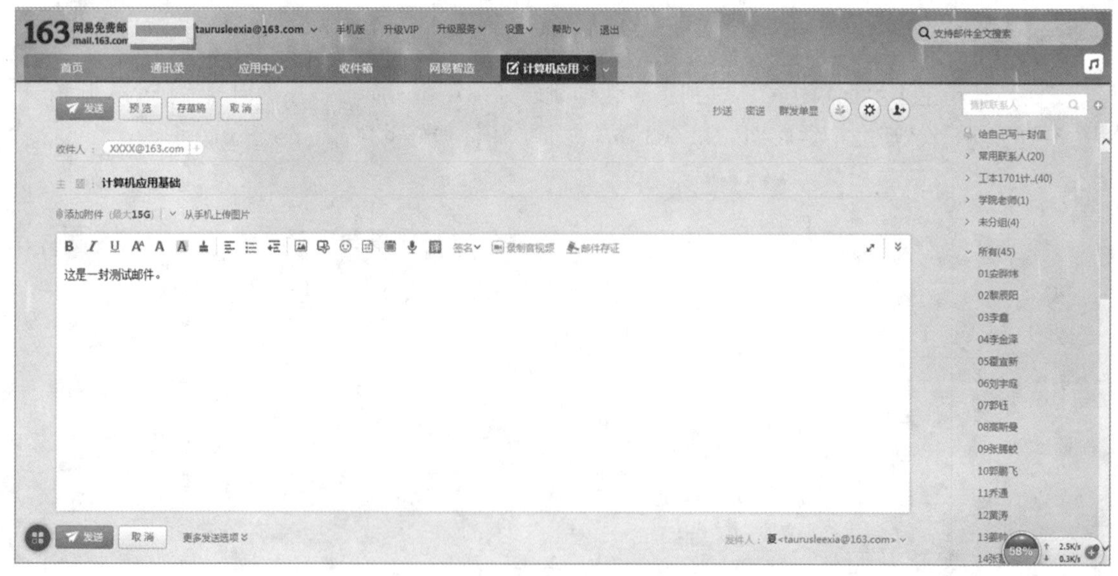

图 3-18　发送邮件

图 3-19　发送附件

能力拓展

1. 网络安全基础概念

（1）网络安全的重要性

随着互联网的日益普及，非法访问、恶意攻击等问题对企业和个人利益影响越来越大，因此网络安全逐渐成为不可忽视的重要内容。

互联网向人们提供了很多便利的服务，为了保证网络安全，只能牺牲一些便利性来确保网络安全。因此，“便利性”和“安全性”作为两个对立的特性并存，从而产生了很多新的技术。随着恶意使用网络的技术不断翻新，网络安全的技术也在不断进步。

（2）网络安全与人们的密切联系

① 网络支付安全。近年来，网络支付已成为人们进行交易的主要支付方式。网络支付是在网络的开放环境中开展的，同时，它涉及资金转移，因此非常容易成为犯罪份子觊觎的对象。人们面临的网络支付风险主要如下：

- 个人信息的泄露。
- 被钓鱼或者被植入木马。不法分子通过假网站、假电子商务支付页面等“网络钓鱼”形式，利用客户安全意识薄弱，通过假的支付页面窃取客户网上银行信息。
- 由于密码过于简单或者具有明显特征，导致密码泄露。
- 支付数据被篡改。在缺乏必要的安全防范措施情况下，攻击者可以通过修改互联网传输中的支付数据。
- 网络不诚信行为。

② 个人信息安全。随着科技的高速发展，互联网、智能设备的日益普及，大数据处理技术和云计算技术的应用越来越多，普通用户的个人信息数据越来越多并且越来越完整地被各种信息

系统收集，因此这些信息系统能通过用户的个人信息数据更准确地分析出用户的爱好和习惯，从而提供更优质的服务，这使人们的日常生活变得越来越方便。但是，当系统出现信息安全事故时，用户个人信息泄露很可能会造成灾难性的后果。针对用户个人信息的保护现行法律法规和措施尚待完善，用户个人信息泄露事件时有发生。

2. 使用百度网盘

要求：先注册一个百度网盘账号，将前面收集的关于“故宫”的资料打包（压缩）并上传到自己的百度网盘空间并分享给朋友；再将别人分享给自己的文件保存到百度网盘中，并下载到本地计算机。

（1）申请并登录百度网盘

打开百度网盘主页（pan.baidu.com），单击“注册账户”按钮，如图 3-20 所示。

图 3-20 打开百度网盘

（2）在打开的注册页面中输入手机号、密码，然后单击“获取短信验证码”按钮，稍等片刻，所填写的手机号会收到短信验证码，将其输入“验证码”编辑框，再选中“阅读并接受《百度用户协议》及《百度隐私权保护声明》”复选框，单击“注册”按钮，即可注册一个百度账号，如图 3-21 所示。

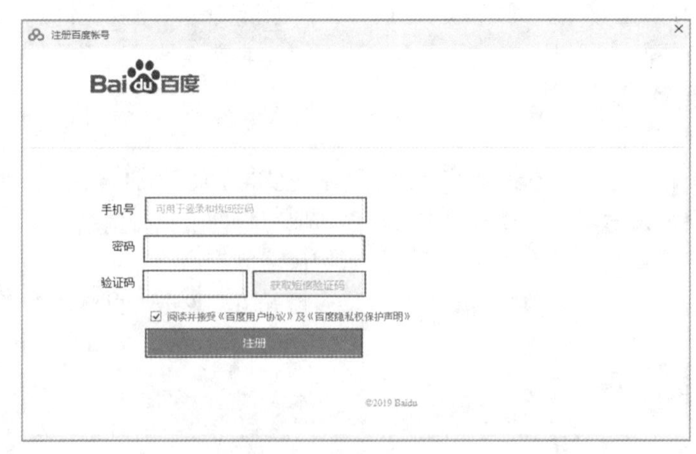

图 3-21 注册百度网盘

（3）注册成功后，将自动登录百度网盘，并对百度网盘进行简单介绍，单击左侧进行查看，最后单击“立即体验”按钮，进入自己的百度网盘空间。

（4）上传和分享文件

① 在百度网盘空间单击左侧的“文档”分类，单击“上传”按钮，从弹出的列表中选择“上传文件”选项，如图 3-22 所示。

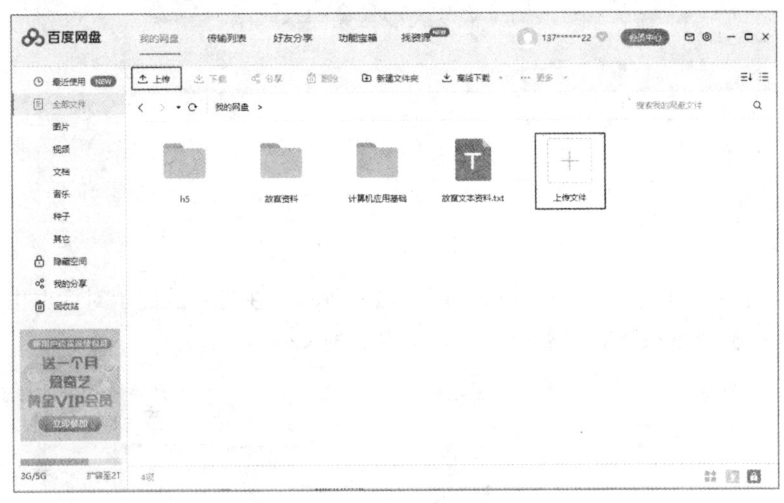

图 3-22　上传文件到百度网盘

提示：百度网盘空间默认包括图片、视频、文档、音乐、种子等分类，分别用来保存相应的文件类型。如果所上传的文件不属于这几种类型，将自动保存在“其他”分类里。

② 在百度空间中单击左侧“全部文件”分类，然后单击“新建文件夹”按钮，输入新建文件夹的名称，如“故宫资料”，新建一个文件夹，如图 3-23 所示。

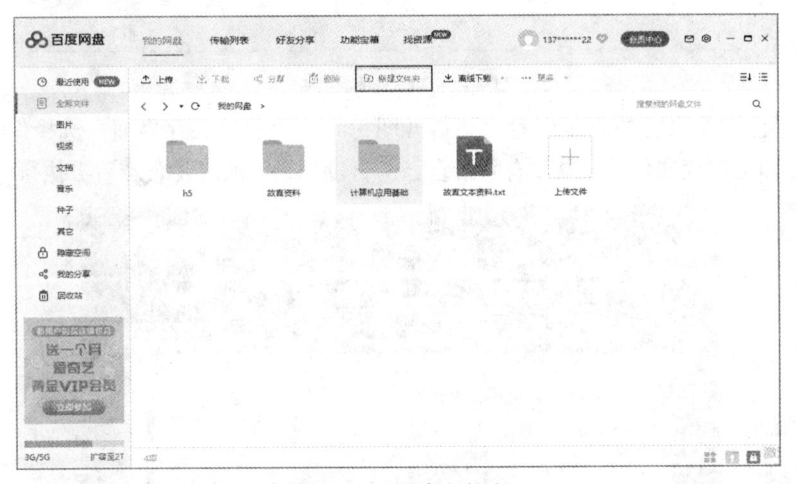

图 3-23　新建文件夹

（5）下载别人分享的文件并转存到自己的百度网盘

复制其他人分享给自己的百度空间文件的链接网址，将其粘贴到浏览器的地址栏中，按 Enter 键打开百度网盘的“请输入提取码”页面，输入“提取码”，单击“提取文件”按钮，如图 3-24 所示。

图 3-24 提取文件

在打开的页面中单击“下载”按钮，如图 3-25 所示，在打开的提示对话框中单击“立即下载”按钮，然后根据提示操作，下载别人分享给自己的文件。

图 3-25 下载文件

此时，如果已登录自己的百度网盘，将打开图 3-26 所示的保存界面，选择保存文件夹，单击“确定”按钮即可保存文件；如果没有登录自己的百度网盘，则需要登录后再执行一次保存操作。

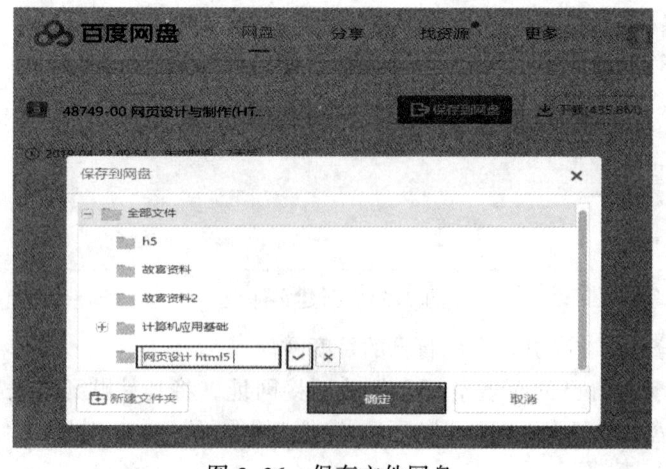

图 3-26 保存文件网盘

（6）管理百度网盘

对于存储到百度网盘中的文件，用户可随时随地地通过计算机或手机下载，以及进行各种管理操作，包括分类存储、删除、重命名、复制、剪贴等。选中文件并右击，在弹出的快捷菜单中进行相应的操作，如图 3–27 所示。

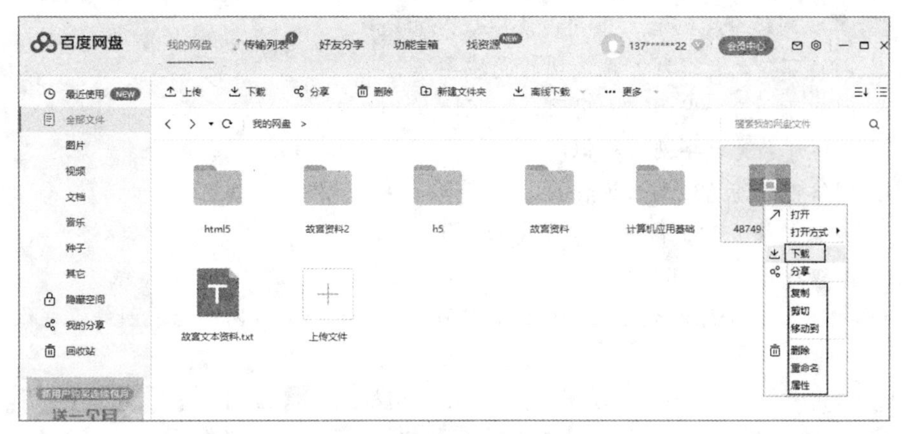

图 3–27 管理网盘文件

单击学习资料文件夹将其打开，选择其中的实训素材文件，单击“下载”按钮，将其下载到本地计算机中。

技巧：注册百度网盘后，默认空间只有 5 GB，用户可单击百度网盘左下角的“免费领取 2048GB 容量啦”超链接，在弹出的页面中根据提示，利用手机扫码下载百度网盘移动端并使用。之后，百度网盘的空间将自动扩容到 2 048 GB。

网页版的百度网盘使用起来很不方便，而且不能直接下载文件夹。用户可下载百度网盘 PC 客户端软件，将其安装在计算机中，然后用它上传、下载和管理文件。

阶 段 测 试

1. 选择题

（1）一台微型计算机要与局域网连接，必须安装的硬件是（　　）。

A. 集线器　　B. 网关　　C. 网卡　　D. 路由器

（2）Internet 实现了分布在世界各地的各类网络的互联，其最基础和核心的协议是（　　）。

A. HTTP　　B. FTP　　C. HTML　　D. TCP/IP

（3）有一域名为 bit.edu.cn，根据域名代码的规定，此域名表示（　　）机构。

A. 政府机关　　B. 商业组织　　C. 军事部门　　D. 教育机构

（4）在计算机网络中，英文缩写 WAN 对应的中文名是（　　）。

A. 局域网　　B. 城域网　　C. 无线网　　D. 广域网

（5）下列各项中，（　　）能作为电子邮箱地址。

A. L202@263.NET　　B. TT202#YAHOO

C. A112.256.23.8　　D. K201&YAHOO.COM.CN

（6）下列关于电子邮件的说法，正确的是（　　）。

A. 收件人必须有 E－mail 账号，发件人可以没有 E－mail 账号

B. 发件人必须有 E－mail 账号，收件人可以没有 E－mail 账号

C. 发件人和收件人均必须有 E－mail 账号

D. 发件人必须知道收件人的邮政编码

（7）就计算机网络分类而言，下列说法中规范的是（　　）。

A. 网络可分为光缆网、无线网、局域网

B. 网络可分为公用网、专用网、远程网

C. 网络可分为数字网、模拟网、通用网

D. 网络可分为局域网、远程网、城域网

（8）下列网络传输介质中传输速率最高的是（　　）。

A. 双绞线　　B. 同轴电缆　　C. 光缆　　D. 电话线

（9）Internet 是覆盖全球的大型互联网络，它用于连接多个远程网和局域网的互联设备主要是（　　）。

A. 路由器　　B. 主机　　C. 网桥　　D. 防火墙

（10）下列 URL 的表示方法中，正确的是（　　）。

A. http://www.microsoft.com/index.html

B. http:\\www.microsoft.com/index.html

C. http://www.microsoft.com\index.html

D. http//www.microsoft.com/index.html

（11）下列不属于网络拓扑结构形式的是（　　）。

A. 星状　　B. 环状　　C. 总线　　D. 分支

（12）计算机网络最突出的优点是（　　）。

A. 运算速度快　　B. 联网的计算机能够相互共享资源

C. 计算精度高　　D. 内存容量大

（13）网上共享的资源有（　　）。

A. 硬件、软件和数据　　B. 软件、数据和信道

C. 通信子网、资源子网和信道　　D. 硬件、软件和服务

（14）中国的顶级域名是（　　）。

A. cn　　B. Ch　　C. chn　　D. China

（15）FTP 是实现文件在网上的（　　）。

A. 复制　　B. 移动　　C. 查询　　D. 浏览

（16）关于发送电子邮件，下列说法中正确的是（　　）。

A. 用户必须先接入 Internet，其他用户才可以给用户发送电子邮件

B. 用户只有打开了自己的计算机，其他用户才可以给用户发送电子邮件

C. 只要用户有 E-mail 地址，其他用户就可以给用户发送电子邮件

D. 没有 E-mail 地址，也可以收发电子邮件

（17）电子邮箱页面上的“发件箱”文件夹一般保存的是（　　）。

A. 用户已经抛弃的邮件

B. 用户已经写好但还没有成功发送的邮件

C. 包含有不礼貌语句的邮件

D. 包含有不合时宜想法的邮件

（18）用户想给某人通过 E-mail 发送某个小文件时，必须（　　）。

A. 在主题上写含有小文件

B. 把这个小文件复制一下，粘贴在邮件内容里

C. 无法办到

D. 使用粘贴附件功能，通过粘贴上传附件完成

（19）下列 4 项中，合法的电子邮件地址是（　　）。

A. Hou-em.Hxing.com.cn　　B. Em.hxing.com,cn-zhou

C. Em.hxing.com.cn@zhou　　D. zhou@em.Hxing.com.cn

（20）电子邮箱系统不具有的功能是（　　）。

A. 撰写邮件　　B. 发送邮件

C. 接收邮件　　D. 自动删除邮件

（21）IE 浏览器收藏夹的作用是（　　）。

A. 收集感兴趣的页面地址　　B. 记忆感兴趣的页面内容

C. 收集感兴趣的文件内容　　D. 收集感兴趣的文件名

（22）世界上第一个网络是在（　　）年诞生的。

A. 1946　　B. 1969　　C. 1977　　D. 1973

（23）以下不属于无线介质的是（　　）。

A. 激光　　B. 电磁波　　C. 光纤　　D. 微波

（24）Internet 是一种（　　）结构的网络。

A. 星状　　B. 环状　　C. 树状　　D. 网状

（25）若网络形状是由站点和连接站点的链路组成的一个闭合环，则称这种拓扑结构为（　　）。

A. 星状拓扑　　B. 总线拓扑　　C. 环状拓扑　　D. 树状拓扑

（26）下列有关计算机网络叙述错误的是（　　）。

A. 利用 Internet 可以使用远程的超级计算中心的计算机资源

B. 计算机网络是在通信协议控制下实现的计算机互联

C. 建立计算机网络的最主要目的是实现资源共享

D. 根据接入的计算机多少可以将网络划分为广域网、城域网和局域网

（27）TCP/IP 协议是 Internet 中计算机之间通信所必须共同遵循的一种（　　）。

A. 信息资源　　B. 通信规定　　C. 软件　　D. 硬件

（28）在 Internet 中，用于文件传输的协议是（　　）。

A. HTML　　B. SMTP　　C. FTP　　D. POP

（29）下列说法错误的是（　　）。

A. 电子邮件是 Internet 提供的一项最基本的服务

B. 电子邮件具有快速、高效、方便、价廉等特点

C. 通过电子邮件，可向世界上任何一个角落的网上用户发送信息

D. 可发送的多媒体信息只有文字和图像

（30）下列关于广域网的叙述，错误的是（　　）。

A. 广域网能连接多个城市或国家并能提供远距离通信

B. 广域网一般可以包含 OSI 参考模型的 7 个层次

C. 目前大部分广域网都采用存储转发方式进行数据交换

D. 广域网可以提供面向连接和无连接两种服务模式

（31）广域网提供两种服务模式，对应于这两种服务模式，广域网的组网方式有（　　）。

A. 虚电路方式和总线方式

B. 总线方式和星状方式

C. 虚电路方式和数据报方式

D. 数据报方式和总线方式

（32）Internet 是由（　　）发展而来的。

A. 局域网　　B. ARPANET　　C. 标准网　　D. WAN

（33）对于下列说法，错误的是（　　）。

A. TCP 协议可以提供可靠的数据流传输服务

B. TCP 协议可以提供面向连接的数据流传输服务

C. TCP 协议可以提供全双工的数据流传输服务

D. TCP 协议可以提供面向非连接的数据流传输服务

（34）以下关于 TCP/IP 的描述中，错误的是（　　）。

A. TCP/IP 协议属于应用层

B. TCP、UDP 协议都要通过 IP 协议来发送、接收数据

C. TCP 协议提供可靠的面向连接服务

D. UDP 协议提供简单的无连接服务

（35）下列关于 IP 地址的说法中错误的是（　　）。

A. 一个 IP 地址只能标识网络中唯一的一台计算机

B. IP 地址一般用点分十进制表示

C. 地址 205.106.286.36 是一个非法的 IP 地址

D. 同一个网络中不能有两台计算机的 IP 地址相同

（36）一个 IP 地址包含网络地址与（　　）。

A. 广播地址　　B. 多址地址

C. 主机地址　　D. 子网掩码

（37）在以下 4 个 WWW 网址中，不符合 WWW 网址书写规则的是（　　）。

A. www.163.com　　B. www.nk.cn.edu

C. www.863.org.cn　　D. www.tj.net.jp

（38）TCP/IP 协议族包含一个提供对电子邮件邮箱进行远程获取的协议，称为（　　）。

A. POP　　B. SMTP　　C. FTP　　D. Telnet

（39）OSPF 是（　　）。

A. 域内路由协议　　B. 域间路由协议

C. 无域路由协议　　D. 应用层协议

（40）电子邮件服务器之间相互传递邮件通常使用的协议是（　　）。

A. PPP　　B. SMTP　　C. FTP　　D. Email

2．填空题

（1）因特网上的服务都是基于某一种协议，Web 服务是基于________协议。

（2）通常，一台计算机要接入因特网，应该安装的设备是________。

（3）计算机网络最突出的优点是________。

（4）在 Internet 中完成从域名到 IP 地址或者从 IP 到域名转换的是________服务。

（5）无线网络相对于有线网络来说，它的优点是________。

（6）计算机网络系统主要由________、________和________构成。

（7）计算机网络按地理范围可分为________网和________网，其中局域网主要用来构造一个单位的内部网。

（8）通常可将网络传输介质分为________和________两大类。

（9）常见的网络拓扑结构为________、________和________。

（10）开放系统互连参考模型 OSI 采用了________结构的构造技术。

（11）在 IEEE 802 局域网标准中，只定义了________和________两层。

（12）局域网中最重要的一项基本技术是________技术，也是局域网设计和组成的最根本问题。

（13）TCP/IP 的全称是________协议和________协议。

（14）计算机网络中常用的 3 种有线媒体是________、________和________。

（15）覆盖一个国家、地区或几个洲的计算机网络称为________，在同一建筑或覆盖几千米内范围的网络称为________，而介于两者之间的是________。

（16）在 TCP/IP 层次模型的第 3 层（网络层）中包括的协议主要有________、________、________及________。

（17）计算机网络在逻辑功能上可以划分为________子网和________子网两部分。

（18）计算机网络中的主要拓扑结构有________、________、________、________、________等。

（19）按照网络的地理分布范围，可以将计算机网络分为________、________和________3 种。

（20）计算机内传输的信号是________，而公用电话系统的传输系统只能传输________。

3．简答题

（1）什么是计算机网络？

（2）简述 IP 地址的作用。

（3）简述组建小型局域网的步骤。

（4）按网络分布距离划分，计算机网络可分为哪 3 类？

项目四　Windows 7 操作系统

能力目标

- 任务一　认识 Windows 7
- 任务二　使用鼠标
- 任务三　管理文件和文件夹

知识目标

- 熟悉 Windows 7 操作系统界面
- 掌握 Windows 7 常用系统设置
- 掌握鼠标的使用方式
- 掌握 Windows 7 文件管理

任务一　认识 Windows 7

任务技能目标

- 熟悉 Windows 7 系统的桌面构成
- 掌握 Windows 7 的启动和退出
- 掌握注销、切换用户、锁定、重新启动和睡眠
- 掌握桌面个性化设置

任务实施

1. Windows 7 的启动和退出

Windows 7 支持多用户，在登录时可以选用不同的启动方式实现多用户登录。

（1）启动

在按下主机电源开关之后，屏幕上将显示计算机自检信息，如果计算机中只安装有 Windows 7 系统则自动启动该系统。如果主机中安装有多个系统，则可在登录时用键盘方向键选择 Windows 7 选项，再按 Enter 键进入 Windows 7。

在接下来的用户登录界面选择用户，输入正确的登录密码即可登录到操作系统主界面。

（2）注销与关闭

注销是指用户不必重启主机就可以实现多用户登录和切换，减少了硬件时间以及损耗。具体方法是：选择“开始”→“关机”命令，在随后打开的注销窗口中选择“切换用户”或“注销”。注销操作将保存用户设置并关闭当前登录的窗口。

“重新启动”选项即“热启动”，当系统出现故障或者安装新的软、硬件之后，需要重新启动而不关闭主机选择此项。还可以按 Ctrl+Alt+Delete 组合键实现同样的操作。

“关闭”即彻底退出并关闭 Windows 7 系统。待系统关闭之后，先关闭显示器电源，后关闭主机电源。

2．桌面与主题设置

Windows 7 桌面主要包括桌面图标、“开始”按钮、任务栏以及桌面背景，如图 4-1 所示。

图 4-1　Windows 7 桌面构成

（1）更改桌面图标排列方式

右击桌面空白处，在弹出的快捷菜单中选择“排列方式”命令，在子菜单中包含多种排列方式，分别体验按“名称”“大小”“项目类型”“修改日期”排列后的效果。

也可以手动调整图标顺序，只需要单击待排列图标，然后将其拖动至相应位置即可。

（2）设置桌面主题

主题是指 Windows 系统的界面风格，包括窗口的色彩、桌面背景、图标样式等内容，通过改变这些视觉内容可以达到美化系统界面的目的。

右击桌面空白处，在弹出的快捷菜单中选择“个性化”命令，打开“个性化”窗口如图 4-2 所示。将“Aero 主题”更改为“中国”。然后注意观察窗口标题栏颜色和桌面背景的变化。

3．返回桌面与窗口切换

（1）返回桌面

方法 1：右击系统桌面最下方“任务栏”，在弹出的快捷菜单中选择“显示桌面”命令。

方法 2：按+D 组合键也可以快速显示桌面。

（2）窗口切换

分别双击桌面上的“计算机”图标、“回收站”图标等多个图标，打开多个窗口，然后练习在窗口之间的切换。

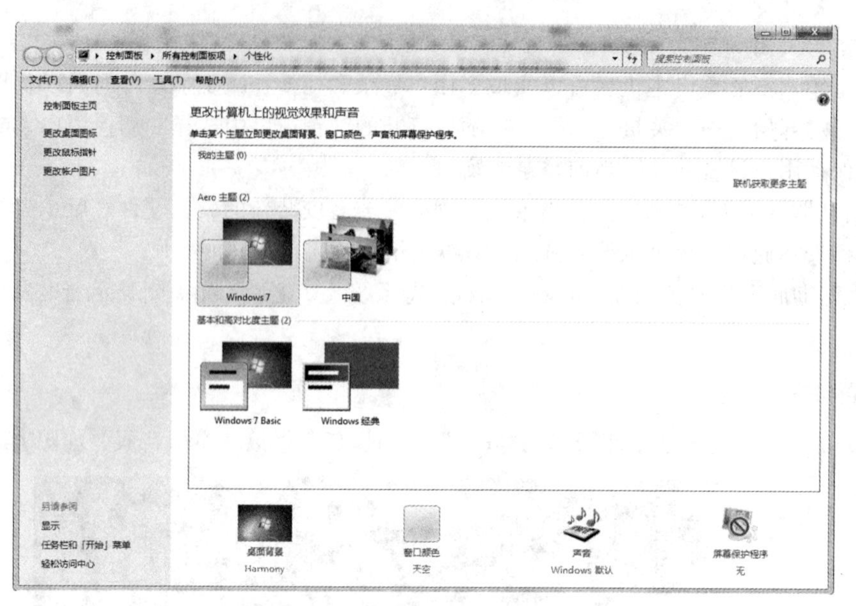

图 4-2 “个性化”窗口

① 单击任务栏切换窗口：单击屏幕下方任务栏上的“回收站”按钮，可以将“回收站”窗口前置，设定为当前活动窗口。

② 按 Alt+Tab 组合键切换窗口：按 Alt+Tab 组合键，可以快速切换到相应的窗口。

4．切换用户、注销、锁定和睡眠

选择“开始”→“关机”命令，打开 Windows 7 关机菜单，如图 4-3 所示。

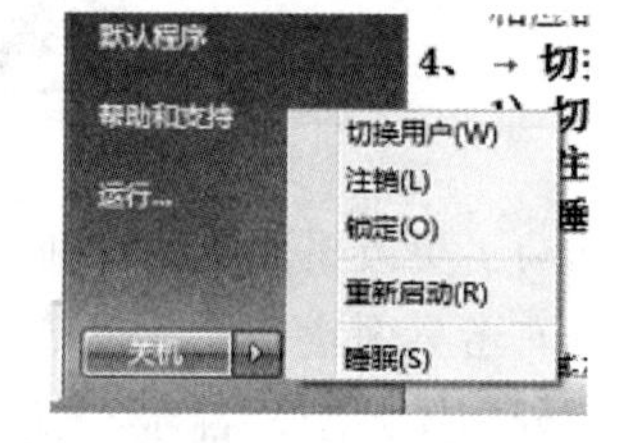

图 4-3 Windows 7 关机菜单

（1）切换用户

如果系统有多用户，可以选择“切换用户”命令进行用户账户之间的切换。

分别选择“注销”和“睡眠”命令，测试运行效果。

（2）锁定

如果用户需要暂时离开计算机，可以选择“锁定”命令，使桌面进入锁定状态；也可以按+L组合键实现相同效果。

任务二 使用鼠标

任务技能目标

✍ 熟悉鼠标的使用方式

任务实施

鼠标是对 Windows 7 进行操作的主要工具之一。通常采用两键模式的鼠标，分为左键和右键，基本操作方式有如下几种：

① 指向：将鼠标指针移动到某个对象上。当指针停留在某个对象上时，会弹出提示信息。

② 单击：将鼠标指针指向某个对象，按一下鼠标左键，此动作通常用来选取所指向的对象。

③ 双击：将鼠标指针指向某个对象，连续快速按鼠标左键两次，一般表示打开窗口或执行应用程序。

④ 右击：将鼠标指针指向某个对象，按下鼠标右键。右击通常会弹出一个快捷菜单，通过该菜单可快速执行相应命令。

⑤ 拖动：将鼠标指针指向某个对象，按住鼠标左键不放并移动鼠标，到指定位置后再释放，通常用来完成对象的移动或复制等操作。

通过对桌面任意元素，实施以上操作，体会不同操作方式的实验效果。

任务三　管理文件和文件夹

任务技能目标

- 熟悉 Windows 7 的文件管理方式
- 掌握资源管理器的使用
- 掌握创建与重命名文件和文件夹的方法
- 掌握移动、复制、删除和恢复文件及文件夹的方法
- 掌握搜索文件和文件夹的方法

任务实施

1. 浏览文件和文件夹

在 Windows 系统中，浏览文件和文件夹主要用“资源管理器”来实现。

双击桌面上的“计算机”图标或按+E 组合键快速打开“资源管理器”，在打开的界面中查看当前计算机的文件存储信息。Windows 的资源管理器窗口分为左右两部分，左侧部分显示系统文件夹的树状结构，右侧部分显示被选中的文件夹（驱动器、桌面部件）的内容，如图 4–4 所示。

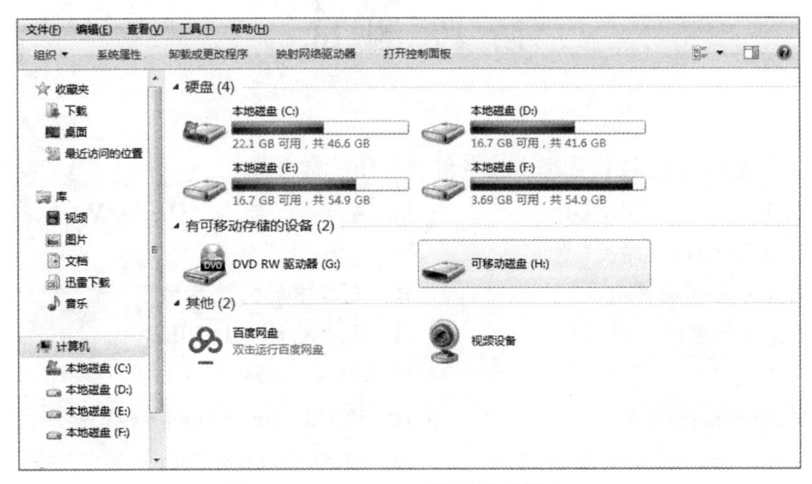

图 4–4　Windows 7 资源管理器窗口

2. 新建文件或文件夹

在资源管理器左侧部分中选择需要建立文件或文件夹的驱动器，例如选择D盘。在右侧部分中任意空白区域右击，在弹出的快捷菜单中选择“新建”→“文件或文件夹”命令，然后输入新的文件或文件夹名称即可。

3. 删除文件或文件夹

删除文件或文件夹有下列3种方法：

① 选中要删除的文件或文件夹，然后选择“文件”→“删除”命令。

② 右击选定的文件或文件夹，在弹出的快捷菜单中选择“删除”命令。

③ 直接选定要删除的文件或文件夹，按Delete键，之后确定删除即可。

4. 复制文件或文件夹

复制文件或文件夹是指在目的文件夹中创建出与源文件夹中被选定文件或文件夹的备份。一次可以复制一个或者多个文件或文件夹。

① 选中待复制的文件或文件夹，右击，在弹出的快捷菜单中选择“复制”命令，之后到目标文件夹中右击，在弹出的快捷菜单中选择“粘贴”命令。

② 选中待复制的文件或文件夹，按Ctrl+C组合键复制，之后到目标文件夹中按Ctrl+V组合键粘贴。

5. 重命名文件或文件夹

① 选定待重命名文件或文件夹，右击，在弹出的快捷菜单中选择“重命名”命令，然后输入新的文件或文件夹名。

② 选定所需修改的文件或文件夹，按F2键，之后输入新的文件或文件夹名。

6. 搜索文件

① 打开“资源管理器”，在右上角的搜索框中输入要搜索的文件信息，之后按Enter键。

② 在桌面上按F3键，之后按照①的方法进行内容的搜索。

阶 段 测 试

1. 选择题

（1）（　　）是Windows操作系统中数字视频文件的标准格式。

A. MDI　　B. GIF　　C. AVI　　D. WAV

（2）Windows 7中的“剪贴板”是（　　）。

A. 硬盘中的一块区域　　B. 光盘中的一块区域

C. 高速缓存中的一块区域　　D. 内存中的一块区域

（3）在Windows 7中，将整个桌面画面复制到剪贴板的操作是（　　）。

A. 按Print Screen键　　B. 按Ctrl+Print Screen组合键

C. 按Alt+Print Screen组合键　　D. 按Shift+Print Screen组合键

（4）在Windows的资源管理器中，为了能查看文件的大小、类型和修改时间，应该在“查看”

菜单中选择（　　）显示方式。

A. “大图标”　　B. “小图标”　　C. “详细资料”　　D. “列表”

（5）在 Windows 的回收站中，可以恢复（　　）。

A. 从硬盘中删除的文件或文件夹　　B. 从 U 盘中删除的文件或文件夹

C. 剪切掉的文档　　D. 从光盘中删除的文件或文件夹

（6）为获得 Windows 帮助，必须通过下列途径（　　）。

A. 在“开始”菜单中运行“帮助”命令

B. 选择桌面并按 F1 键

C. 在使用应用程序过程中按 F1 键

D. A 和 B 都对

（7）在同一时刻，Windows 7 系统中的活动窗口可以有（　　）。

A. 2 个　　B. 255 个

C. 任意多个，只要内存足够　　D. 唯一一个

（8）在 Windows 中，按住(　　)键并拖动某一文件到另一文件夹中，可完成对该文件的复制操作。

A. Alt　　B. Ctrl　　C. Shift　　D. 空格

（9）在 Windows 7 中，当删除一个或一组文件夹时，该文件夹或文件夹下的(　　)将被删除。

A. 文件

B. 所有子文件夹

C. 所有子文件夹及其所有文件

D. 所有子文件夹下的所有文件（不含子文件夹）

（10）在 Windows 7 环境下将某一个应用程序窗口最小化，正确的理解是（　　）。

A. 结束该应用程序的执行　　B. 关闭了该应用程序

C. 该应用程序仍在运行　　D. 该应用程序将从桌面上消失

（11）计算机系统中必不可少的软件是（　　）。

A. 操作系统　　B. 语言处理程序

C. 工具软件　　D. 数据库管理系统

（12）下列说法中正确的是（　　）。

A. 操作系统是用户和控制对象的接口

B. 操作系统是用户和计算机的接口

C. 操作系统是计算机和控制对象的接口

D. 操作系统是控制对象、计算机和用户的接口

（13）操作系统管理的计算机系统资源包括（　　）。

A. 中央处理器、主存储器、输入/输出设备

B. CPU、输入/输出设备

C. 主机、数据、程序

D. 中央处理器、主存储器、外围设备、程序、数据

（14）操作系统的主要功能包括（　　）。

A. 运算器管理、存储管理、设备管理、处理器管理

B. 文件管理、处理器管理、设备管理、存储管理

C. 文件管理、设备管理、系统管理、存储管理

D. 处理管理、设备管理、程序管理、存储管理

（15）在计算机中，文件是存储在（　　）。

A. 磁盘上的一组相关信息的集合　　B. 内存中的信息集合

C. 存储介质上一组相关信息的集合　　D. 打印纸上的一组相关数据

（16）Windows 7 目前有（　　）个版本。

A. 3　　B. 4　　C. 5　　D. 6

（17）在 Windows 7 的各个版本中，支持的功能最少的是（　　）。

A. 家庭普通版　　B. 家庭高级版　　C. 专业版　　D. 旗舰版

（18）Windows 7 是一种（　　）。

A. 数据库软件　　B. 应用软件　　C. 系统软件　　D. 中文字处理软件

（19）在 Windows 7 操作系统中，将打开窗口拖动到屏幕顶端，窗口会（　　）。

A. 关闭　　B. 消失　　C. 最大化　　D. 最小化

（20）在 Windows 7 操作系统中，显示桌面的快捷键是（　　）。

A. Win+D　　B. Win+P　　C. Win+Tab　　D. Alt+Tab

（21）在 Windows 7 操作系统中，显示 3D 桌面效果的快捷键是（　　）。

A. Win+D　　B. Win+P　　C. Win+Tab　　D. Alt+Tab

（22）安装 Windows 7 操作系统时，系统磁盘分区必须为（　　）格式才能安装。

A. FAT　　B. FAT16　　C. FAT32　　D. NTFS

（23）Windows 7 中，文件的类型可以根据（　　）来识别。

A. 文件的大小　　B. 文件的用途

C. 文件的扩展名　　D. 文件的存放位置

（24）在下列软件中，属于计算机操作系统的是（　　）。

A. Windows 7　　B. Excel 2013

C. Word 2013　　D. PowerPoint 2013

（25）要选定多个不连续的文件（文件夹），要先按住（　　）键，再选定文件。

A. Alt　　B. Ctrl　　C. Shift　　D. Tab

（26）在 Windows 7 中使用删除命令删除硬盘中的文件后，（　　）。

A. 文件确实被删除，无法恢复

B. 在没有存盘操作的情况下，还可恢复，否则不可以恢复

C. 文件被放入回收站，可以通过“查看”菜单的“刷新”命令恢复

D. 文件被放入回收站，可以通过回收站操作恢复

（27）在 Windows 7 中，要把选定的文件剪切到剪贴板中，可以按（　　）组合键。

A. Ctrl+X　　B. Ctrl+Z　　C. Ctrl+V　　D. Ctrl+C

（28）在 Windows 7 中个性化设置主要是指（　　）。

A. 主题　　B. 桌面背景　　C. 窗口颜色　　D. 声音

（29）在 Windows 7 中可以完成窗口切换的快捷键是（　　）。

A. Alt+Tab　　B. Win+Tab　　C. Win+P　　D. Win+D

（30）Windows 7 中，关于防火墙的叙述不正确的是（　　）。

A. Windows 7 自带的防火墙具有双向管理的功能

B. 默认情况下允许所有入站连接

C. 不可以与第三方防火墙软件同时运行

D. Windows 7 通过高级防火墙管理界面管理出站规则

（31）在 Windows 操作系统中， Ctrl+C 是（　　）命令的快捷键。

A. 复制　　B. 粘贴　　C. 剪切　　D. 打印

（32）在安装 Windows 7 的最低配置中，硬盘的基本要求是（　　）GB 以上可用空间。

A. 8　　B. 16　　C. 30　　D. 60

（33）Windows 7 有 4 个默认库，分别是视频、图片、（　　）和音乐。

A. 文档　　B. 汉字　　C. 属性　　D. 图标

（34）在 Windows 7 中，有两个对系统资源进行管理的程序组，它们是“资源管理器”和（　　）。

A. “回收站”　　B. “剪贴板”　　C. “计算机”　　D. “我的文档”

（35）在 Windows 7 中，下列文件名正确的是（　　）。

A. Myfile1.txt　　B. file1/.doc　　C. A<B.pdf　　D. A>B.xsl

（36）在 Windows 7 环境中，鼠标是重要的输入工具，而键盘（　　）。

A. 无法起作用

B. 仅能配合鼠标. 在输入中起辅助作用（如输入字符）

C. 仅能在菜单操作中运用，不能在窗口的其他地方操作

D. 也能完成几乎所有操作

（37）Windows 7 中，单击是指（　　）。

A. 快速按下并释放鼠标左键　　B. 快速按下并释放鼠标右键

C. 快速按下并释放鼠标中间键　　D. 按住鼠标左键并移动鼠标

（38）在 Windows 7 的桌面上右击，将弹出一个（　　）。

A. 窗口　　B. 对话框　　C. 快捷菜单　　D. 工具栏

（39）被物理删除的文件或文件夹（　　）。

A. 可以恢复　　B. 可以部分恢复

C. 不可恢复　　D. 可以恢复到回收站

（40）记事本的默认扩展名为（　　）。

A. .doc　　B. .com　　C. .txt　　D. .xls

（41）关闭对话框的正确方法是（　　）。

A. 单击“最小化”按钮　　B. 右击

C. 单击“关闭”按钮　　D. 单击

（42）在 Windows 7 桌面上，若任务栏上的按钮呈凸起形状，表示相应的应用程序处在（　　）。

A. 后台　　B. 前台　　C. 非运行状态　　D. 空闲

（43）Windows 7 中的菜单有窗口菜单和（　　）菜单两种。

A. 对话　　B. 查询　　C. 检查　　D. 快捷

（44）当一个应用程序窗口被最小化后，该应用程序将（　　）。

A. 被终止执行　　B. 继续在前台执行

C. 被暂停执行　　D. 转入后台执行

（45）下面关于 Windows 7 文件名的叙述中错误的是（　）。

A. 文件名中允许使用汉字　　B. 文件名中允许使用多个圆点分隔符

C. 文件名中允许使用空格　　D. 文件名中允许使用西文字符“|”

（46）下列操作系统中（　）不是微软公司开发。

A. Windows Server 7　　B. Windows 7

C. Linux　　D. Windows 10

（47）正常退出 Windows 7，正确的操作是（　）。

A. 在任何时刻关掉计算机的电源

B. 选择“开始”→“关机”命令并进行人机对话

C. 在计算机没有任何操作的状态下关掉计算机的电源

D. 在任何时刻按 Ctrl+Alt+Delete 组合键

（48）为了保证 Windows 7 安装后能正常使用，采用的安装方法是（　）。

A. 升级安装　　B. 卸载安装　　C. 覆盖安装　　D. 全新安装

（49）大多数操作系统，如 DOS、Windows、UNIX 等，都采用（　）的文件夹结构。

A. 网状结构　　B. 树状结构　　C. 环状结构　　D. 星状结构

（50）在 Windows 7 中，按（　）组合键可在各中文输入法和英文间切换。

A. Ctrl+Shift　　B. Ctrl+Alt　　C. Ctrl+Space　　D. Ctrl+Tab

（51）Windows 和 UNIX 都属于(　)。

A. 数据库系统　　B. 操作系统　　C. 工具软件　　D. 应用软件

（52）在 Windows 7 中,（　）桌面上的程序图标即可启动一个程序

A. 选定　　B. 右击　　C. 双击　　D. 拖动

（53）当屏幕的指针为沙漏加箭头时，表示 Windows 7（　）。

A. 正在执行答应任务

B. 没有执行任何任务

C. 正在执行一项任务，不可以执行其他任务

D. 正在执行一项任务但仍可以执行其他任务

（54）右击任何对象将弹出（　）,可用于该对象的常规操作。

A. 图标　　B. 快捷菜单　　C. 按钮　　D. 菜单

（55）在 Windows 7 中，在前台运行的任务数为（　）个。

A. 1　　B. 2　　C. 3　　D. 任意多

（56）选用中文输入法后，可以实现全角半角切换的快捷键是（　）。

A. CapsLock　　B. Ctrl+.　　C. Shift+space　　D. Ctrl+Space

2. 填空题

（1）Windows 7 是一种________。

（2）Windows 7 有 4 个默认库，分别是视频、图片、________和音乐。

（3）要安装 Windows 7，系统磁盘分区必须为________格式。

（4）在 Windows7 操作系统中, Ctrl+C 是________命令的快捷键。

（5）在Windows7操作系统中，Ctrl+X是________命令的快捷键。

（6）Windows 7的桌面主要包括________、________、________等。

（7）在安装Windows 7的最低配置中，内存的基本要求是（　　）GB及以上。

（8）Windows 7是由________公司开发的操作系统。

（9）________是一个小型的文字处理软件，能够对文章进行一般的编辑和排版处理，还可以进行简单的图文混排。

（10）记事本是Windows 7操作系统内带的专门用于________的应用程序。

（11）磁盘是存储信息的物理介质，包括________、________。

（12）在计算机中，“*”和“?”被称为________。

3. 简答题

（1）试列出至少3种打开资源管理器的方法。

（2）简述在资源管理器中同时选择多个连续文件或文件夹的方法。

（3）从库中将某个文件夹删除，会将该文件夹从原位置删除吗？

（4）试列出3种复制文件的方法。

（5）简述如何同时打开多个文件。

（6）简述在Windows 7系统的桌面创建“画图”程序快捷方式的操作步骤。

（7）使用按FAT32文件系统格式对一个新的U盘进行格式化操作，并简述其操作步骤。

（8）在Windows 7系统桌面创建快捷方式可以用哪些方法实现？

（9）Windows 7系统中，用哪些方法可以打开“记事本（Notepad.exe）”程序？

（10）Windows 7系统中，用哪些方法可以进入“资源管理器”？

（11）资源管理器是Windows最主要的文件浏览管理工具，用它可以实现哪些操作？

（12）如何使用快捷菜单？有些快捷菜单有“属性”选项，该项有何作用？

（13）如何查看当前计算机正在运行的程序进程？有哪些方法可以关闭一个正在运行的应用程序？

4. 操作题

（1）要求：① 更改菜单大小为20；② 设置在桌面上显示“计算机”。

（2）要求：① 设置桌面背景为“中国”组的第3个。图片位置为“填充”；② 将主题设置为“风景”；③ 在桌面上创建“Windows 资源管理器”的快捷方式，命名为“资源管理器”。

（3）要求：① 在记事本中输入文字“计算机应用基础课程”，并命名为“测试练习.txt”，保存到桌面新建文件夹下；② 打开画图程序，插入“矩形”并填充为“红色”，以“红色矩形.bmp”为名保存到桌面新建文件夹下；③ 复制屏幕到剪贴板，打开画图程序，粘贴剪贴板内容，并命名为“屏幕.jpg”，保存到考生文件夹下。

（4）使用“资源管理器”，在C盘根文件夹中新建一个文件夹，并命名为“我的记事本”，将D盘所有扩展名为.txt的文件复制到该文件夹。

项目五　Word 2013 文字处理软件

能力目标

- 任务一　认识 Word 2013
- 任务二　输入与编辑文本
- 任务三　设置文档基本格式
- 任务四　设置文档其他格式
- 任务五　设置文档页面和打印
- 任务六　创建与编辑表格
- 任务七　图文混排——修饰图形和图片
- 任务八　图文混排——应用文本框和艺术字
- 任务九　应用样式及目录
- 任务十　应用邮件合并功能

知识目标

- 掌握文档的创建和保存
- 掌握文档的页面设置、页眉/页脚的设置以及打印的方法
- 掌握文档中各种对象的应用
- 掌握 Word 文档的字符、段落及各种版式设计
- 掌握 Word 文档中表格的应用
- 掌握 Word 的各种特殊用途

任务一　认识 Word 2013

任务技能目标

- 了解安装与卸载 Office
- 掌握启动和退出 Word 2013
- 熟悉 Word 2013 工作界面
- 掌握 Word 文档的系统参数设置
- 掌握 Word 文档基本操作

任务实施

1. 办公软件

办公软件是指可以进行文字处理、表格制作、幻灯片制作、图形图像处理、简单数据库处理等方面工作的软件。目前办公软件朝着操作简单化、功能细化等方向发展。

办公软件的应用范围很广，大到社会统计，小到会议记录，数字化的办公离不开办公软件的鼎力协助。另外，政府用的电子政务，税务用的税务系统，企业用的协同办公软件，这些都属于办公软件。

目前，市场常见的办公软件有微软的 Office、金山 WPS Office 和永中 Office 等，如图 5-1 所示。

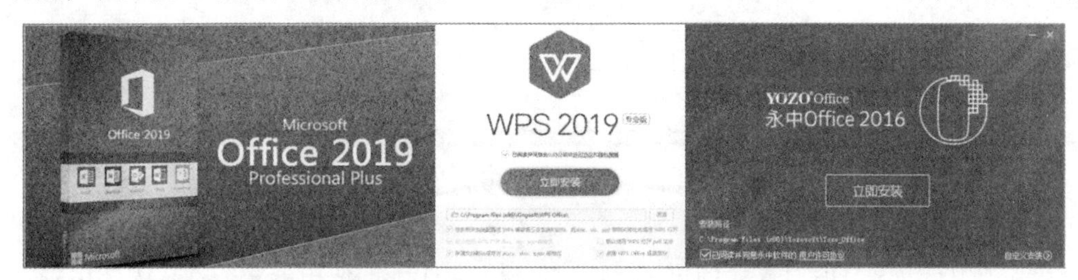

图 5-1 市场常见的办公软件

Microsoft Office 是一套由美国微软公司开发的办公软件，最新版本的 Office 被称为 Office System 而不叫 Office Suite。最初的 Office 版本包含 Word、Excel 和 PowerPoint；另外一个专业版包含 Microsoft Access；随着时间的流逝，Office 应用程序逐渐整合。该软件被认为是一个开发文档的事实标准，目前最高版本为 Office 2019，仅适用于 Windows 10 操作系统。

WPS Office 是由金山公司自主研发的一款办公软件套装，可以实现办公软件最常用的文字、表格、演示等多种功能。其具有内存占用低、运行速度快、体积小巧、强大插件平台支持、免费提供海量在线存储空间及文档模板、支持阅读和输出 PDF 文件、全面兼容微软 Microsoft Office 格式等独特优势，覆盖 Windows、Linux、Android、iOS 等多个平台。

永中 Office 是国内唯一一款拥有完全自主知识产权的办公软件，其产品开发和服务提供商——永中软件成立于 2009 年 11 月。永中 Office 在一套标准的用户界面下集成了文字处理、电子表格和简报制作三大应用，提供自选图形、艺术字、剪贴画、图表和科教编辑器等附加功能；基于创新的数据对象储藏库专利技术，有效解决了 Office 各应用之间的数据集成问题，构成了一套独具特色的集成办公软件。永中 Office 还被商务部指定为援外项目办公软件。

2. 熟悉 Word 2013 工作界面

Word 2013 工作界面如图 5-2 所示。

请用数字标出：

快速访问工具栏、功能选项卡菜单、功能分组菜单、标题栏、垂直和水平标尺、水平或垂直滚动条、状态栏、比例控制栏、视图工具栏和工作区。

3. Word 文档的系统参数设置

在 Word 操作过程中，经常需要打开以前的文件继续编辑。为了工作方便或其他需要，通常需要设置文档的默认打开及保存位置、文档的自动保存时间和最近使用文档的数目等。

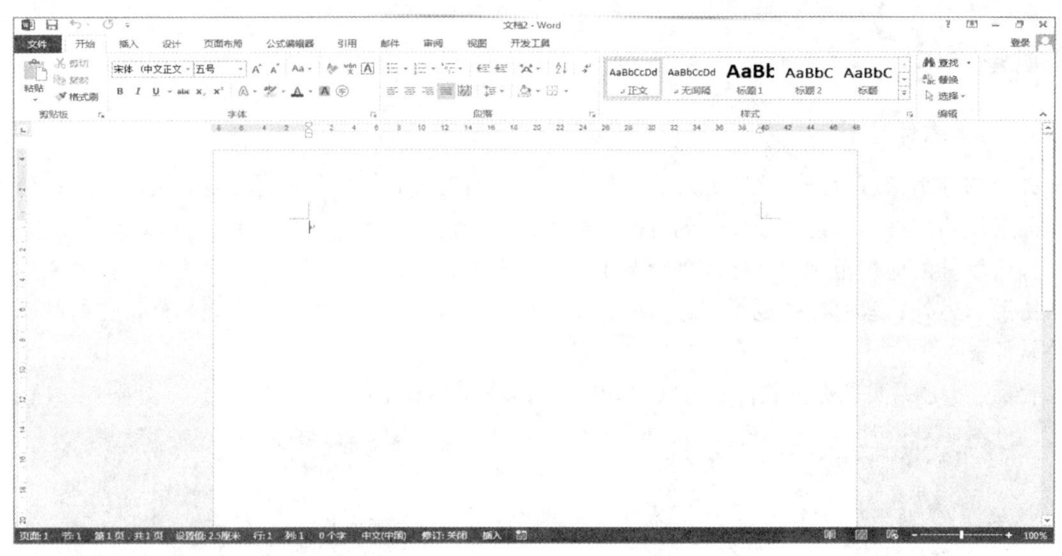

图 5-2　Word 工作界面

（1）设置打开文档的默认位置

在 Word 中打开文件时有默认的位置，用户可以根据个人的使用需要，将默认打开文件的位置设置到经常使用的文件夹下。

方法：新建一个空白文档。在打开的文档窗口中，单击左上角的“文件”选项卡菜单，选择“选项”命令。此时会打开“Word 选项”对话框。选择“保存”选项，在“保存”选项的右侧窗格单击“默认本地文件位置”右侧的“浏览”按钮，如图 5-3 所示。打开“修改位置”对话框，指定文件存放位置或文件夹名称并单击“确定”按钮即可。

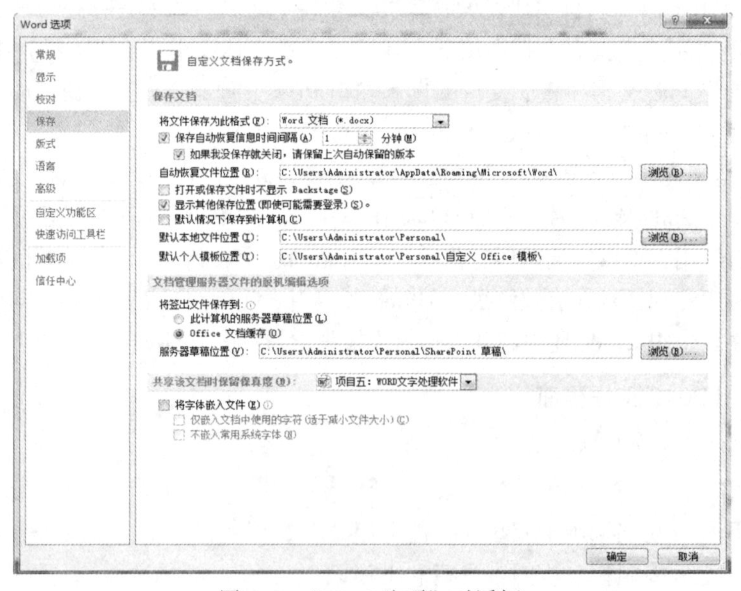

图 5-3　“Word 选项”对话框

在此对话框中还可以设置保存文件的默认文件扩展名、设置文档的自动保存时间间隔和自动恢复文件位置等。

（2）显示设置

在 Word 中有一些打印不出来的符号，例如段落标记、空格等，但它们会显示在页面中。如果想隐藏它们，可以在“Word 选项”对话框中的“显示”分组项中进行相关操作，如图 5-4 所示。

图 5-4　“显示”分组项

（3）高级设置

调整标尺的度量单位值、调整显示“最近使用的文档”数量、是否显示水平或垂直滚动条、添加或取消垂直标尺，若想完成上述工作，只要进入图 5-5 所示界面进行设置即可。

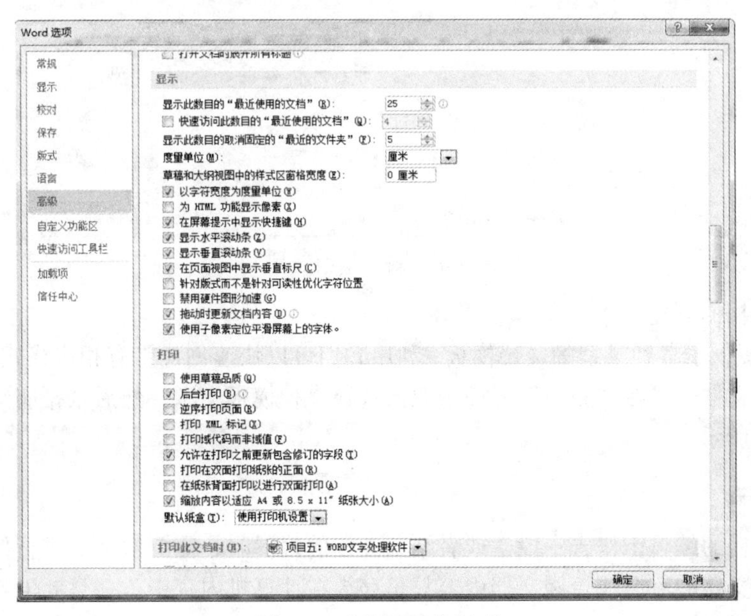

图 5-5　“高级”分组项

4. Word 进行文稿编排的一般工作流程

利用 Word 进行一般性文稿编辑、排版，其过程一般包括建立文档、编辑文档、保存文档、打开文档和关闭文档等 5 个步骤。

5. 创建 Word 文档

在 Word 2013 中进行编辑或者处理文稿之前，首先需要创建一个用于存储内容的新文档。在创建新文档时，不仅可以根据现有文档来创建新的空白文档，还可以基于 Word 2013 的模板功能来创建新文档。也就是说，在 Word 中一般情况下可以建立.docx 的 Word 默认保存格式和.dotx 的 Word 模板文件的两种文档。

（1）普通文档的创建（Ctrl+N）

每次启动 Word 2013 时，系统会自动创建一个空白文档，并以“文档 1”命名。如果需要新建其他文档，可单击“文件”选项卡菜单，在打开的选项卡中选择左侧窗格的“新建”选项，在右侧窗格中单击“空白文档”，如图 5-6 所示。

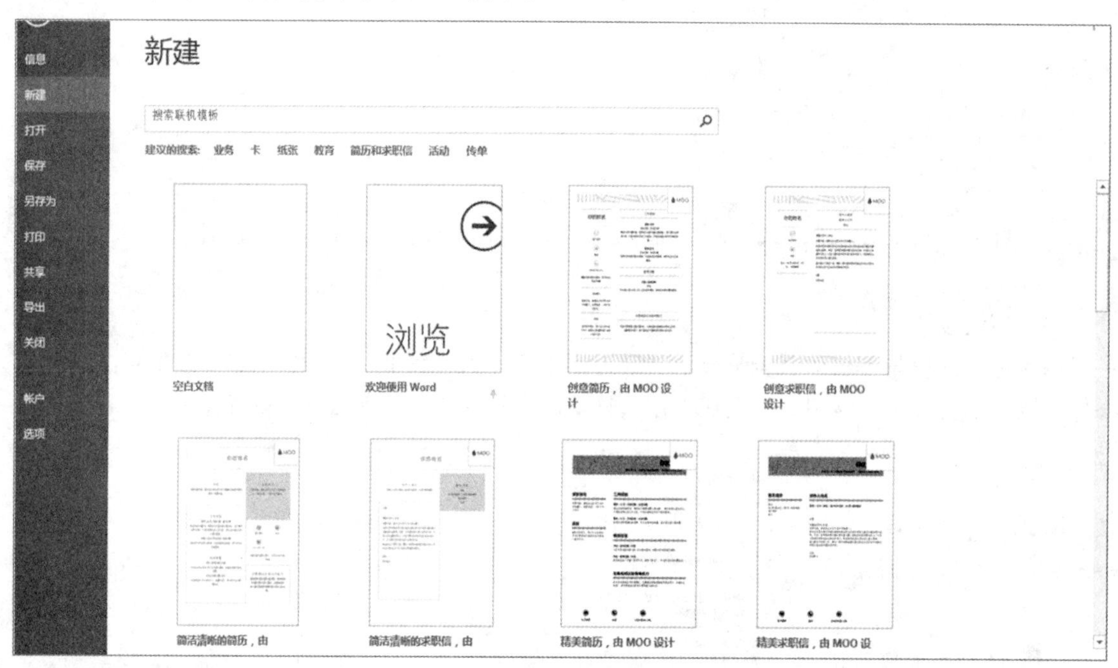

图 5-6　新建空白文档

（2）模板文档的创建

Word 2013 提供了各种类型的文档模板，利用它们可以快速创建带有相应格式和内容的文档。要应用模板创建文档，可在“新建”界面中双击选择一种模板类型，然后根据实际需要填写相关内容，如图 5-7 所示。

6. 保存文件

当 Word 文档的编辑工作告一段落或者结束文档的编辑时，需要对文档进行保存操作。一定要养成经常保存文档的习惯，否则文档内容只是存放在计算机内存中，一旦断电或关闭计算机，文档或修改的信息就会丢失。

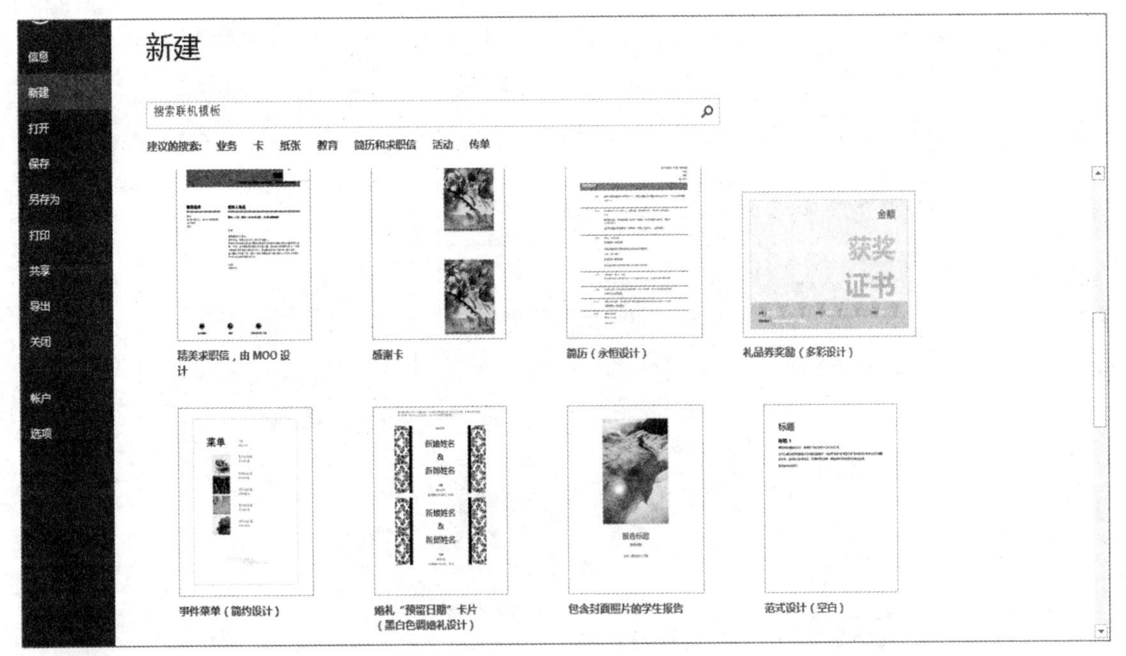

图 5-7　新建模板文档

可以直接保存新建的空白文档，也可以为已经保存过的文档建立副本，或者为其设置自动保存时间。第二次保存文档时，不会再打开“另存为”对话框。

注意：当文档已经保存过时，选择“文件”→“另存为”命令，可以将该文档以其他文件名保存为一个副本；当还使用原来的存储位置、文档名称和文件类型保存时，则可以将原文档覆盖。

保存文件时需要注意以下方面。

① 必须给出要保存的文件名。

② 必须指定文件存放的位置。

③ 必须核对文件类型。

在保存未命名的 Word 文档时，系统将自动以标题或者正文中前几个字作为该文档的名称，而默认保存类型的扩展名为.docx。

7. 给 Word 文档设置密码保护

为了防止他人打开文档，可以为文档设置密码。以后再打开文档时，系统会提示用户输入密码，如果密码不正确，就不能打开文档。

Word 提供的密码保存级别有 3 种，最高级别为打开权限密码保护，其次为修改权限密码保护，最低级别为只读方式保护。

无论设置成哪种级别的密码保护，都需打开“另存为”对话框，如图 5-8 所示。单击“工具”按钮，打开图 5-9 所示的下拉列表，选择“常规选项”，在打开的“常规选项”对话框中进行相关设置即可，如图 5-10 所示。

设置“打开文件时的密码”后，文档再次打开时就会要求输入密码，若密码错误则文档无法打开。如果设置了“修改文件时的密码”，文档再次打开时同样会要求输入密码，否则文档只能以只读方式打开。

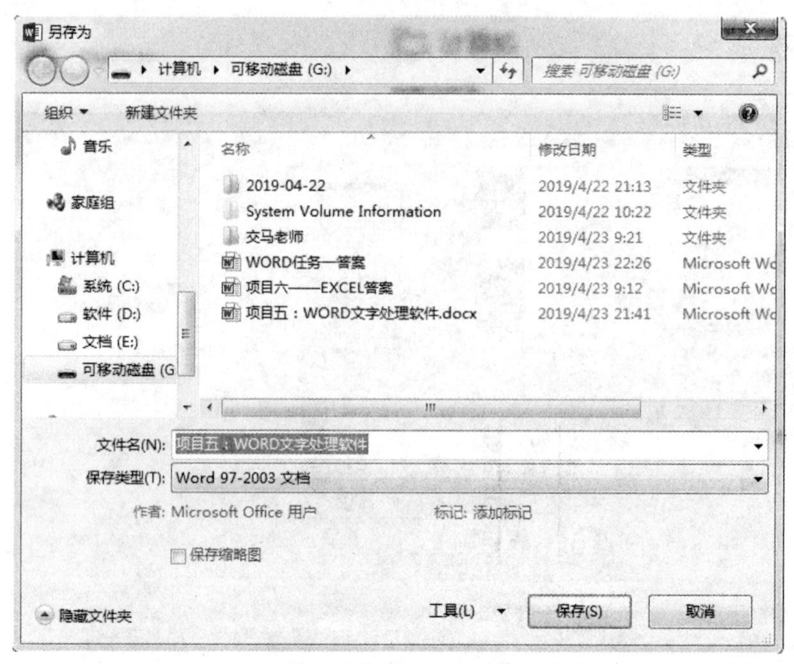

图 5-8 “另存为”对话框

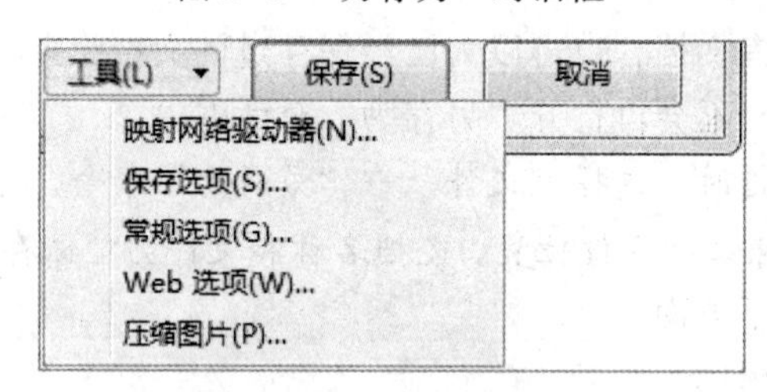

图 5-9 工具下拉列表

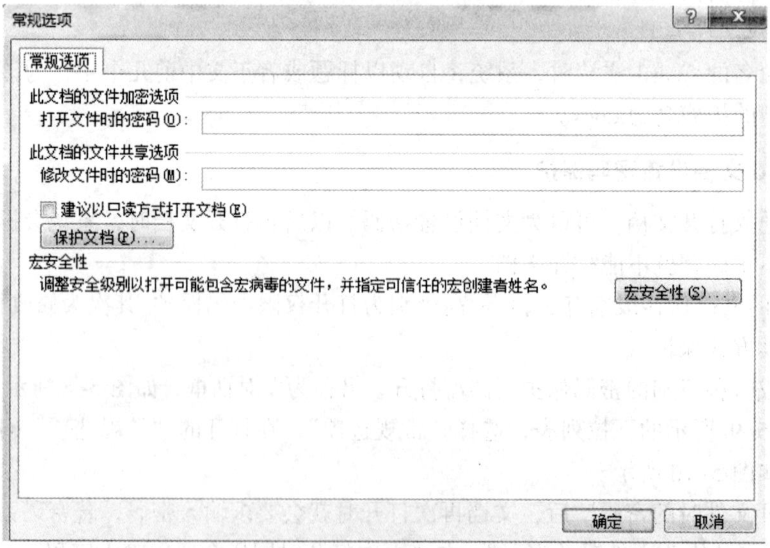

常规选项
此文档的文件加密选项
打开文件时的密码(O)：
此文档的文件共享选项
修改文件时的密码(M)：
建议以只读方式打开文档(E)
保护文档(P)...
宏安全性
调整安全级别以打开可能包含宏病毒的文件，并指定可信任的宏创建者姓名。
宏安全性(S)...
确定
取消

图 5-10 “常规选项”对话框

任务二 输入与编辑文本

任务技能目标

- 熟练运用光标移动及文本内容的选取操作
- 掌握文本的插入、替换及查找
- 熟练运用不同的 Word 2013 文档视图插入符号和日期

任务实施

1. 输入文本和符号

Word 中所说的文本是对文字、符号、特殊字符和图形等内容的总称。输入文本内容是 Word 进行工作的重要前提。

启动 Word 后选择一种输入法，就可以在 Word 中输入文本了。

（1）符号、特殊字符的输入

在 Word 文档中录入文字是从当前光标处开始的，因此，在输入文字之前需要将插入点放在要输入文字的地方，之后就可以输入文字了。

Word 提供了自动换行的功能，因此在文字输满一行时不需要进行手动换行，Word 会根据纸张的大小和页面设置情况，在适当的位置进行自动换行。Word 的换行功能考虑了标点和英文的完整性，不会出现标点符号在行首和英文单词被断开的情况。按 Enter 键可达到强制换行，形成一个新的自然段。

如果希望将文本在某位置处强制换行而不开始新段落，可在该位置单击将光标置于该处并按 Shift+Enter 组合键（俗称“软回车”）。

方法：选择“插入”→“符号”→“其他符号”命令，打开图 5-11 所示对话框，可以选择“字体”下拉列表框中的不同字体而达到插入不同符号的目的。当然，也可以选择“特殊字符”选项卡中的不同内容实现插入日常一些特殊符号的目的。

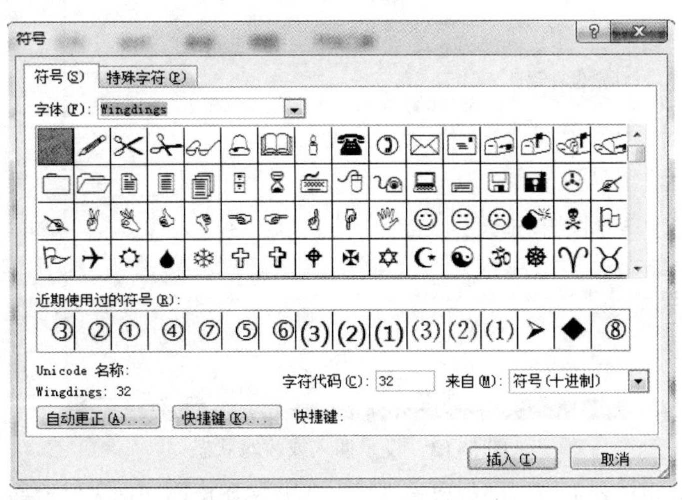

图 5-11 “符号”对话框

（2）光标的移动

输入和编辑文档时，在文档编辑区始终有一闪烁的竖线，称为光标，也称插入点。

光标用来定位要在文档中输入或插入的文字、符号和图像等内容的位置。

要移动光标，只需移动鼠标竖形指针到文档中的所需位置，然后单击即可。如果内容较长，则需要通过拖动垂直滚动条，或滚动鼠标滚轮，将要编辑的内容显示在文档窗口中，然后再在所需位置单击，将光标移至此处。移动光标的按键如表 5-1 所示。

表 5-1　移动光标的按键

按　　键	可执行的操作
↑、↓	分别向上、下移动一行
←、→	分别向左、右移动一个字符
PageUp、PageDown	上翻、下翻若干行
Home、End	快速移动到当前行首、行尾
Ctrl+Home、Ctrl+End	快速移动到文档开头、文档末尾
Ctrl+↑、Ctrl+↓	在各段落的段首间移动
Shift+F5	插入点移动到上次编辑所在位置

2．设置输入状态为插入或改写

在 Word 2013 中默认文字输入状态为插入，且状态栏处默认不显示输入状态。

在 Word 状态栏空白处右击，在弹出的快捷菜单中选择“自定义状态栏”→“改写”命令，如图 5-12 所示。

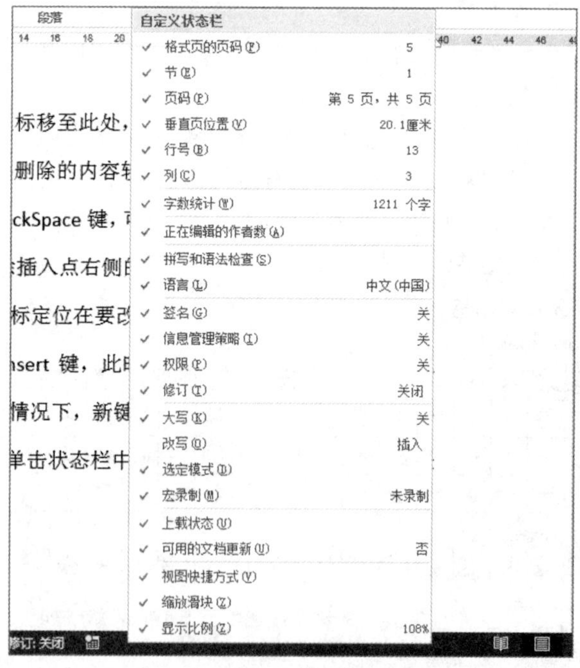

图 5-12　设置插入或改写状态

此时，可将光标定位在要改写的位置，然后单击状态栏中的“插入”按钮或者按 Insert 键，此时该按钮变为“改写”，表示进入“改写”模式。在这种情况下，新输入的字符将替代现有的字符。要重新回到插入模式，可单击状态栏中的“改写”按钮或者再次按 Insert 键。

3. 文本的选取、移动、复制、查找和替换

输入文本内容后需要对文档进行更进一步的编辑工作时，必须首先选定要编辑的文本内容。当文档中的文字被选定后，文字就会被反白显示。

（1）文本内容的选定操作

① 任选：定位后按左键拖放。

② 选择一个单词：双击所需单词（适用于选择一个字）。

③ 选择一个图形：单击所需图形。

④ 选择一行文字：将鼠标指针移到所需行左端变为右指向箭头时单击。

⑤ 选取一句文字：按住 Ctrl 键单击该句中任何位置。

⑥ 选择多行：将鼠标指针移到所需行左端变为右向箭头时拖放选择。

⑦ 选取一个自然段：在所需自然段中三次单击。

⑧ 选取竖列文本：定位后按住 Alt 键用鼠标左键拖放选择。

⑨ 选取整篇文档：将鼠标指针移至文档左侧，鼠标指针变为右指向箭头时三击，或按 Ctrl+A 组合键。

⑩ 利用组合键选定文本，如表 5-2 所示。

表 5-2　选定文本的组合键

将要选择的范围扩展到	操　作
右侧一个字符	Shift+→
左侧一个字符	Shift+←
单词结尾	Ctrl+Shift+→
单词开始	Ctrl+Shift+←
行尾	Shift+End
行首	Shift+Home
下一行	Shift+↓
上一行	Shift+↑
段尾	Shift+Ctrl+↓
段首	Shift+Ctrl+↑
下一屏	Shift+PageDown
上一屏	Shift+PageUp
文档结尾	Shift+Ctrl+End
文档开始	Shift+Ctrl+Home
包含整篇文档	Ctrl+A
纵向文本块	Shift+Ctrl+F8，然后使用箭头键，按 Esc 键取消所选内容

（2）选取区域跨度较大的文本

当要选择的文本区域跨度较大时，使用拖动法选择文本将十分不方便，此时可以在要选择的

文本区域的开始位置单击，然后按住 Shift 键在文本结束处单击。

（3）同时选取不连续的多处文本

选取一处文本后，按住 Ctrl 键选取下一处文本。

4．操作的撤销和恢复

在文档的编辑过程中，操作错误是难以避免的，此时，可以通过 Word 中的撤销、恢复或者重复功能，快速纠正错误的操作。

（1）撤销操作

按 Ctrl+Z 组合键，或单击快速访问工具栏中的“撤销”按钮即可实现撤销操作；连续执行该命令可撤销多步操作。

单击“撤销”按钮右侧的下拉按钮，打开历史操作列表如图 5-13（a）所示。从中选择要撤销的操作，则该操作以及其后的所有操作都将被撤销。

（2）恢复操作

执行撤销操作后，还可以使用恢复功能，恢复到撤销操作之前的状态。方法：单击快速访问工具栏中的“恢复”按钮 ，即可恢复撤销的操作。

（3）重复操作

如图 5-13（b）所示，单击快速访问工具栏中的“重复”按钮，可执行重复操作。

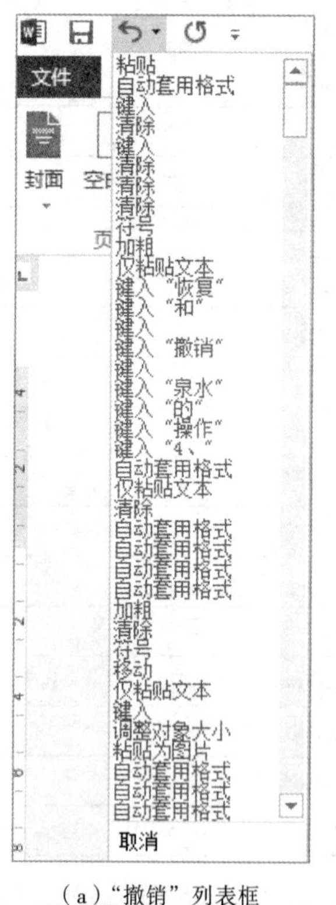

（a）“撤销”列表框

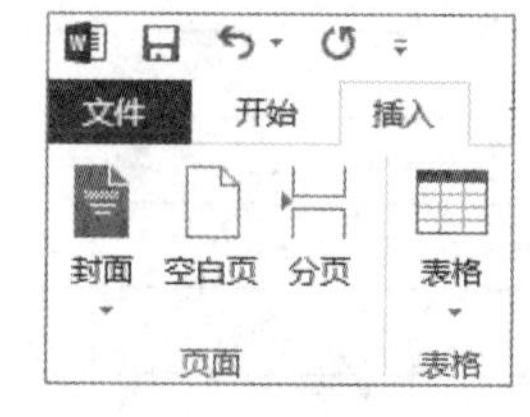

（b）“重复”按钮

图 5-13　撤销和重复

在没有进行过撤销操作的情况下，重复操作将重复进行最后一次操作。另外，可以按 Ctrl+Y 组合键进行恢复或者重复操作。

5. 使用不同视图浏览和编辑文档

在 Word 2013 中提供了 5 种视图模式，包括阅读视图、页面视图、Web 版式视图、大纲视图和草稿。可以根据自己的需求在“视图”选项卡中选择不同的视图模式，如图 5-14 所示。

图 5-14　“视图”选项卡

6. 各种视图的功能

（1）页面视图

页面视图是 Word 默认的视图模式，也是编排文档时最常用的视图模式。该视图是使文档就像在稿纸上一样，在此方式下所看到的内容和最后打印出来的结果几乎完全一样。要对文档对象进行各种操作，要添加页眉、页脚和页脚等附加内容，都应在页面视图方式下进行。在此状态下可以实现“所见即所得”的效果，如图 5-15 所示。

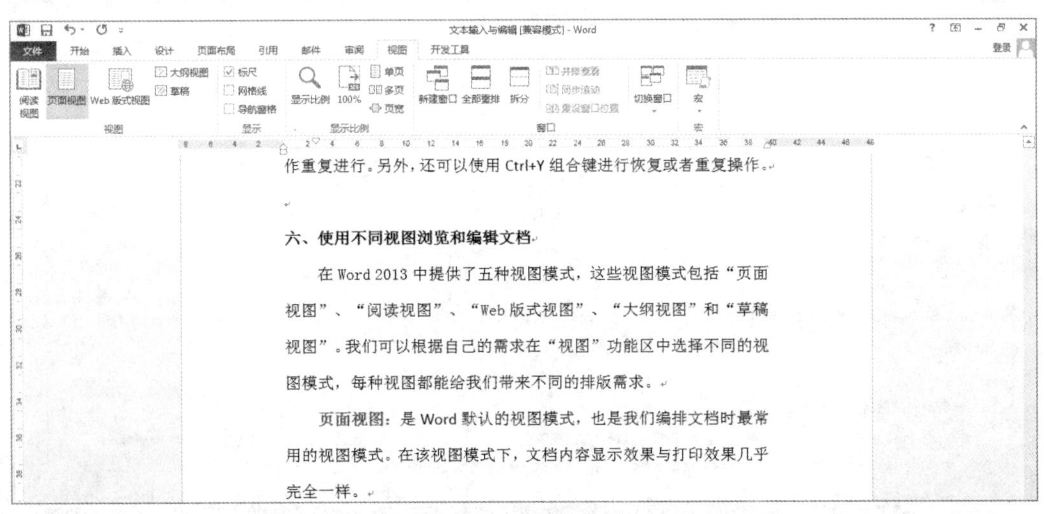

图 5-15　页面视图

（2）阅读视图

阅读视图模式下将隐藏 Word 程序窗口的功能区和状态栏等组成元素，以图书的分栏样式显示 Word 2013 文档，如图 5-16 所示，它只显示文档正文区域中的所有信息，从而便于用户阅读文档内容。在阅读视图中按 Esc 键，即可返回页面视图。

（3）Web 版式视图

Web 版式视图是以网页的形式来显示文档中的内容，文档内容不再是一个页面，而是一个整体的 Web 页面，如图 5-17 所示。Web 版式具有专门的 Web 页编辑功能，在 Web 版式下得到的效果和在浏览器中显示的一样。如果使用 Word 编辑网页，就要在 Web 版式视图下进行，因为只有在该视图下才能完整显示编辑网页的效果。

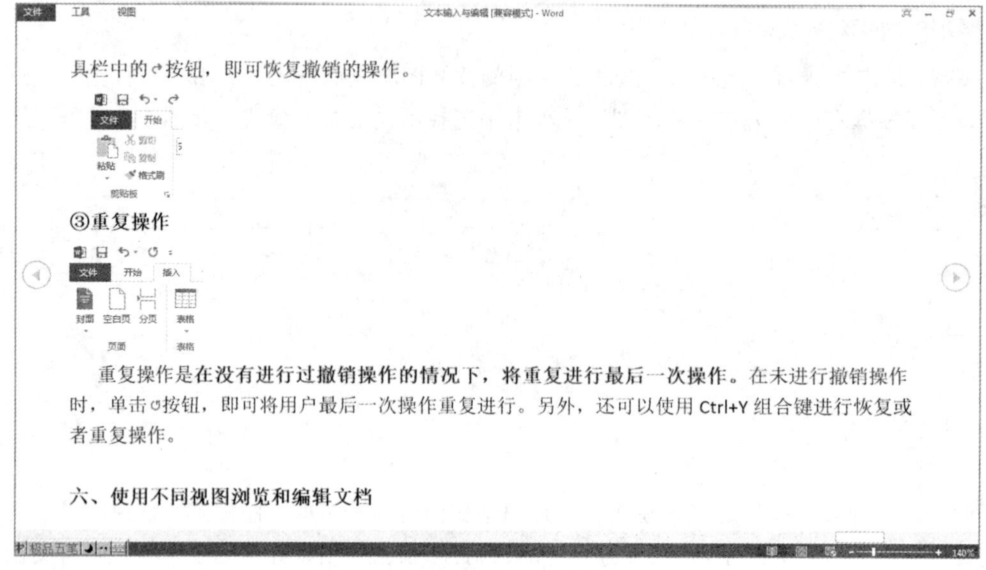

图 5-16　阅读视图

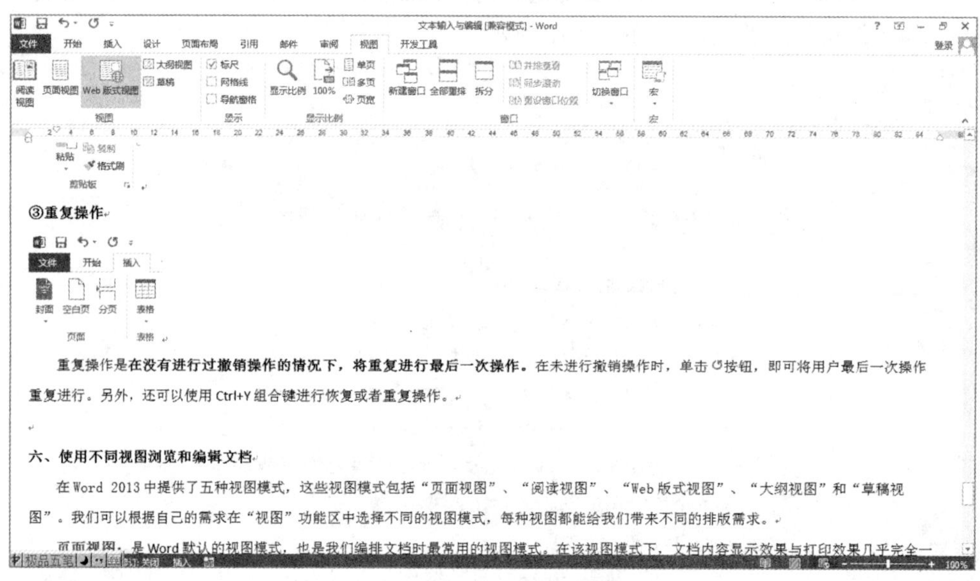

图 5-17　Web 版式视图

（4）大纲视图

大纲视图比较适合较多层次的文档，主要用于设置 Word 2013 文档的设置和显示标题的层级结构，并可以方便地折叠和展开各种层级的文档，如图 5-18 所示。大纲视图广泛用于 Word 2013 长文档的快速浏览和设置中。在编排长文档时，标题的级别往往较多，此时可利用大纲视图模式层次分明地显示各级标题，还可快速改变各标题的级别。在大纲视图中用户不仅能查看文档的结构，还可以通过拖动标题来移动、复制和重新组织文本。

（5）草稿

草稿取消了页面边距、分栏、页眉页脚和图片等元素，仅显示标题和正文，是最节省计算机系统硬件资源的视图方式，如图 5-19 所示。

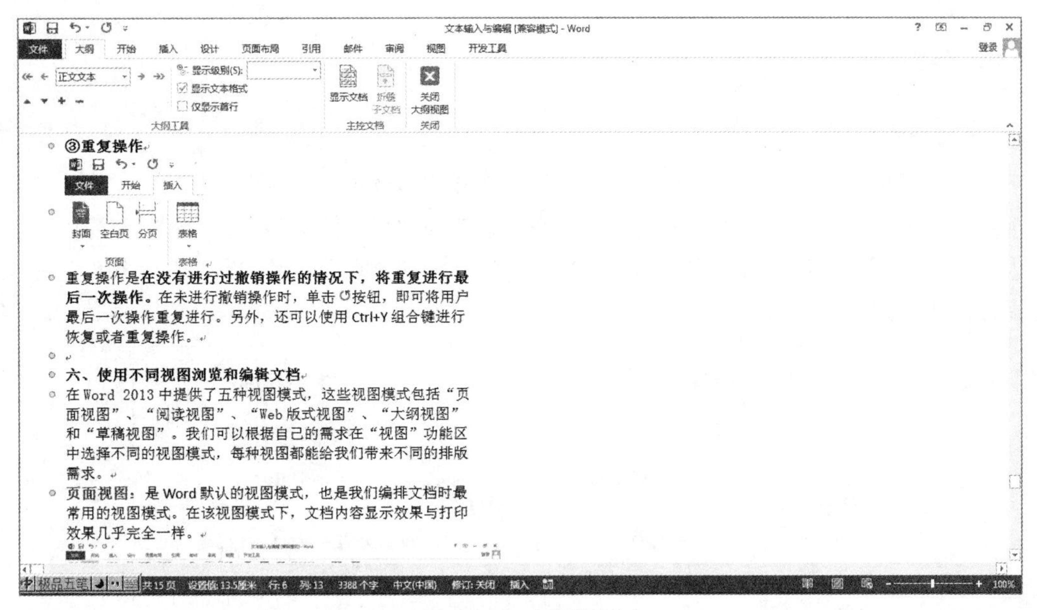

图 5-18　大纲视图

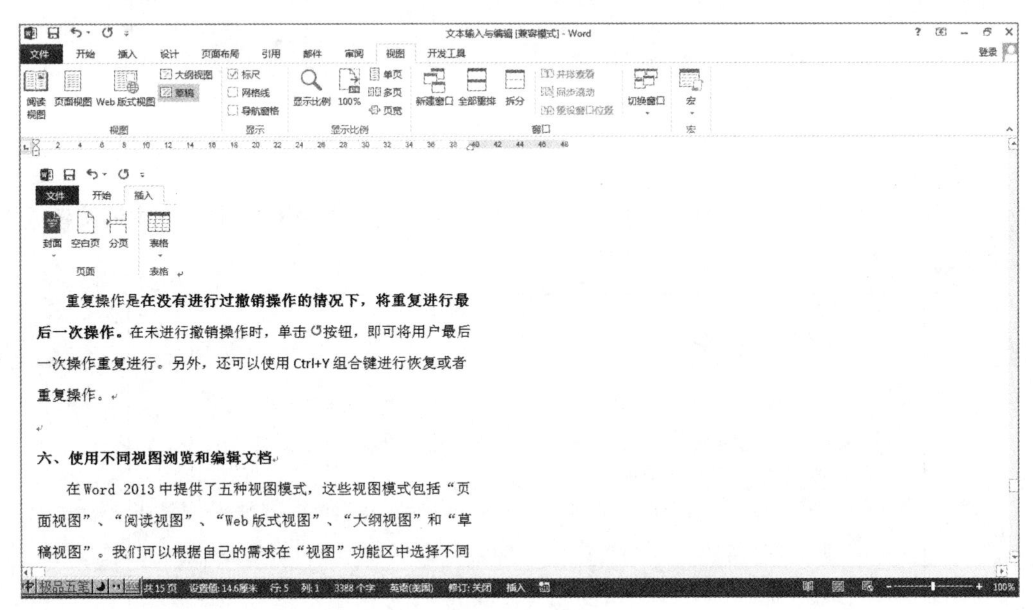

图 5-19　草稿

任务三　设置文档基本格式

任务技能目标

- 掌握字符格式的设置
- 掌握段落格式的设置
- 掌握格式的复制

任务实施

1. 字符格式设置

字符格式是指文本的字体、字号、字形、下画线和字体颜色等。其中，字体决定了文字的外观，字号决定了文字的大小，字形是指是否将文字设置为加粗或倾斜等。

为了使文档版面美观、增加文档的可读性、突出标题和重点等，经常需要为文档的指定文本设置字符格式，如图 5-20 所示。

宋体五号字　黑体四号　楷体三号　宋体五号加粗
黑体四号倾斜　加粗倾斜　10.5 磅楷体　14 磅黑体字
Times New Roman　Arial Blank　Comic Sans Ms　Verdana
加下画线　双波浪线　着重号　双删除线
上标 X^{n+1}　下标 H_2O　字符缩 60%　字 符 放 150%
标准间距　间 距 加 宽 5 磅　间距紧缩1磅
位置提升 4 磅　位置降低 4 磅　字符边框　字符灰色底纹
拼音指南　带圈字符　纵横混排　30 磅

图 5-20　各种字符格式效果

（1）任务提出

创建 Word 文档，输入图 5-21 所示的内容。使用“开始”选项卡中“字体”组中的按钮或“字体”对话框中的命令，设置与样文相似的格式。

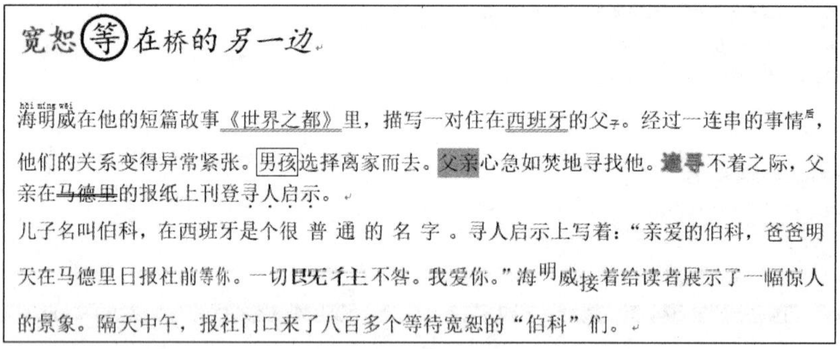

宽恕等在桥的另一边

海明威在他的短篇故事《世界之都》里，描写一对住在西班牙的父子。经过一连串的事情，他们的关系变得异常紧张。男孩选择离家而去。父亲心急如焚地寻找他。遍寻不着之际，父亲在马德里的报纸上刊登寻人启示。

儿子名叫伯科，在西班牙是个很 普 通 的 名 字 。寻人启示上写着：“亲爱的伯科，爸爸明天在马德里日报社前等你。一切既往不咎。我爱你。”海明威接着给读者展示了一幅惊人的景象。隔天中午，报社门口来了八百多个等待宽恕的“伯科”们。

图 5-21　字符格式设置效果

（2）操作要点分析

我们选择的字体取决于 Windows 中安装的字体。Windows 7 中本身附带了一些字体，要想使用其他字体，必须单独安装。目前使用较多的汉字字体库有方正、汉仪和文鼎等。可通过 Internet 下载或购买字体库光盘的方式获取这些字体，然后将它们复制到系统盘的 Windows\Fonts 文件夹中。

在 Word 中字号的表示方法有两种：一种以“号”为单位，如初号、一号、二号等，数值越大，文字越小；另一种以“磅”为单位，如 6.5、10、10.5 等，数值越大，文字越大。

设置文本格式，可以使用“字体”组、浮动工具栏和“字体”对话框 3 种方式进行设置。

（3）操作步骤

选中第一段需要设置的文字，单击“开始”选项卡“字体”组中相应的按钮或选择“字体”对话框“字体”选项卡中的相应命令，如图 5-22 和图 5-23 所示，分别设置文字的字体、字号、加粗、倾斜、删除线、上标、下标、文字效果、颜色、底纹、边框、拼音、着重号等。

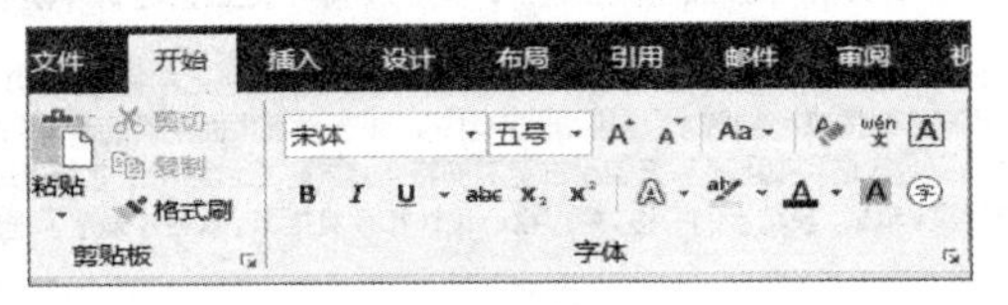

图 5-22 “字体”组

选中第二段需要设置的文字，选择“字体”对话框的“高级”选项卡，如图 5-24 所示，分别设置文字的缩放、间距、位置等。

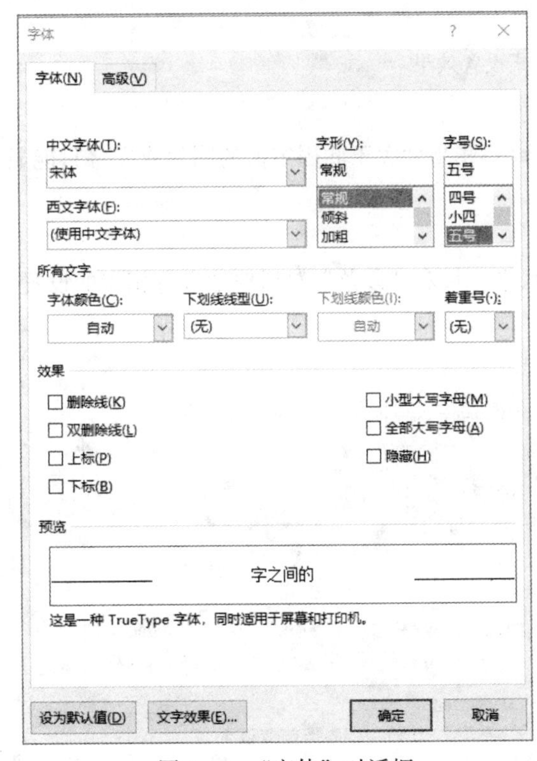

图 5-23 “字体”对话框

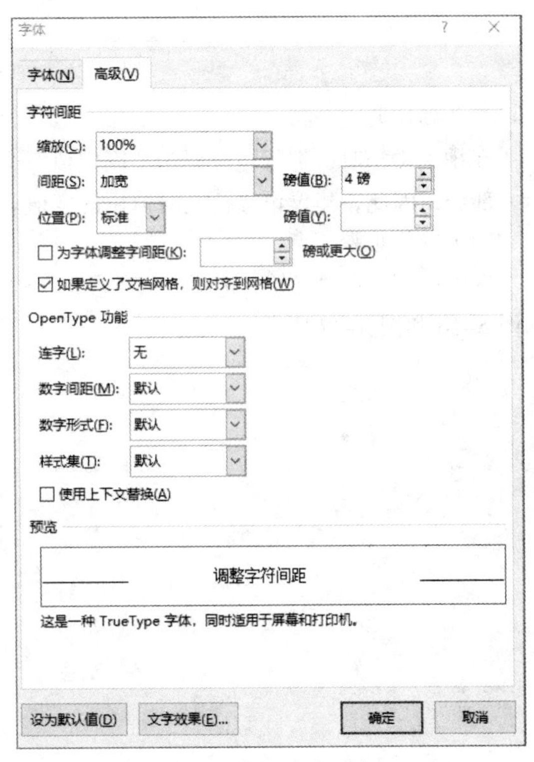

图 5-24 “高级”选项卡

2. 段落格式设置

（1）任务提出

在 Word 中，段落是指以段落标记作为结束一段文字。段落标记是按 Enter 键产生的，所以，在 Word 中，每一次按 Enter 键都将产生一个段落。

段落是以回车符 ↵ 为结束标记的内容。段落的格式设置主要包括段落的对齐方式、段落缩进、段落间距及行间距等。

在设置段落格式前，需首先选定要设置格式的段落。如果只设置一个段落，则可以将插入点移到该段落中；如果是同时设置多个段落的格式，可同时选中这些段落。

创建图 5-25 所示的文档。将标题居中、首行缩进、设置段间距、行距、日期右对齐。

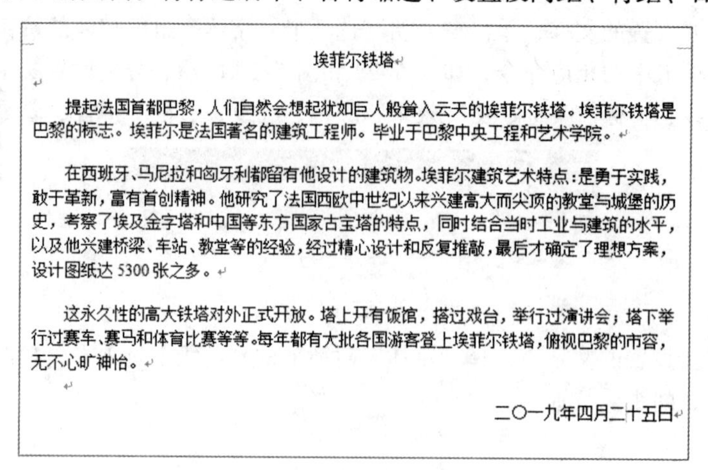

埃菲尔铁塔

提起法国首都巴黎，人们自然会想起犹如巨人般耸入云天的埃菲尔铁塔。埃菲尔铁塔是巴黎的标志。埃菲尔是法国著名的建筑工程师。毕业于巴黎中央工程和艺术学院。

在西班牙、马尼拉和匈牙利都留有他设计的建筑物。埃菲尔建筑艺术特点：是勇于实践，敢于革新，富有首创精神。他研究了法国西欧中世纪以来兴建高大而尖顶的教堂与城堡的历史，考察了埃及金字塔和中国等东方国家古宝塔的特点，同时结合当时工业与建筑的水平，以及他兴建桥梁、车站、教堂等的经验，经过精心设计和反复推敲，最后才确定了理想方案，设计图纸达 5300 张之多。

这永久性的高大铁塔对外正式开放。塔上开有饭馆，搭过戏台，举行过演讲会；塔下举行过赛车、赛马和体育比赛等等。每年都有大批各国游客登上埃菲尔铁塔，俯视巴黎的市容，无不心旷神怡。

二〇一九年四月二十五日

图 5-25　段落格式设置效果

（2）操作要点分析

在排版文档时，把行距设置为“固定值”会导致一些高度大于此固定值的图片或文字只能显示一部分，因此，建议设置行距时慎用固定值。

（3）操作步骤

选中段落，在“开始”选项卡的“段落”组、水平标尺和“段落”对话框中进行相应的设置，如图 5-26 和图 5-27 所示。

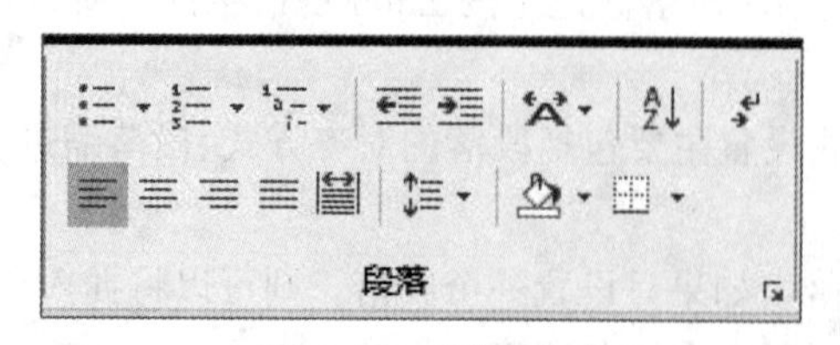

图 5-26　“段落”组

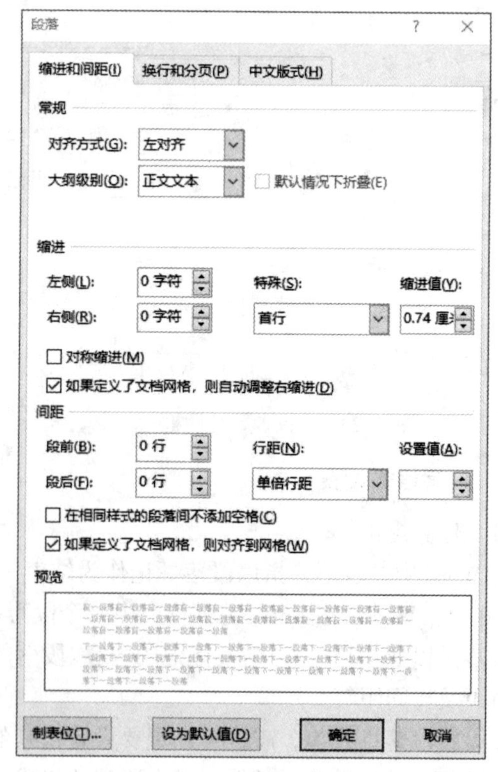

图 5-27　“段落”对话框

3．设置段落缩进

段落的缩进量是指文本与页边距之间的距离。在文档中为了强调某些段落，有时需要适当地缩进文本。

按住 Alt 键拖动标尺上的缩进符号，会出现各种缩进的具体数值，拖动过程中，缩进值会不断变化，这样可以比较方便而且很精确地设置缩进。

段落的缩进主要包括首行缩进、左缩进、右缩进和悬挂缩进。按中文的书写习惯，一般需要在每个段落的首行缩进 2 字符；左缩进和右缩进是指在某些段落的左侧或右侧留出一定的空位；悬挂缩进是指将段落除首行外的其他行向内缩进。

除了利用“段落”对话框设置段落缩进外，通过拖动标尺上的相关滑块也可设置段落缩进，如图 5-28 所示。

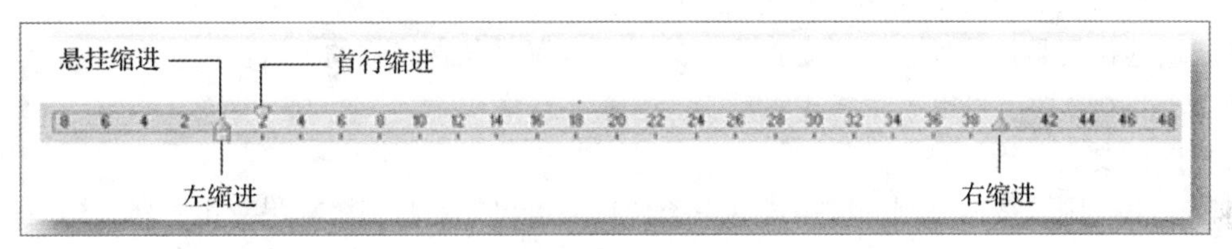

图 5-28　标尺

4 种段落缩进效果如图 5-29 ~ 图 5-32 所示。

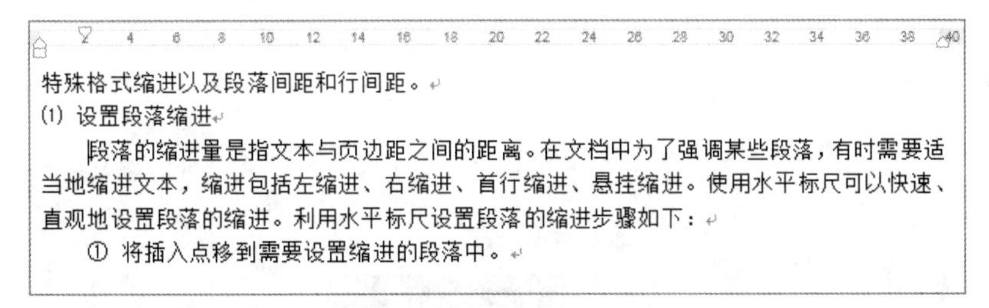

图 5-29　首行缩进效果

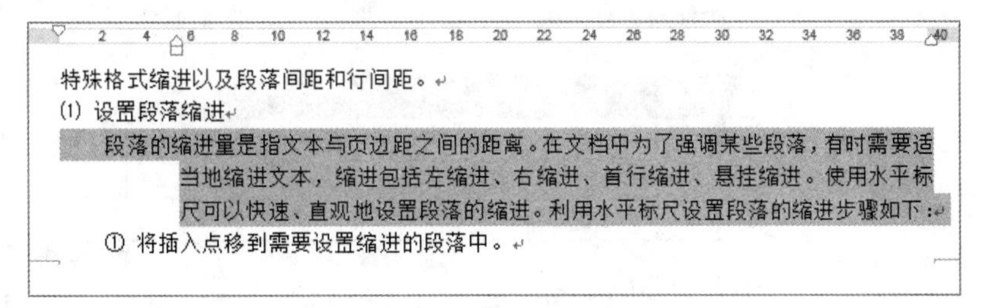

图 5-30　悬挂缩进效果

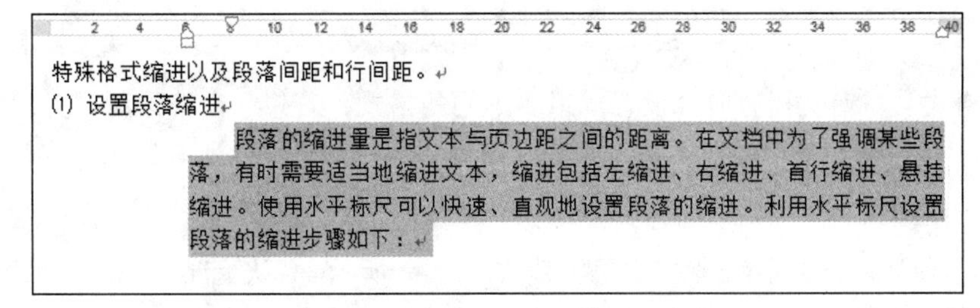

图 5-31　左缩进效果

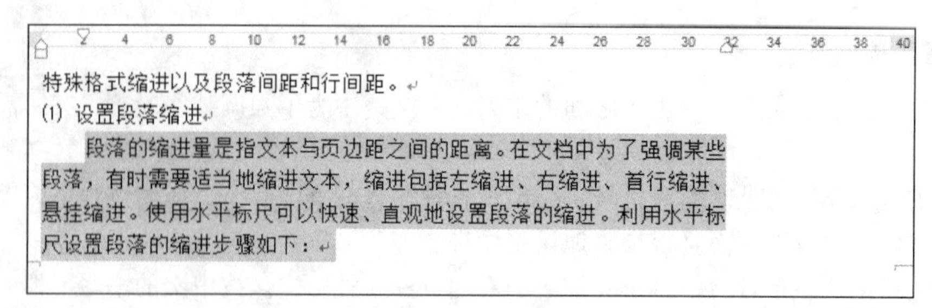

图 5-32 右缩进效果

4. 格式刷

（1）任务提出

在文档中不同的位置上应用相同的文本格式。

格式刷的作用是快速地将需要设置格式的对象设置成某种格式的工具。

在 Word 2013 中，可以利用格式刷复制段落或字符格式。

（2）操作要点分析

单击“格式刷”按钮复制一次格式，系统会自动退出复制状态。如果双击“格式刷”按钮则可以复制多次格式，要退出格式复制状态，再次单击“格式刷”按钮或按 Esc 键即可。

（3）操作步骤

① 使用格式刷复制格式。选择原文本，单击“开始”选项卡，在“剪贴板”组中单击“格式刷”按钮，此时鼠标指针变为一个小笔刷形状，按住鼠标左键，在目标文本上拖动即可复制原文本格式，如图 5-33 和图 5-34 所示。

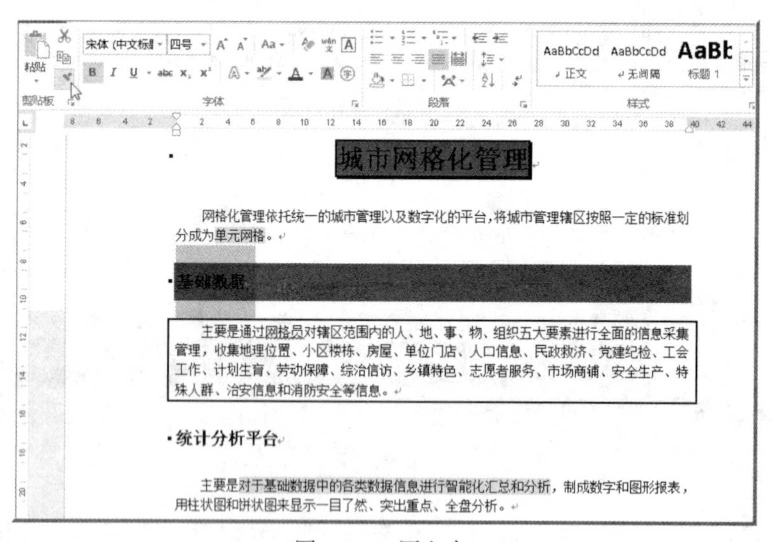

图 5-33 原文本

② 清除格式。一篇文档有时会设置成很多不同的格式，若想一键清除所设置的样式，使其恢复为最初的格式，可以在选中文本后，单击“字体”组中的“清除所有格式”按钮。

5. 设置行间距

行间距是指前后两行文字底部之间的距离，如表 5-3 所示。默认情况下，Word 采用单倍行距。间距的度量单位可以是行，也可以是磅值。

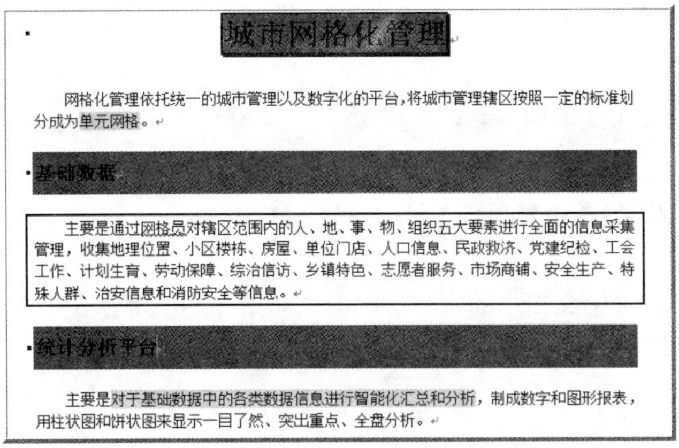

城市网格化管理

网格化管理依托统一的城市管理以及数字化的平台，将城市管理辖区按照一定的标准划分成为单元网格。

基础数据

主要是通过网格员对辖区范围内的人、地、事、物、组织五大要素进行全面的信息采集管理，收集地理位置、小区楼栋、房屋、单位门店、人口信息、民政救济、党建纪检、工会工作、计划生育、劳动保障、综治信访、乡镇特色、志愿者服务、市场商铺、安全生产、特殊人群、治安信息和消防安全等信息。

统计分析平台

主要是对于基础数据中的各类数据信息进行智能化汇总和分析，制成数字和图形报表，用柱状图和饼状图来显示一目了然、突出重点、全盘分析。

图 5-34　目标文本

Word 可自动调整行距，以容纳该行中最大的字体和最高的图形。若想调整，则可在“段落”对话框的“缩进和间距”选项卡中进行。

表 5-3　行间距

选　　项	说　　明
单倍行距	将行距设置为该行最大字体的高度，加上一小段额外间距，额外间距的大小取决于所用的字体
1.5 倍行距	为单倍行距的 1.5 倍
两倍行距	为单倍行距的 2 倍
最小值	同所有行的最大字体或图形相适应
固定值	固定的行间距，Word 不进行自动调节。如果想要任意设置行距大小，必须将行距设置为“固定值”，然后在右边“设置值”文本框中任意输入行距的磅数
多倍行距	行距按指定百分比增大或减小。如设置行距为 1.2，将会在单倍行距的基础上增加 20%

6. 设置换行和分页

① 孤行控制：防止 Word 在页面顶端只有段落末行或在页面底端只有段落首行。

② 与下段同页：防止在所选段落与后面一段之间出现分页符（即位于不同页）。

③ 段中不分页：防止在段落之中出现分页符（即同一段不能跨页显示）。

④ 段前分页：在所选段落前插入手动分页符。

⑤ 取消行号：防止所选段落旁出现行号。此设置对未设行号的文档或节无效。

⑥ 取消断字：防止段落自动断字。

任务四　设置文档其他格式

任务技能目标

- 掌握项目符号和编号的设置
- 掌握边框和底纹的设置
- 掌握中文版式

任务实施

1．添加项目符号与编号

（1）任务提出

创建文档，为文本添加并设置项目符号与编号。

（2）操作步骤

① 设置项目符号。选中文档中的内容，单击“开始”选项卡，在“段落”组中单击“项目符号”下拉按钮，在打开的下拉列表中选择项目符号，如图 5-35 和图 5-36 所示。

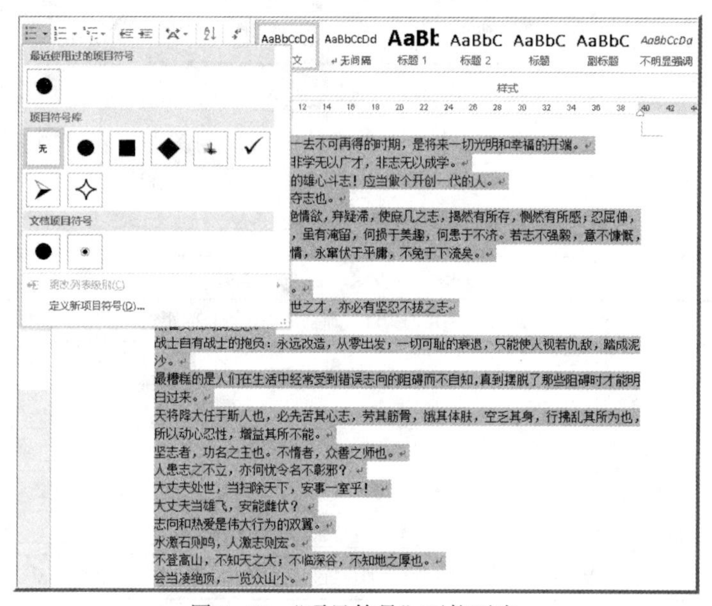

图 5-35 “项目符号”下拉列表

- ◆ 青少年是一个美好而又是一去不可再得的时期，是将来一切光明和幸福的开端。
- ◆ 夫学须志也，才须学也，非学无以广才，非志无以成学。
- ◆ 每一个人要有做一代豪杰的雄心斗志！应当做个开创一代的人。
- ◆ 三军可夺帅也，匹夫不可夺志也。
- ◆ 夫志当存高远，慕先贤，绝情欲，弃疑滞，使庶几之志，揭然有所存，恻然有所感；忍屈伸，去细碎，广咨问，除嫌吝，虽有淹留，何损于美趣，何患于不济。若志不强毅，意不慷慨，徒碌碌滞于俗，默默束于情，永窜伏于平庸，不免于下流矣。
- ◆ 有志者事竟成也！
- ◆ 志不立，天下无可成之事。
- ◆ 古之立大事者，不惟有超世之才，亦必有坚忍不拔之志
- ◆ 燕雀安知鸿鹄之志。
- ◆ 战士自有战士的抱负：永远改造，从零出发；一切可耻的衰退，只能使人视若仇敌，踏成泥沙。
- ◆ 最糟糕的是人们在生活中经常受到错误志向的阻碍而不自知，真到摆脱了那些阻碍时才能明白过来。
- ◆ 天将降大任于斯人也，必先苦其心志，劳其筋骨，饿其体肤，空乏其身，行拂乱其所为也，所以动心忍性，增益其所不能。
- ◆ 坚志者，功名之主也。不惰者，众善之师也。
- ◆ 人患志之不立，亦何忧令名不彰邪？
- ◆ 大丈夫处世，当扫除天下，安事一室乎！
- ◆ 大丈夫当雄飞，安能雌伏？
- ◆ 志向和热爱是伟大行为的双翼。
- ◆ 水激石则鸣，人激志则宏。
- ◆ 不登高山，不知天之大；不临深谷，不知地之厚也。
- ◆ 会当凌绝顶，一览众山小。

图 5-36 项目符号设置效果

② 设置编号。选中文本，单击“开始”选项卡，在“段落”组中单击“编号”按钮，在打开的下拉列表中选择数字编号样式，如图 5-37 和图 5-38 所示。

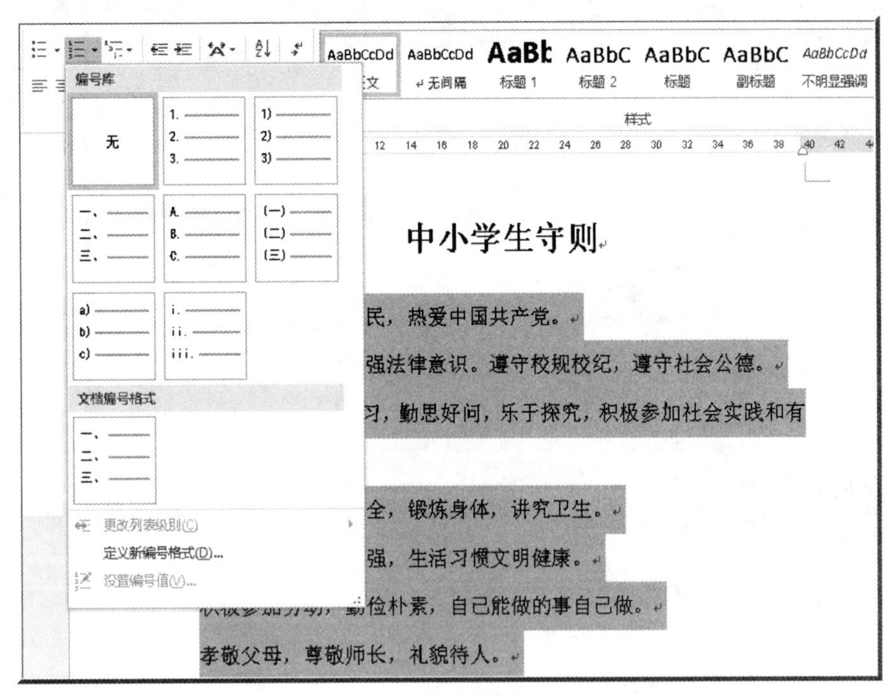

图 5-37　“编号”下拉列表

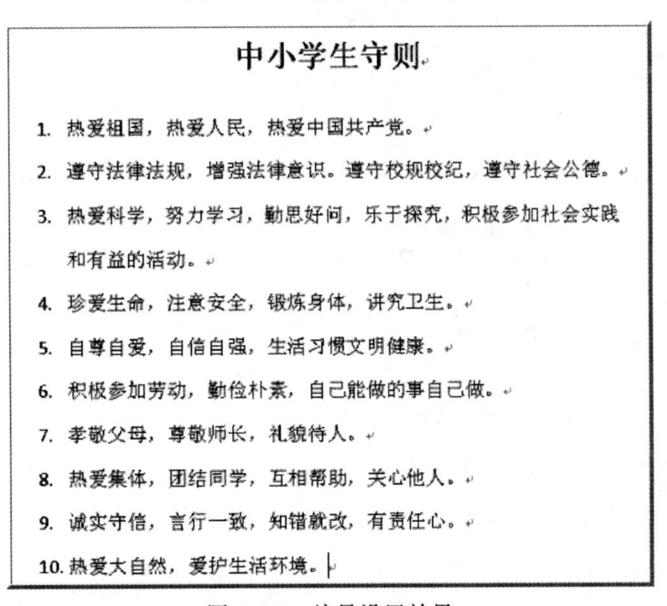

中小学生守则

1. 热爱祖国，热爱人民，热爱中国共产党。
2. 遵守法律法规，增强法律意识。遵守校规校纪，遵守社会公德。
3. 热爱科学，努力学习，勤思好问，乐于探究，积极参加社会实践和有益的活动。
4. 珍爱生命，注意安全，锻炼身体，讲究卫生。
5. 自尊自爱，自信自强，生活习惯文明健康。
6. 积极参加劳动，勤俭朴素，自己能做的事自己做。
7. 孝敬父母，尊敬师长，礼貌待人。
8. 热爱集体，团结同学，互相帮助，关心他人。
9. 诚实守信，言行一致，知错就改，有责任心。
10. 热爱大自然，爱护生活环境。

图 5-38　编号设置效果

③ 设置多级列表。选中目录文本，单击“开始”选项卡，单击“段落”组中的“多级列表”下拉按钮，在打开的下拉列表中选择列表样式。按 Tab 键，即可更改为三级列表，如图 5-39 和图 5-40 所示。

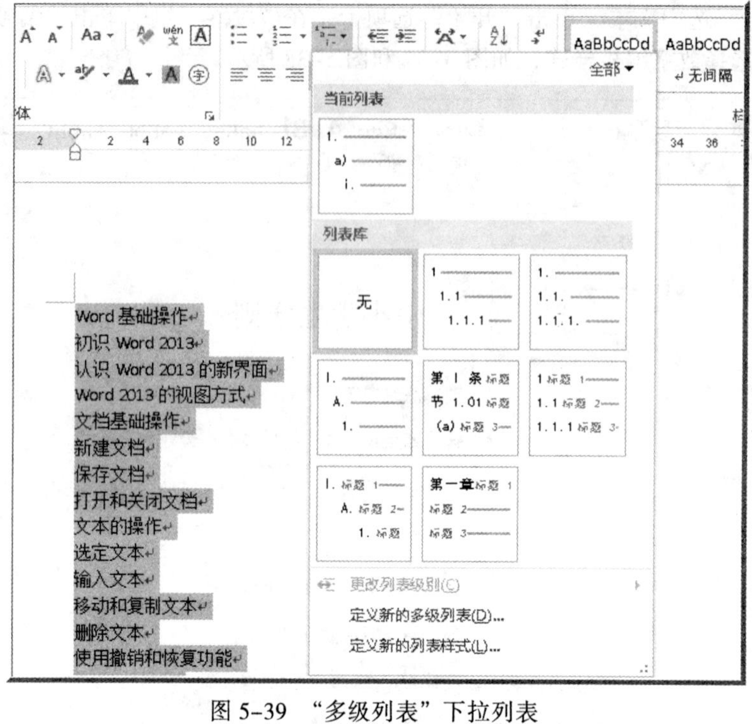

图 5-39 “多级列表”下拉列表

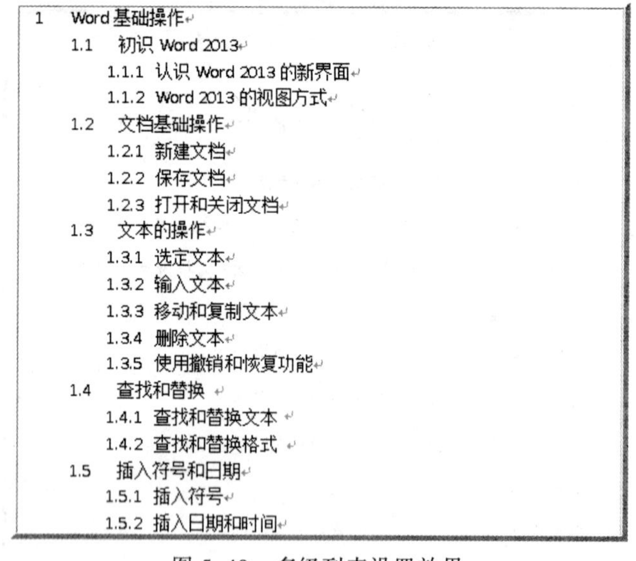

图 5-40 多级列表设置效果

2. 添加边框和底纹

（1）任务提出

创建一文档，为文本、段落和页面添加边框和底纹。

（2）操作要点分析

在“页面边框”选项卡的“应用于”下拉列表框中选择“整篇文档”选项，所有的页面都将应用边框样式；如果选择“本节”选项，则只对当前的页面应用边框样式。

（3）操作步骤

① 设置字符底纹和边框。选择文本，然后单击“字体”组中的“字符底纹”按钮，可在选择的文本上添加底纹效果；或者单击“开始”选项卡，在“段落”组中单击“边框”下拉按钮，在弹出的下拉列表中选择“边框和底纹”选项，在打开的“边框和底纹”对话框中选择“边框”和“底纹”选项卡，选择应用于“文字”，如图 5-41 和图 5-42 所示。

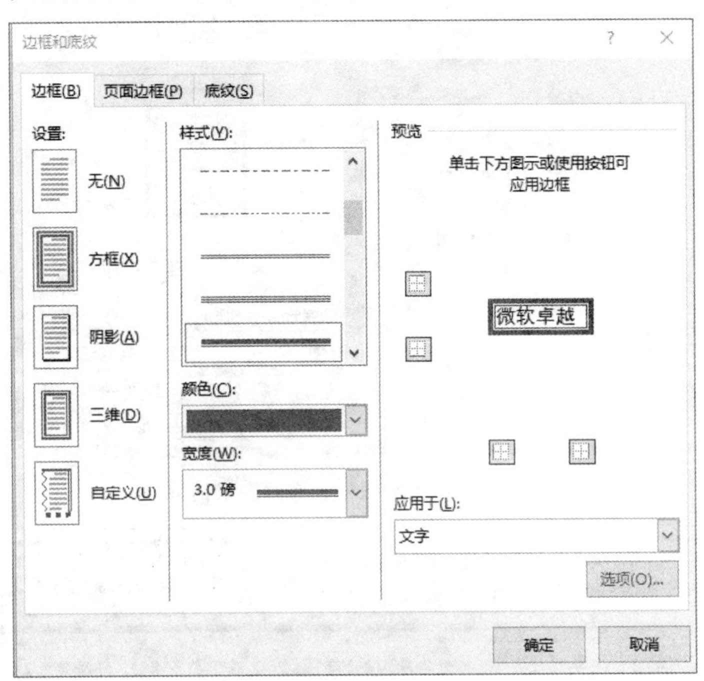

图 5-41　文字“边框和底纹”对话框

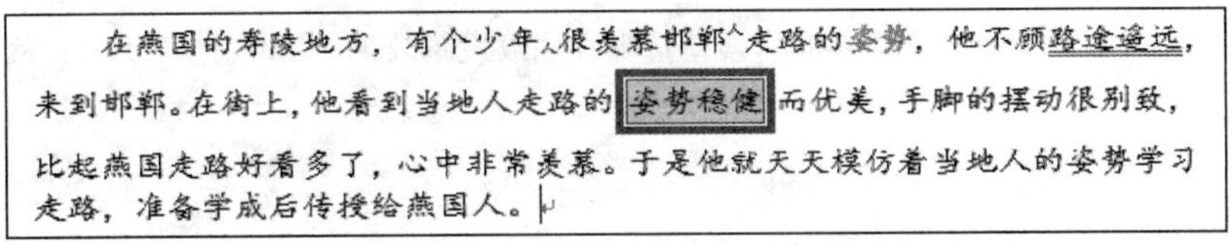

在燕国的寿陵地方，有个少年很羡慕邯郸人走路的姿势，他不顾路途遥远，来到邯郸。在街上，他看到当地人走路的姿势稳健而优美，手脚的摆动很别致，比起燕国走路好看多了，心中非常羡慕。于是他就天天模仿着当地人的姿势学习走路，准备学成后传授给燕国人。

图 5-42　文字边框和底纹设置效果

② 设置段落边框和底纹。选择第 3 段正文内容，在“段落”组中单击“边框”下拉按钮，在打开的下拉列表中选择“边框和底纹”选项，打开“边框和底纹”对话框，选择应用于“段落”，如图 5-43 和图 5-44 所示。

③ 设置页面边框。光标定位在文档的任意位置处，单击“开始”选项卡，在“段落”组中单击“边框”下拉按钮，在打开的下拉列表中选择“边框和底纹”选项。在打开的“边框和底纹”对话框中选择“页面边框”选项卡，如图 5-45 所示。

④ 清除底纹和边框。清除字符、段落边框：选择添加字符、段落边框的文本，打开“边框和底纹”对话框，选择“边框”选项卡，单击选择“设置”选项栏中的“无”选项，单击“确定”按钮。

清除字符、段落底纹：选择添加字符、段落文本，打开“边框和底纹”对话框，选择“底纹”选项卡，在“填充”下拉列表中选择“无颜色”选项，单击“确定”按钮。

清除页面边框：打开“边框和底纹”对话框，选择“页面边框”选项卡，单击选择“设置”选项栏中的“无”选项，单击“确定”按钮。

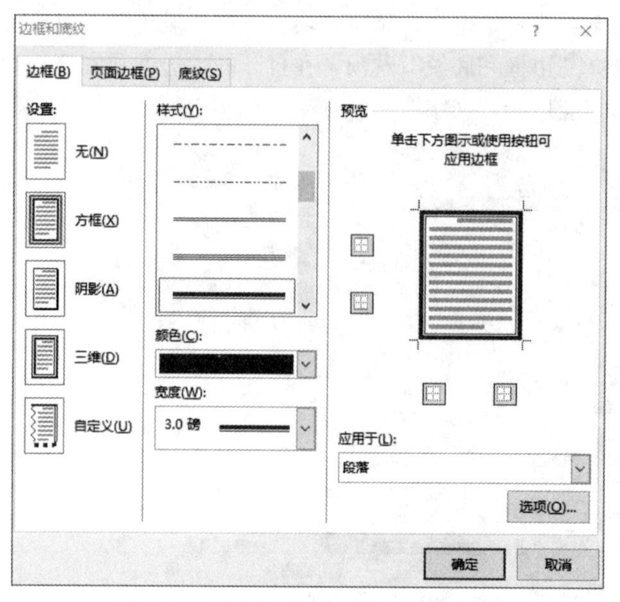

图 5-43　段落“边框和底纹”对话框

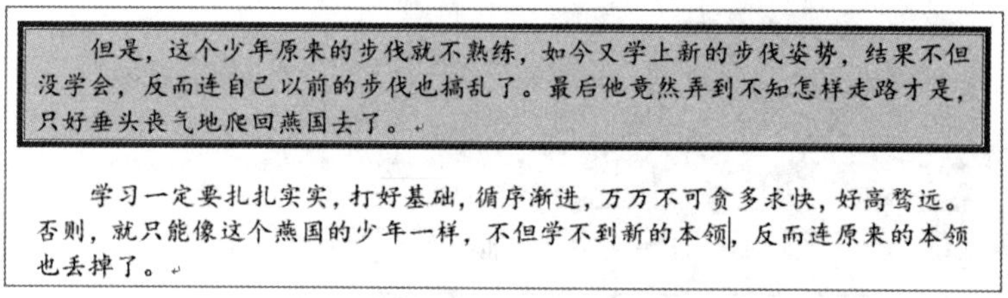

但是，这个少年原来的步伐就不熟练，如今又学上新的步伐姿势，结果不但没学会，反而连自己以前的步伐也搞乱了。最后他竟然弄到不知怎样走路才是，只好垂头丧气地爬回燕国去了。

学习一定要扎扎实实，打好基础，循序渐进，万万不可贪多求快，好高骛远。否则，就只能像这个燕国的少年一样，不但学不到新的本领，反而连原来的本领也丢掉了。

图 5-44　段落边框和底纹设置效果

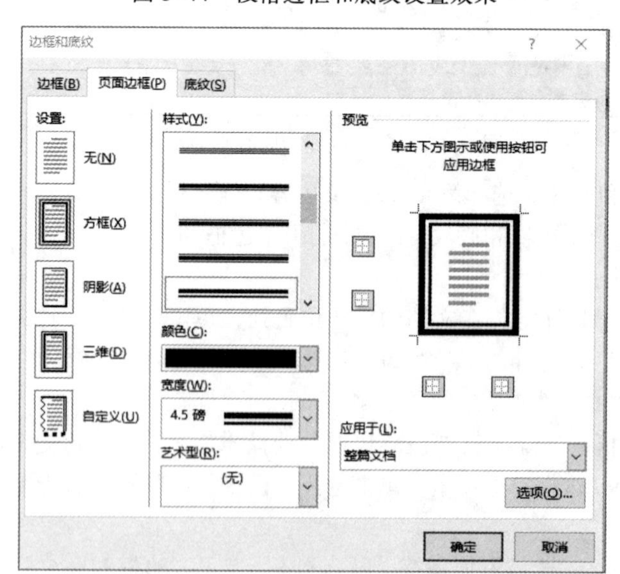

图 5-45　“页面边框”选项卡

3. 中文版式

（1）任务提出

创建文档，为文本添加中文版式效果。

中文版式：可对中文进行添加拼音、纵横混排、合并字符、双行合一、字符缩放等设置，实现中文修饰，如图 5-46 所示。

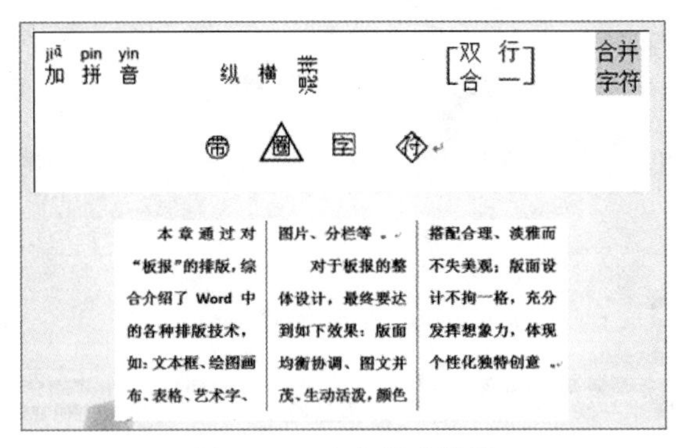

图 5-46 中文版式效果

（2）操作要点分析

如果在“纵横混排”对话框中不选中“适应行宽”复选框，纵排文本将会保持原有字体大小，超出行宽范围。合并的字符不能超过 6 个汉字或 12 个半角英文字符。

（3）操作步骤

① 纵横混排。打开文档，选择文本，在“开始”选项卡的“段落”组中单击“中文版式”下拉按钮，在打开的下拉列表中选择“纵横混排”选项，如图 5-47 所示，打开“纵横混排”对话框进行设置，如图 5-48 所示。

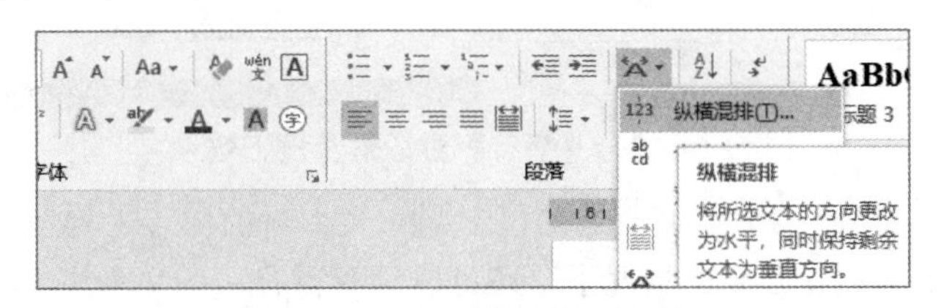

图 5-47 “纵横混排”选项

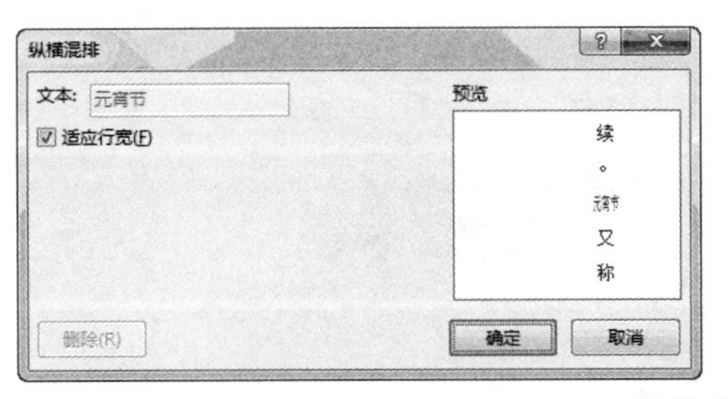

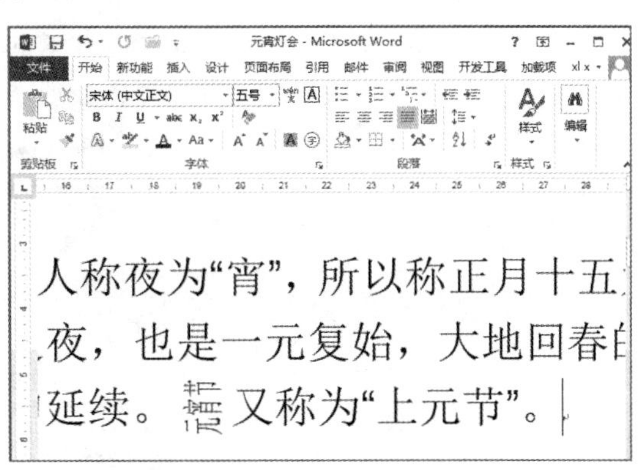

图 5-48 “纵横混排”对话框及设置效果

② 合并字符。合并字符是将一行字符分成上、下两行，并按原来的一行字符空间进行显示。此功能在名片制作、出版书籍或发表文章等方面发挥巨大的作用。所要合并的文字不能超过 6 个字。

打开文档，选择文本，在“开始”选项卡的“段落”组中单击“中文版式”下拉按钮，在打开的下拉列表中选择“合并字符”选项，如图 5-49 所示，打开“合并字符”对话框进行设置，如图 5-50 所示。

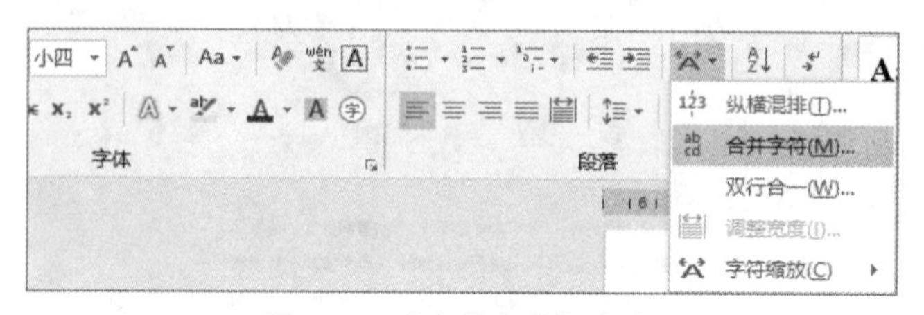

图 5-49 “合并字符”命令

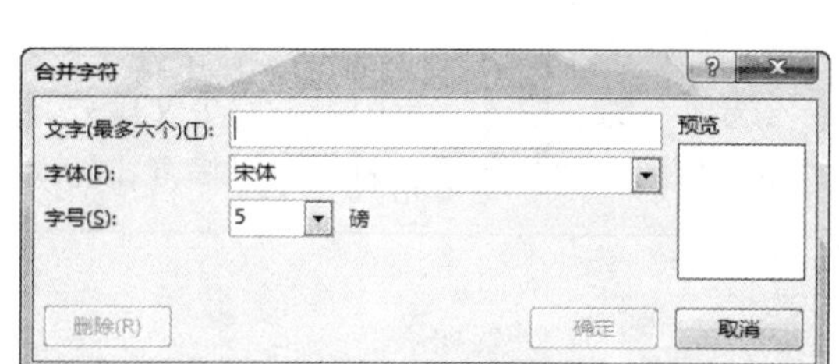

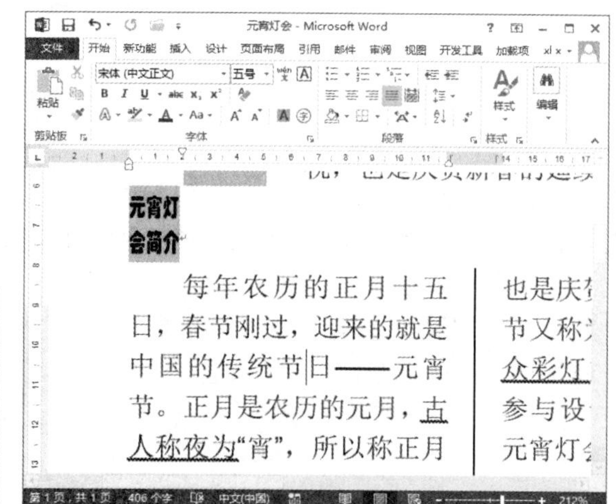

图 5-50 “合并字符”对话框及设置效果

③ 双行合一。双行合一效果能使所选的位于同一文本行的内容平均地分为两部分，前一部分排列在后一部分的上方。在必要的情况下，还可以给双行合一的文本添加不同类型的括号。双行合一的所选文字可以多余 6 个字。

打开文档，选择文本，在“开始”选项卡的“段落”组中单击“中文版式”下拉按钮，在打开的下拉列表中选择“双行合一”选项，如图 5-51 所示，打开“双行合一”对话框进行设置，如图 5-52 所示。

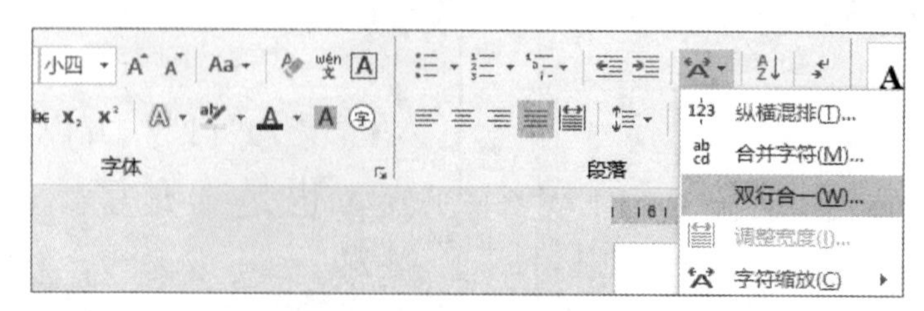

图 5-51 “双行合一”选项

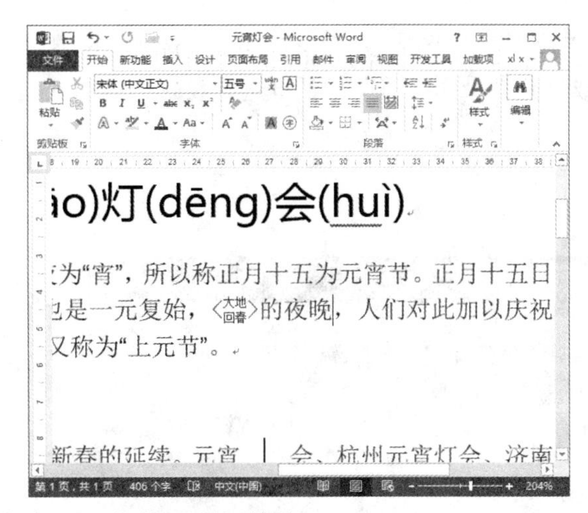

图 5-52　“双行合一”对话框及设置效果

④ 调整宽度和字符缩放。在“中文版式”下拉列表中还有“调整宽度”（见图 5-53）和“字符缩放”功能，可以调整字符的大小和按比例缩放字符。

⑤ 拼音指南。选择文本，在“开始”选项卡的“字体”组中单击“拼音指南”按钮，如图 5-54 所示，或打开“拼音指南”对话框进行设置，如图 5-55 所示。

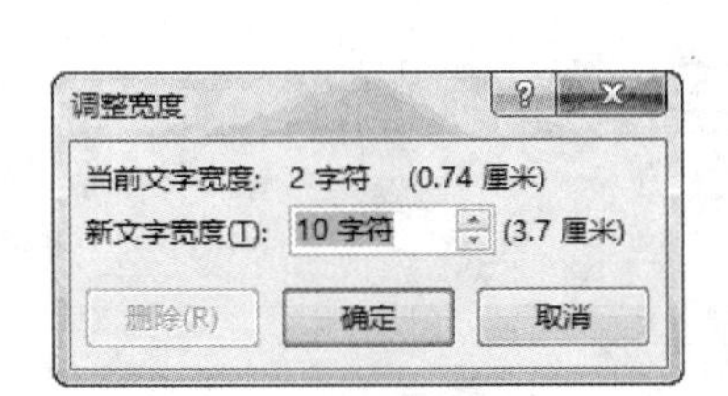

图 5-53　“调整宽度”对话框

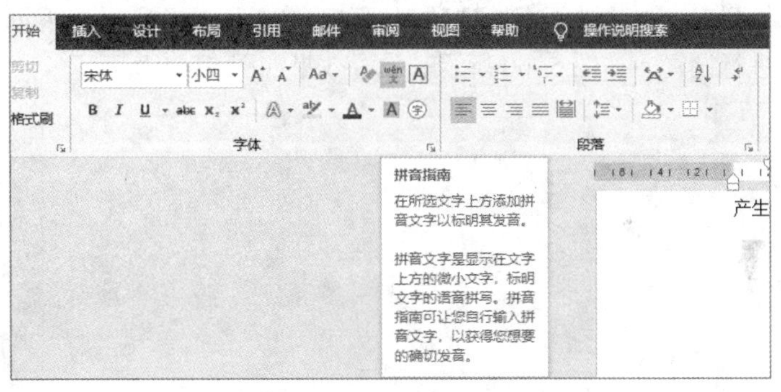

图 5-54　“拼音指南”按钮

思考：如何解决 Word 中的拼音指南不能用（见图 5-56）的问题？

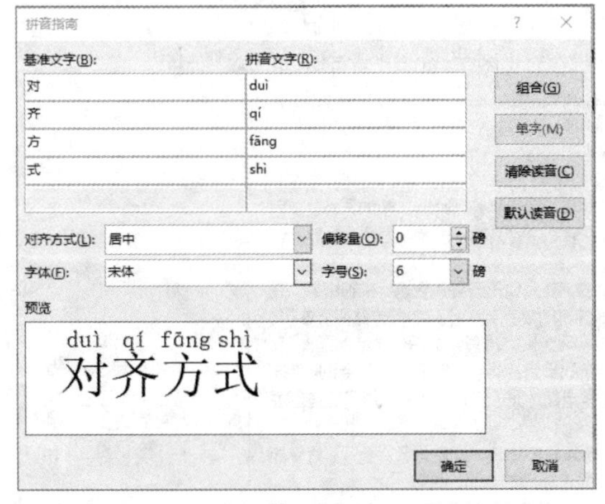

图 5-55　“拼音指南”对话框

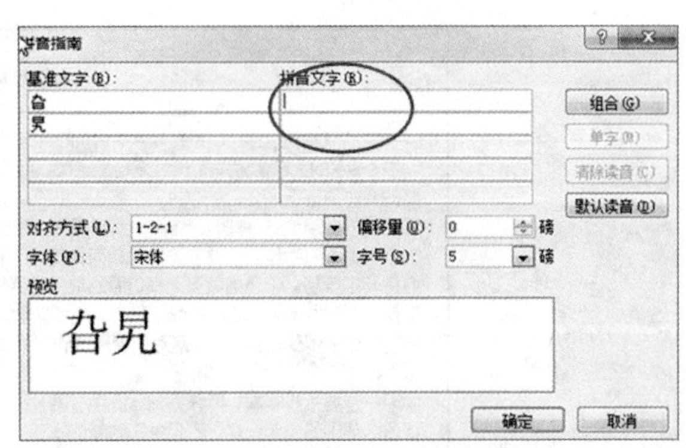

图 5-56　“拼音指南”对话框无拼音字母

⑥ 带圈字符。选择文字，在“开始”选项卡的“字体”组中单击“带圈字符”按钮，如图 5-57 所示；或打开“带圈字符”对话框进行设置，如图 5-58 所示。

图 5-57 “带圈字符”按钮

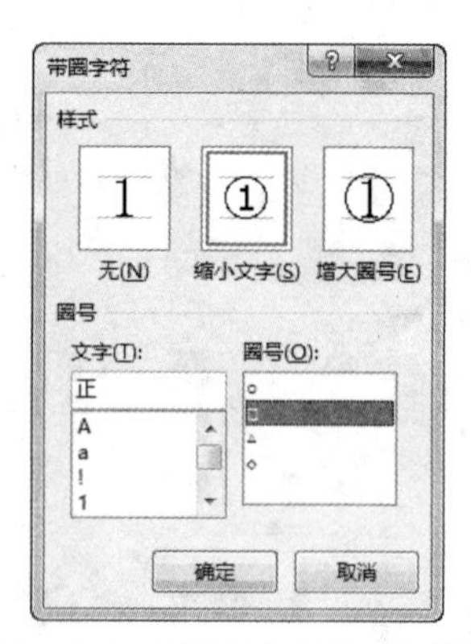

图 5-58 “带圈字符”对话框

思考：如何解决在 Word 中给每一个设置字符边框？

⑦ 设置首字下沉。

注意：自然段首字必须先顶格输入，不能有缩进。顶格输入后再缩进是可以的。

单击“插入”选项卡，在“文本”组中单击“首字下沉”下拉按钮（见图 5-59），在打开的下拉列表中选择“下沉”选项，即可为第 1 段的首字设置下沉效果，也可使用“首字下沉”对话框进行设置，如图 5-60 所示。设置效果如图 5-61 所示。

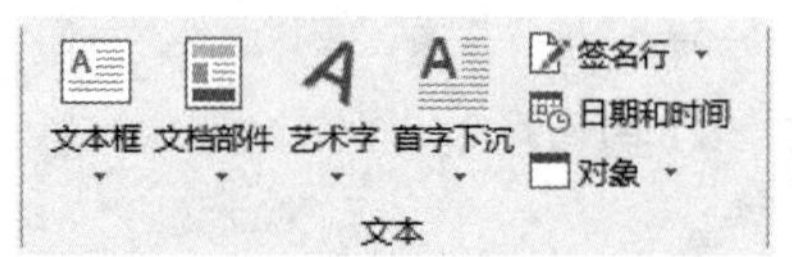

图 5-59 “首字下沉”下拉按钮

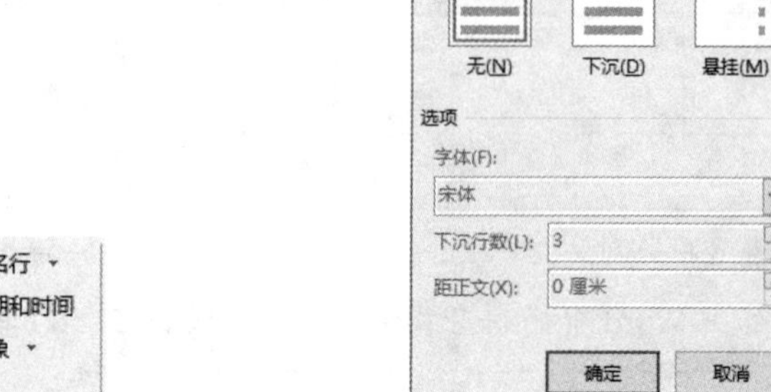

图 5-60 “首字下沉”对话框

寓言故事

这句成语出自《庄子·秋水》讲的一个寓言故事。邯郸是春秋时期赵国的首都。那里的人非常注意礼仪，无论是走路、行礼，都很注重姿势和仪表。因此，当地人走路的姿势便远近闻名。

在燕国的寿陵地方，有个少年人很羡慕邯郸人走路的姿势，他不顾路途遥远，来到邯郸。在街上，他看到当地人走路的姿势稳健而优美，手脚的摆动很别致，比起燕国走路好看多了，心中非常羡慕。于是他就天天模仿着当地人的姿势学习走路，准备学成后传授给燕国人。

但是，这个少年原来的步伐就不熟练，如今又学上新的步伐姿势，结果不但没学会，反而连自己以前的步伐也搞乱了。最后他竟然弄到不知怎样走路才是，只好垂头丧气地爬回燕国去了。

学习一定要扎扎实实，打好基础，循序渐进，万万不可贪多求快，好高骛远。否则，就只能像这个燕国的少年一样，不但学不到新的本领，反而连原来的本领也丢掉了。

图 5-61 首字下沉设置效果

⑧ 设置页面分栏。选中除标题外的所有文本，选择“布局”选项卡，在“页面设置”组中单击“分栏”下拉按钮，在打开的下拉列表中选择分栏选项，如图 5-62 所示；或单击“更多分栏”，在打开的“分栏”对话框中进行相应的设置，如图 5-63 所示。设置效果如图 5-64 所示。

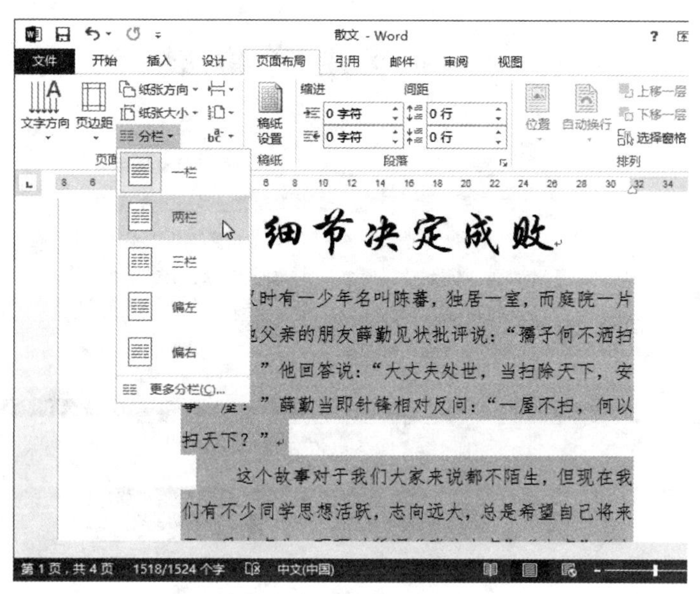

图 5-62　“分栏”下拉列表

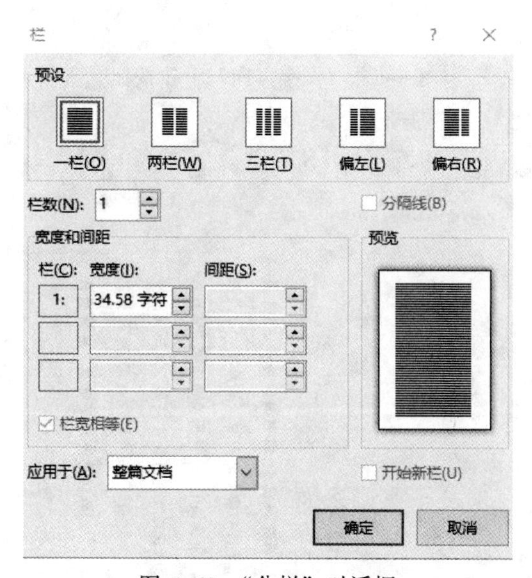

图 5-63　“分栏”对话框

思考：如何解决不足一页的 Word 文本被分成若干栏效果？

⑨ 竖排文本。使用 Word 2013 的文字竖排功能，可以轻松完成古代诗词的输入（即竖排文档），从而还原古书的效果。

选择“布局”选项卡，单击“文字方向”下拉按钮，在打开的下拉列表中选择“垂直”选项，如图 5-65 和图 5-66 所示。

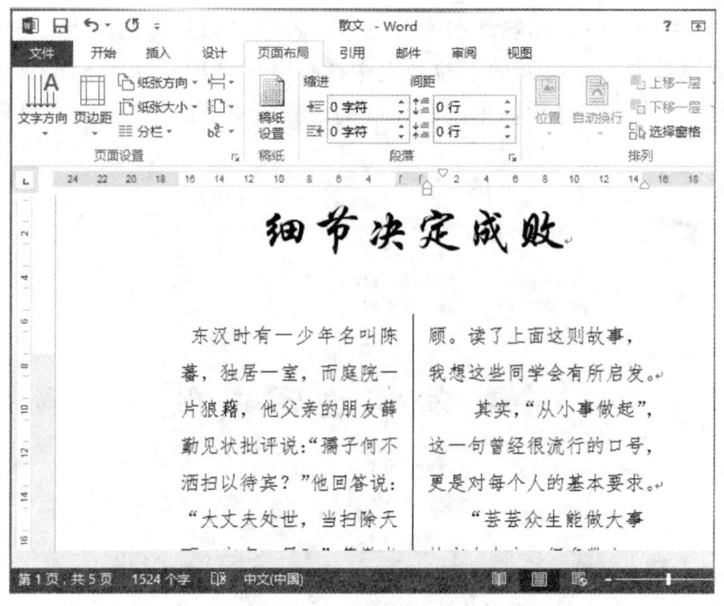

图 5-64　分栏设置效果

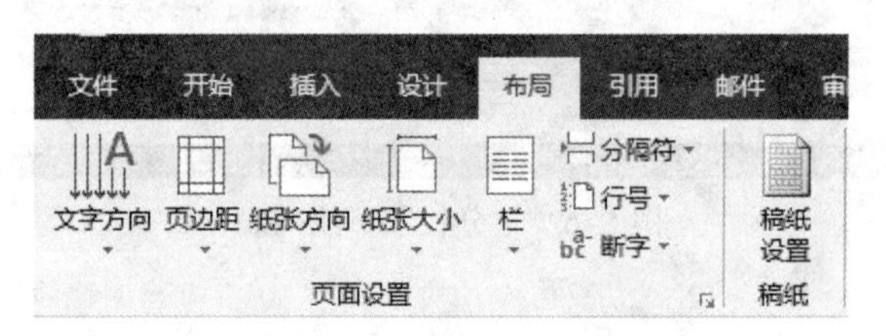

图 5-65　“文字方向”下拉按钮

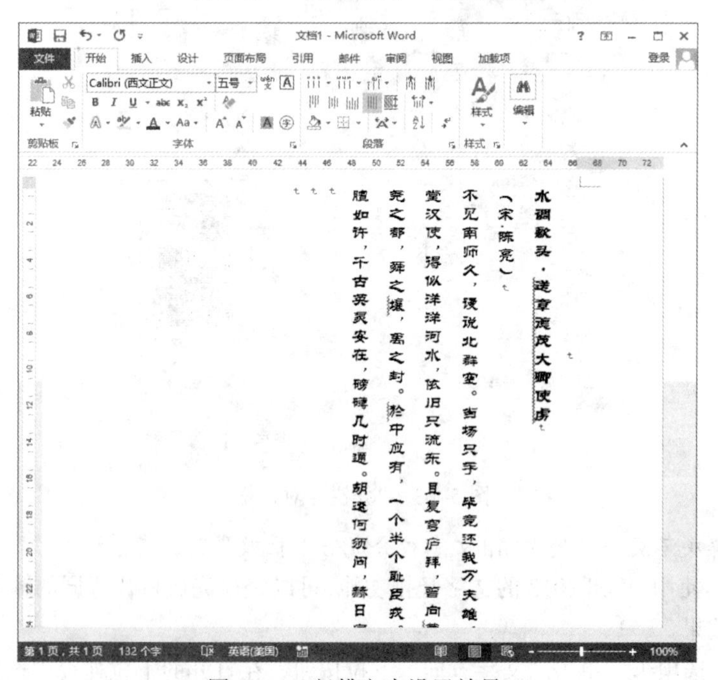

图 5-66　竖排文本设置效果

任务五 设置文档页面和打印

任务技能目标

- 掌握文档页面设置
- 了解预览和打印文档

任务实施

在 Word 2013 中，页面设置包括设置页边距、纸张大小、页眉版式和文档网格等。设置文档页面后，将会影响整个文档的全局样式，从而使 Word 2013 能够编排出清晰、美观的版面。

设置好文档后，就可以使用 Word 2013 提供的打印功能，轻松地按用户的要求将文档打印出来，并可以在打印文档前预览文档、选择打印范围、一次打印多份、对版面进行缩放、逆序打印，也可以只打印文档的奇数页或偶数页，还可以后台打印，以节省时间。而且打印出来的文档和在打印预览中看到的效果完全一样。

设置文档页面：包括设置文档的纸张大小、纸张方向和页边距等，如图 5-67 所示。可利用功能区“页面布局”选项卡中的“页面设置”组或“页面设置”对话框进行设置。

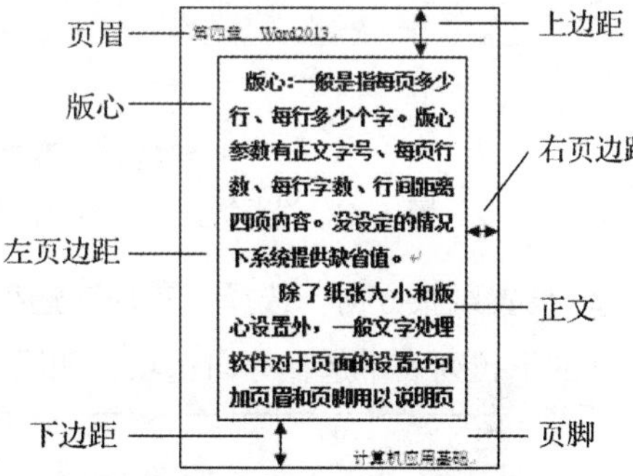

打印文档：制作好文档后，在功能区的“文件”选项卡中选择“打印”选项，然后进行一些简单的设置即可将文档打印出来。

图 5-67 文档页面组成

1. 设置页面的格式

（1）任务提出

创建一文档，为文档设置页边距、纸张大小和方向。

（2）操作要点分析

默认情况下，Word 将此次页边距的数值记忆为“上次的自定义设置”，在“页面设置”组中单击“页边距”按钮，从打开的下拉列表中选择“上次的自定义设置”选项，即可为当前文档应用上次的自定义页边距设置值。

（3）操作步骤

① 设置页边距。页边距是指页面内容和页面边缘之间的区域，用户可以根据需要设置页边距。

选择“布局”选项卡，在“页面设置”组中单击“页边距”下拉按钮，在打开的下拉列表中选择页边距选项，或使用“页面设置”对话框的“页边距”选项卡进行设置，如图 5-68 和图 5-69 所示。

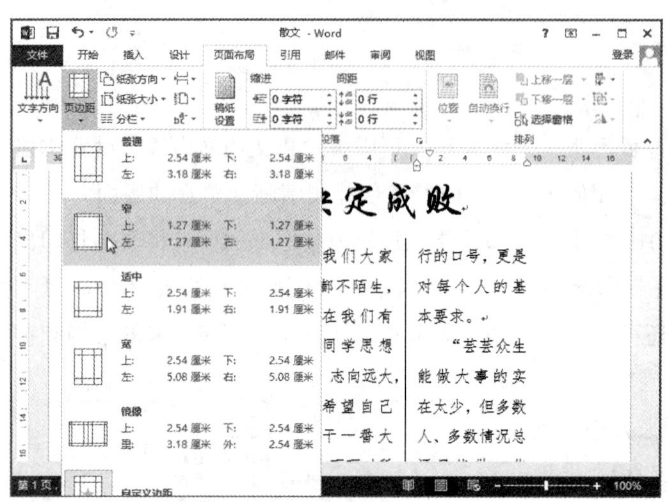
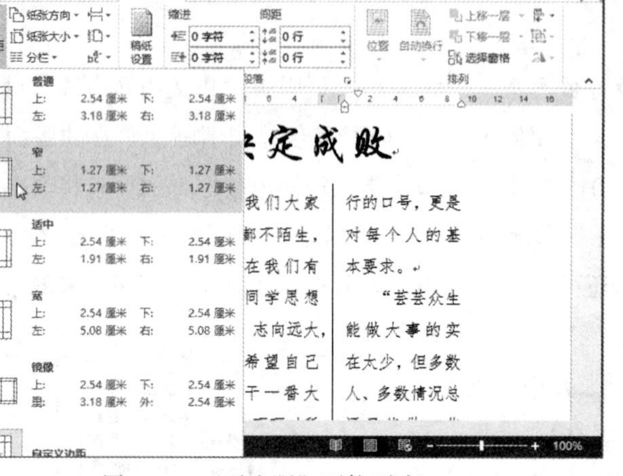

图 5-68 “页边距”下拉列表

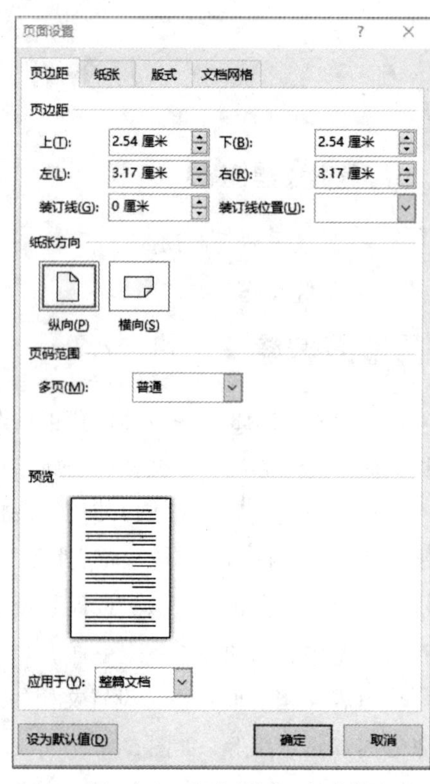

图 5-69 “页边距”选项卡

② 设置纸张方向。选择“布局”选项卡，在“页面设置”组中单击“纸张方向”下拉按钮，在打开的下拉列表中选择方向选项，如图 5-70 所示。

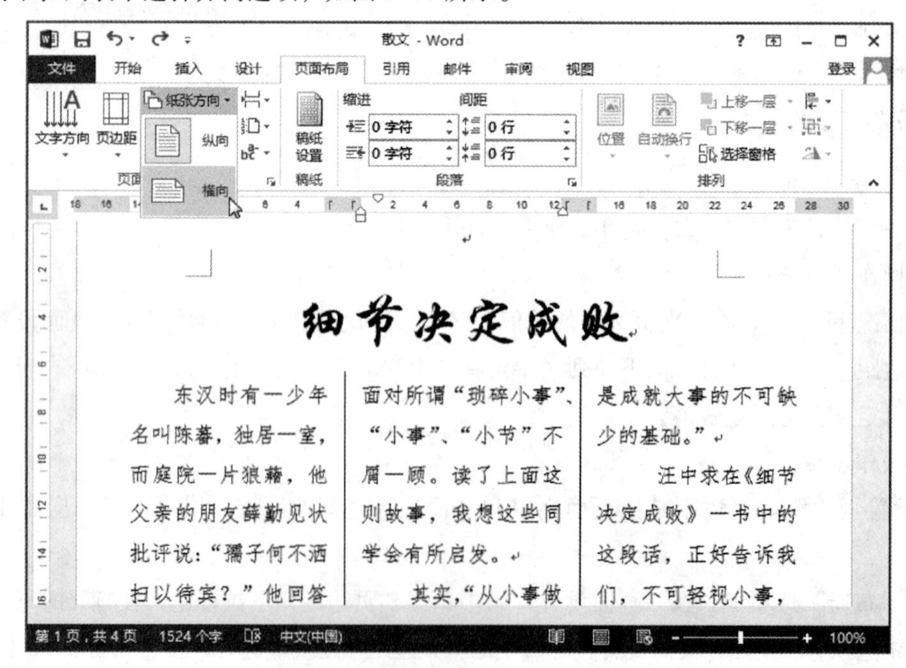

图 5-70 “纸张方向”下拉列表

③ 设置纸张大小。选择“布局”选项卡，在“页面设置”组中单击“纸张大小”下拉按钮，在打开的下拉列表中选择需要的选项，或使用“页面设置”对话框的“纸张”选项卡进行设置，如图 5-71 和图 5-72 所示。

图 5-71 “纸张大小”下拉列表

④ 设置稿纸页面。选择“布局”选项卡，单击“稿纸设置”按钮，或使用“稿纸设置”对话框进行设置，如图 5-73 和图 5-74 所示。

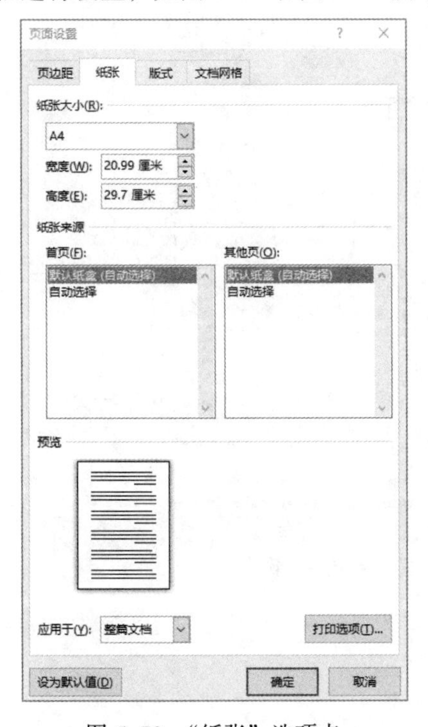

图 5-72 “纸张”选项卡

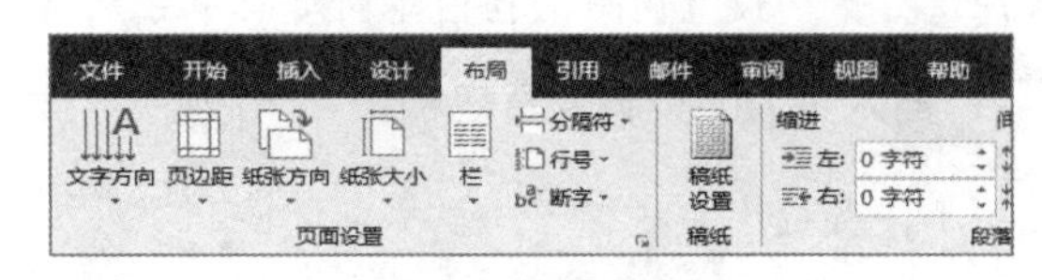

图 5-73 “稿纸设置”按钮

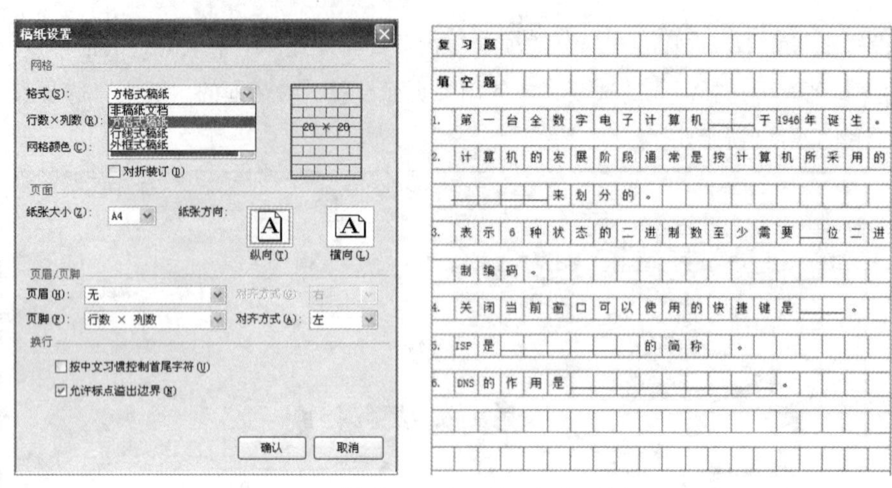

图 5-74 “稿纸设置”对话框及设置效果

⑤ 强行换页——插入分页符。定位插入点，打开“布局”选项卡，在“页面设置”组中单击“分隔符”下拉按钮，在打开的下拉列表中选择“分页符”选项，如图 5-75 所示。

⑥ 插入分节符。如果把一个较长的文档分成几节，就可以单独设置每节的格式和版式，从而使文档的排版和编辑更加灵活。

定位插入点，打开“布局”选项卡，在“页面设置”组中单击“分隔符”下拉按钮，在打开的下拉列表中选择“分节符”选项区域中的“连续”选项，如图 5-76 所示。

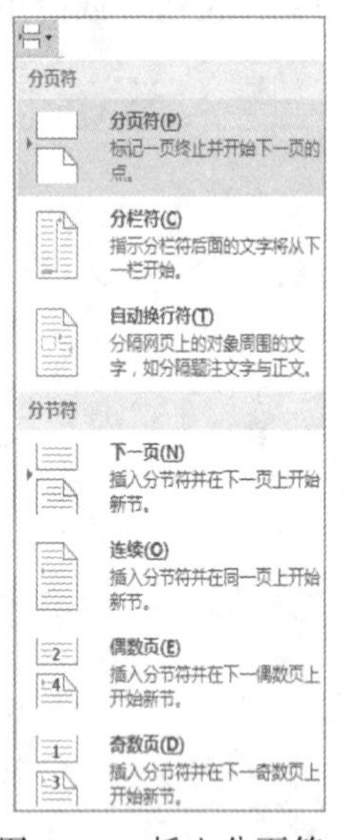

图 5-75 插入分页符

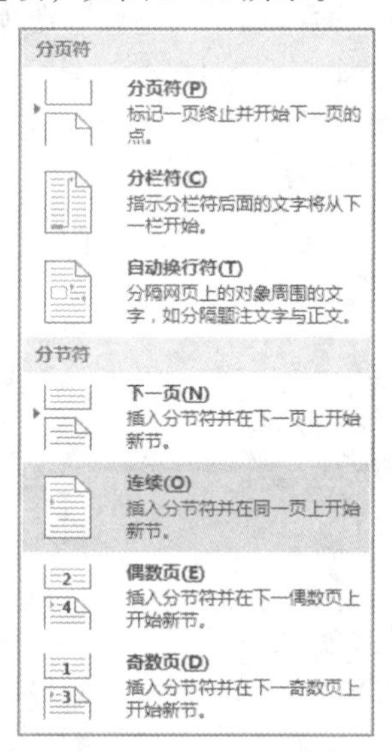

图 5-76 插入分节符

思考：如何设置同一文档内不同页面中分别有纵向和横向的纸张效果？

2. 插入页眉、页脚及页码

（1）任务提出

创建文档，为文档添加页眉和页脚，插入页码。

页眉和页脚是文档中每个页面页边距的顶部和底部的区域。可以在页眉和页脚中插入文本或图形，即提供一个简单的方法在文档中的每页中重复标识信息，例如，页码、日期、文件名、作者姓名等信息。当然，这些信息只有在页面视图和打印预览视图中，才可以查看、编辑。

在一个很长的文档中，页码就显得十分重要了。为文档添加页码时，Word 将在文档的页眉或页脚处插入页码域，当修改文档时，页码将自动更新。

（2）操作要点分析

添加页脚和页眉的方法一致，在“插入”选项卡的“页眉和页脚”组中单击“页脚”下拉按钮，在打开的下拉列表中选择“编辑页脚”选项，进入页脚编辑状态进行添加修改。

（3）操作步骤

① 插入页眉。单击“插入”选项卡，在“页眉和页脚”组中单击“页眉”下拉按钮，在打开的下拉列表中选择选项，返回到文档中，即可在文档中插入页眉，如图 5–77 和图 5–78 所示。

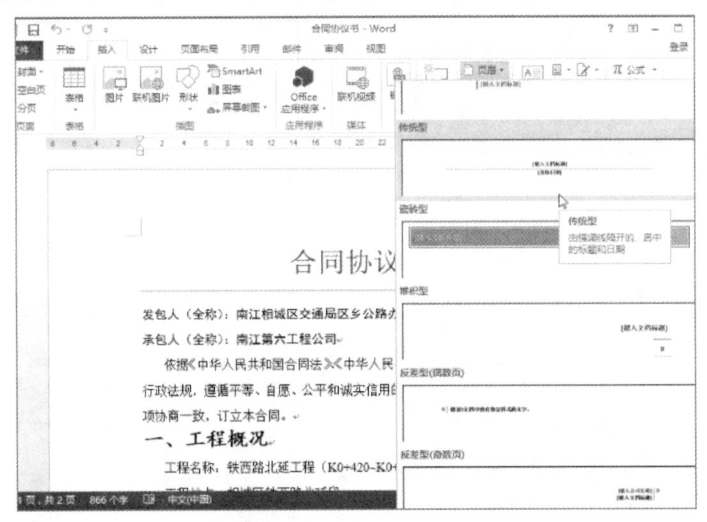

图 5–77 “页眉”下拉列表

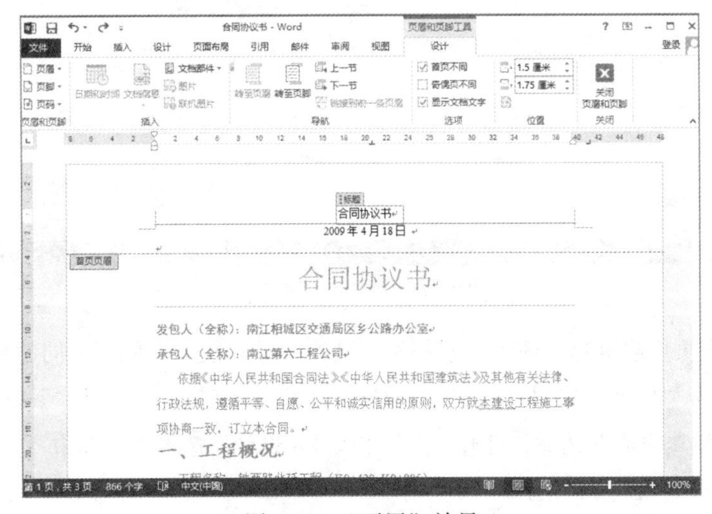

图 5–78 “页眉”效果

② 插入页脚。插入页脚的方法与插入页眉相同，如图 5-79 和图 5-80 所示。

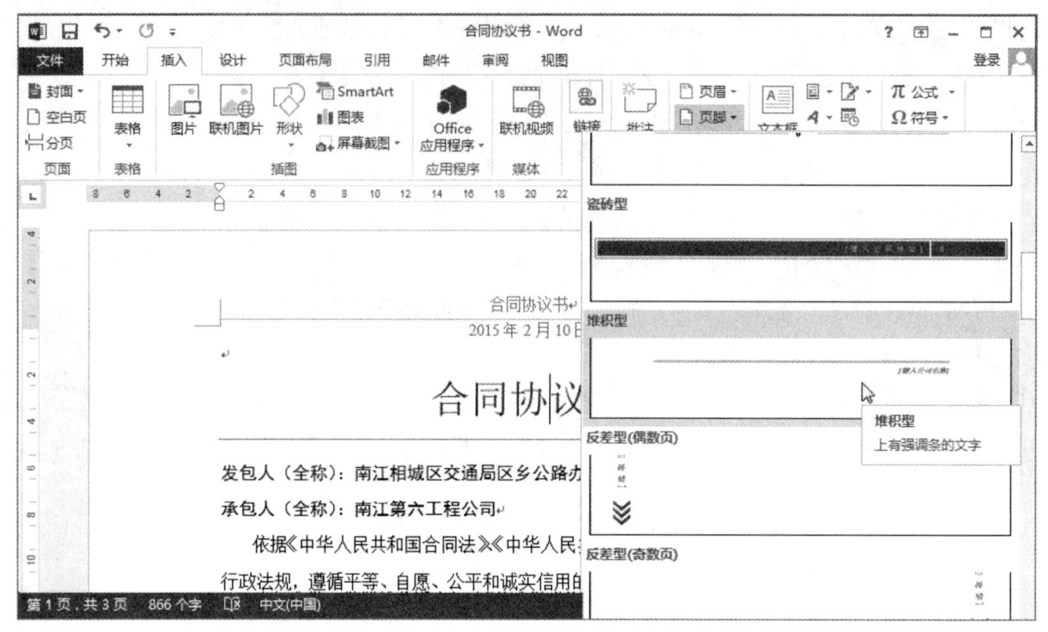

图 5-79 “页脚”下拉列表

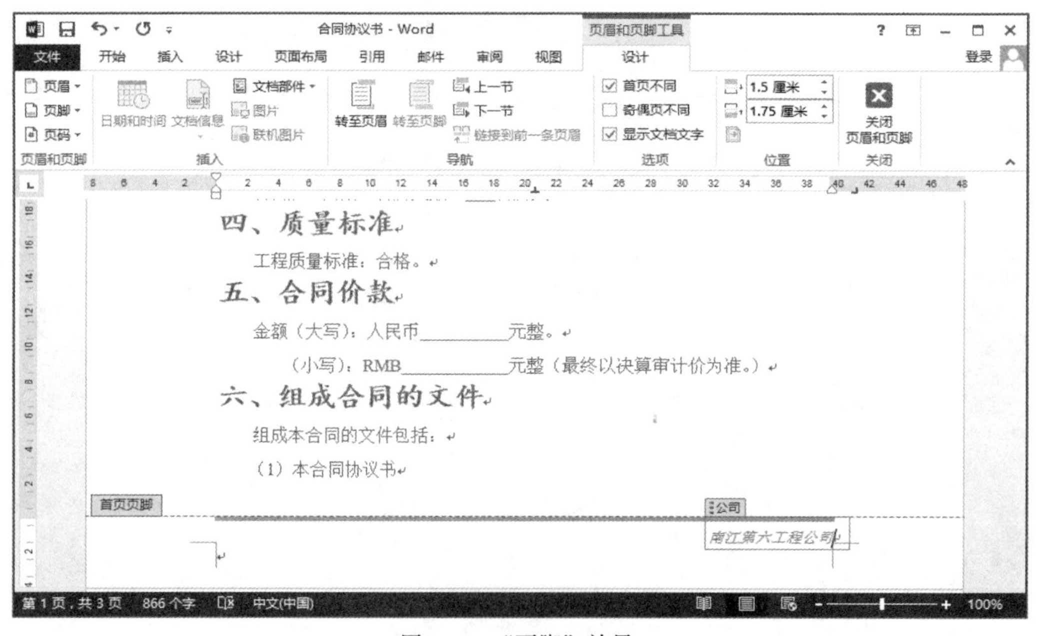

图 5-80 “页脚”效果

③ 插入奇偶页页眉或页脚。还可以根据实际情况，灵活设置奇偶页不同的页眉或页脚。

打开文档，单击“插入”选项卡，在“页眉和页脚”组中单击“页眉”下拉按钮，在打开的下拉列表中选择“编辑页眉”选项，打开“页眉和页脚-设计”选项卡，选中“首页不同”和“奇偶页不同”复选框，如图 5-81 所示。

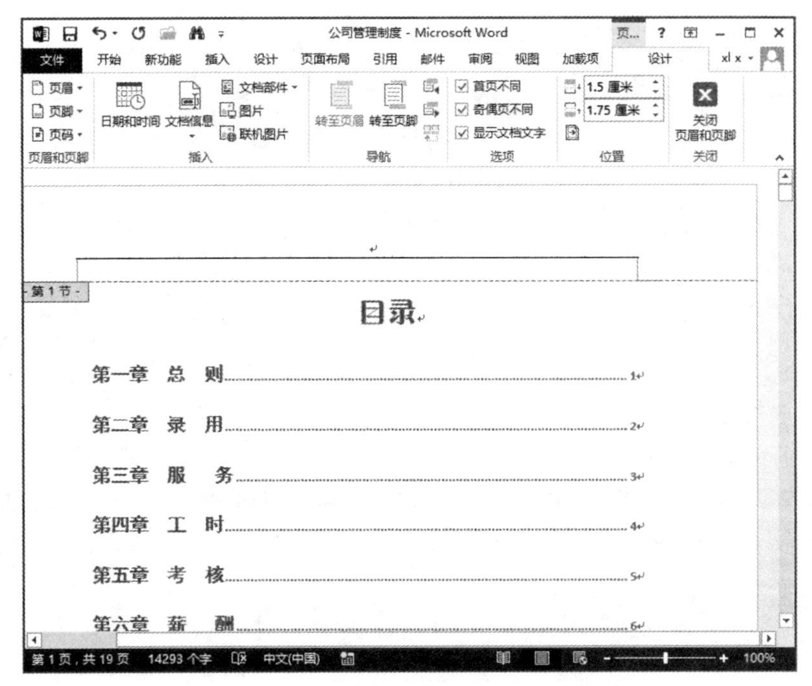

图 5-81　“页眉和页脚-设计”选项卡

将光标分别定位在奇数页和偶数页页眉区域，分别设置奇数页和偶数页眉文字和图片，如图 5-82 所示。

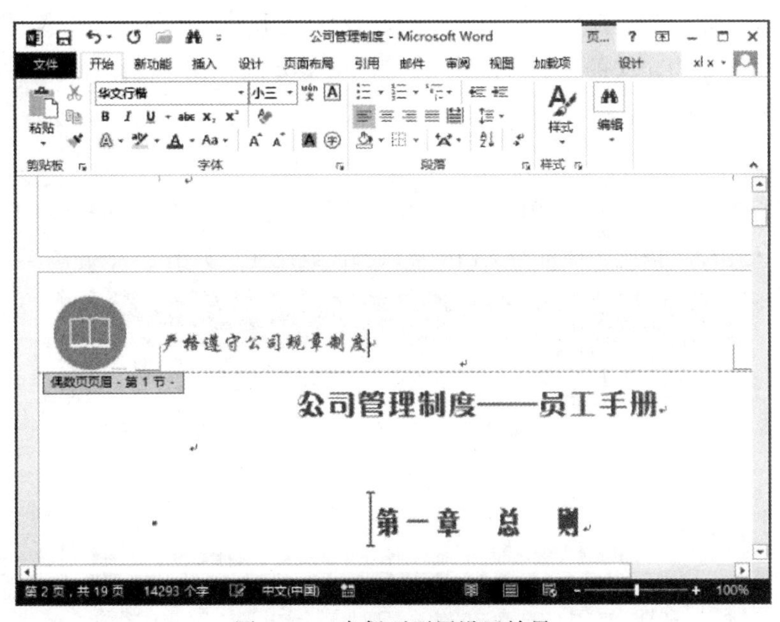

图 5-82　奇偶页页眉设置效果

④ 插入页码。选择“插入”选项卡，在“页眉和页脚”组中单击“页码”下拉按钮，在打开的下拉列表中选择“设置页码格式”选项，打开“页码格式”对话框进行设置，如图 5-83 和图 5-84 所示。

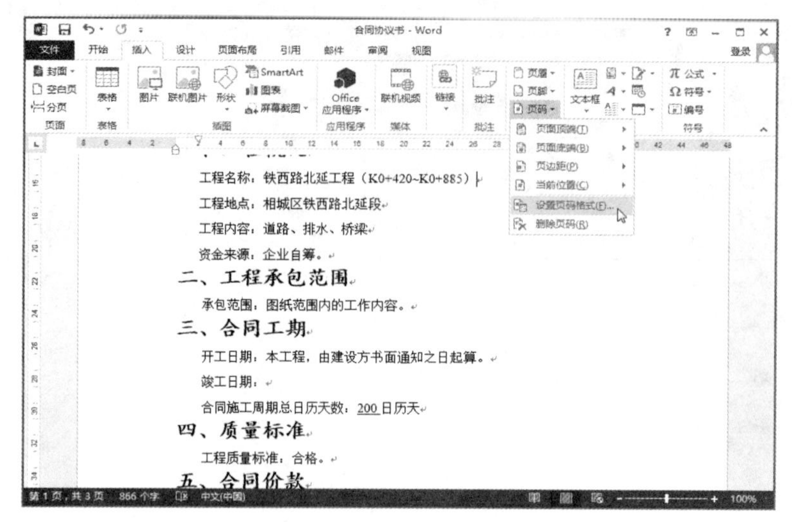

图 5-83 “页码”下拉列表

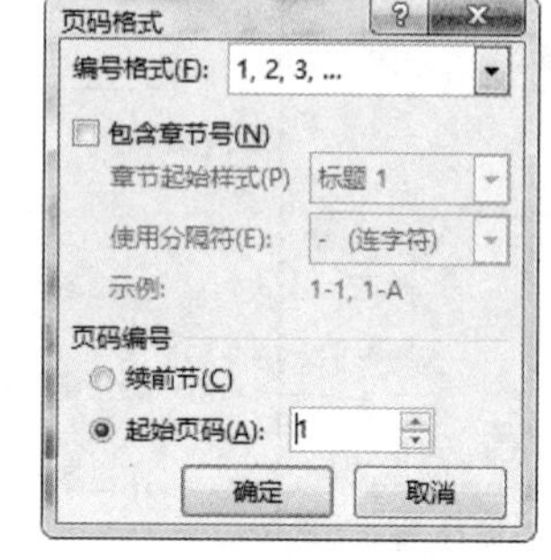

图 5-84 “页码格式”对话框

3. 脚注和尾注

（1）任务提出

创建文档，为文档添加、修改、删除脚注和尾注。

脚注一般位于页面的底部，可以作为文档某处内容的注释；尾注一般位于文档的末尾，列出引文的出处等。

脚注和尾注由两个关联的部分组成，包括注释引用标记和其对应的注释文本。用户可让 Word 自动为标记编号或创建自定义的标记。在添加、删除或移动自动编号的注释时，Word 将对注释引用标记重新编号。

（2）操作步骤

① 添加脚注和尾注。在 Word 2013 中，打开“引用”选项卡，在“脚注”组中单击“插入脚注”按钮或“插入尾注”按钮，即可在文档中插入脚注或尾注，如图 5-85 和图 5-86 所示。

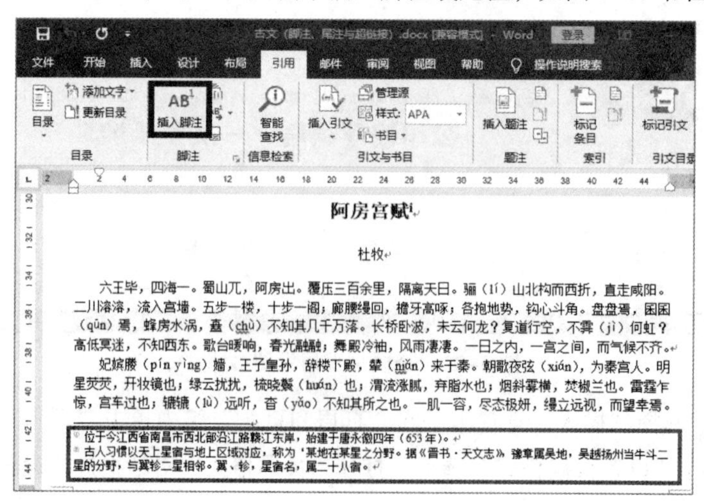

图 5-85 “脚注”效果

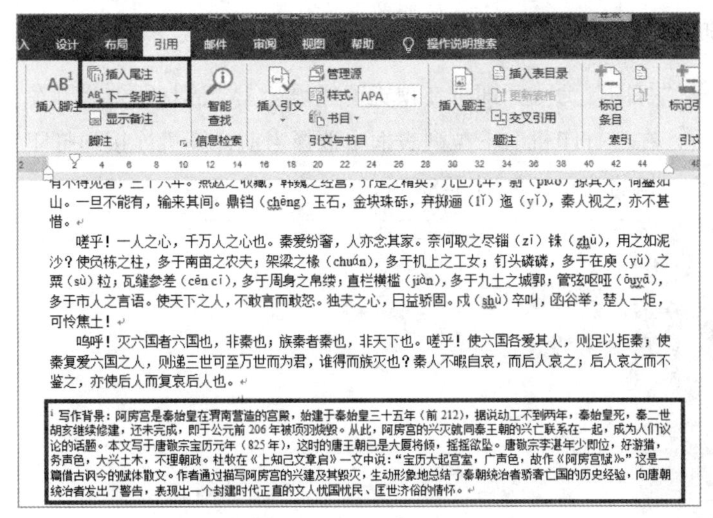

图 5-86　"尾注"效果

② 修改尾注、脚注。单击"引用"选项卡"脚注"组右下角的对话框启动器按钮，打开"脚注和尾注"对话框，在对话框中对尾注、脚注的编号进行修改，如图 5-87 所示。

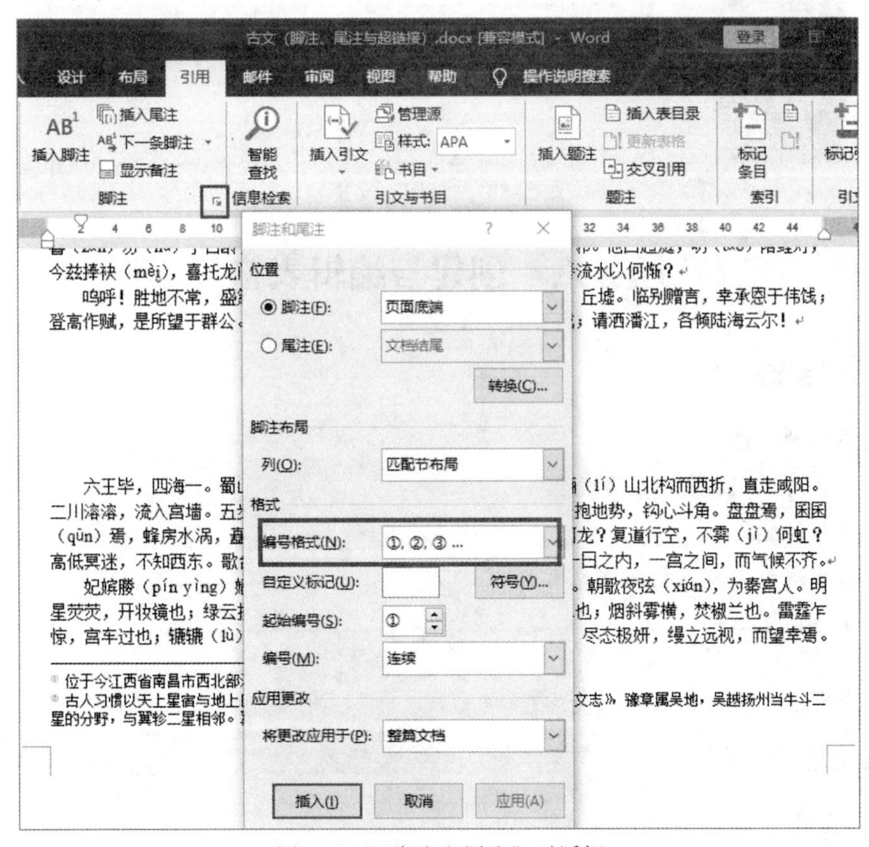

图 5-87　"脚注和尾注"对话框

③ 删除尾注、脚注。删除尾注和脚注不能在横线下方删除其内容，而是要在文档中删除其编号。

4．预览和打印文档

选择“文件”→“打印”命令，即可在预览窗口预览文档的打印效果，在“份数”文本框中设置打印文档的份数，在“打印机”下拉列表框中选择当前计算机连接的打印机，然后单击“打印”按钮，即可开始文档的打印，如图 5-88 所示。

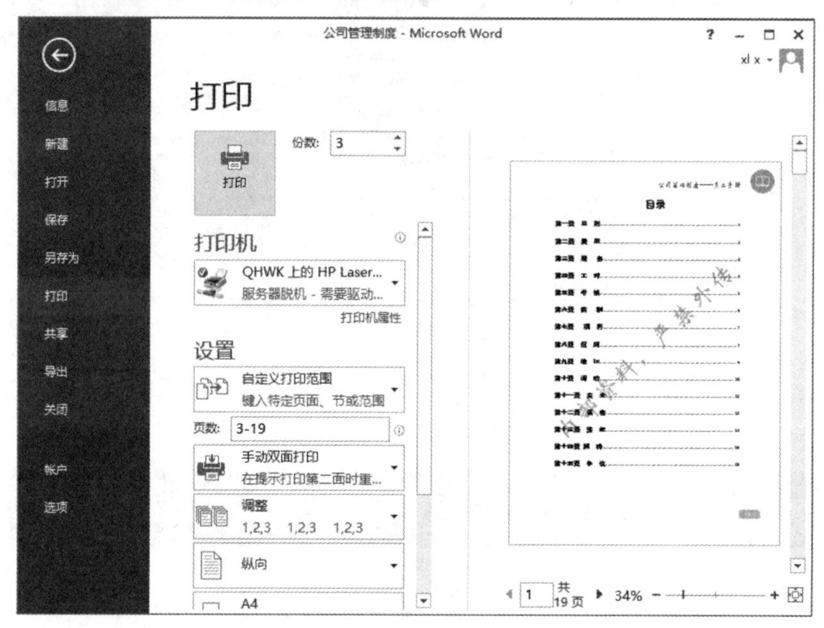

图 5-88 “打印”设置

任务六 创建与编辑表格

任务技能目标

- 掌握表格的创建
- 掌握选择行、列、表格和单元格
- 掌握表格的编辑
- 掌握在表格中输入内容并设置格式
- 掌握表格的美化

任务实施

1．创建表格

（1）任务提出

创建文档，在文档中插入表格。

表格通常用来组织和显示信息，它由行和列的单元格组成，可以在单元格中输入文字和插入图片。Word 2013 提供了强大的表格功能，方便用户制作各种表格，而且可以根据需要随意修改。

表格制作有自动制表和手动制表。自动制表适用于比较规则的表格，手动制表适用于不规则的表格，也可以两者结合使用，根据实际情况选择合适的制作方法。

（2）操作要点分析

插入表格的方法有 3 种：直接创建、通过对话框创建和手动绘制。如果需要将表格尺寸设置为默认的表格大小，则在“插入表格”对话框中选中“为新表格记忆此尺寸”复选框即可。

（3）操作步骤

① 直接创建表格。单击“插入”选项卡，在“表格”组中单击“表格”下拉按钮，在打开的下拉列表中选择要插入表格的行列数，例如 5×4 表格，即可在文档中显示插入所选行列数的表格，如图 5-89 和图 5-90 所示。

图 5-89　“表格”下拉列表

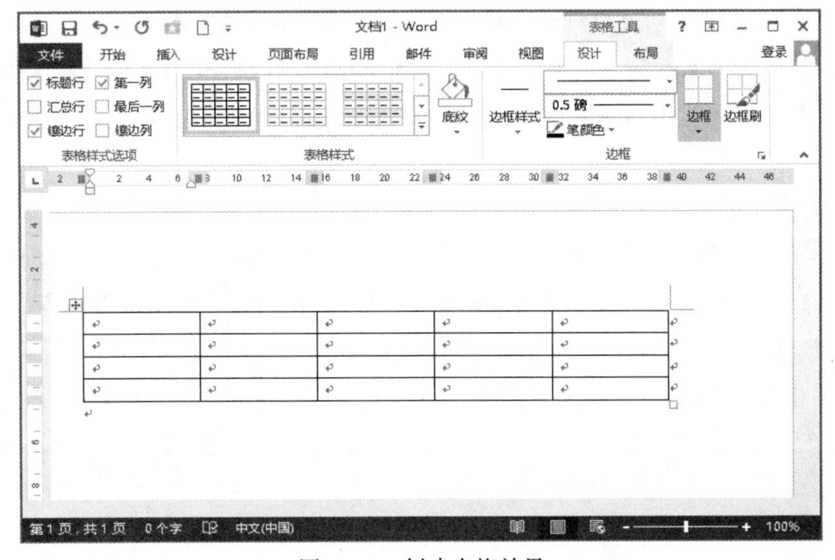

图 5-90　创建表格效果

② 通过对话框创建表格。通过“插入表格”对话框可以设置插入表格的任意行数和列数，也可以设置表格的自动调整方式。

单击“插入”选项卡，在“表格”组中单击“表格”下拉按钮，在打开的下拉列表中选择“插入表格”选项，打开“插入表格”对话框，在“表格尺寸”选项区域中可以设置表格的列数和行数，单击“确定”按钮，如图 5-91 所示，即可插入指定列数和行数的表格。

③ 手动绘制表格。单击“插入”选项卡，在“表格”组中单击“表格”下拉按钮，在打开的下拉列表中选择“绘制表格”选项。此时鼠标指针变为铅笔形状，按住鼠标左键拖动鼠标，随着鼠标指针的移动，会出现一个虚线框随着鼠标指针变化，如图 5-92 所示。

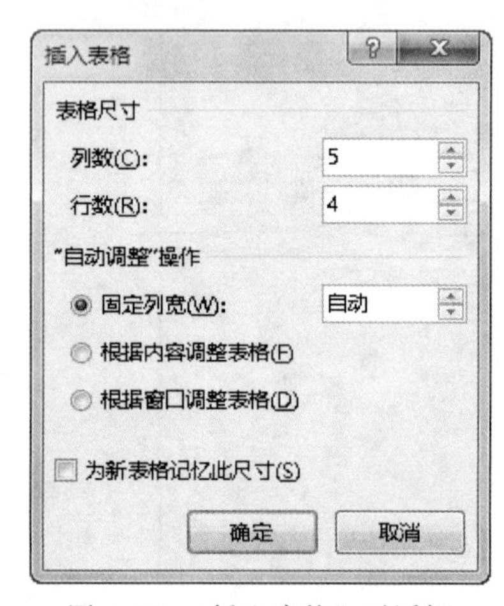

图 5-91 “插入表格”对话框

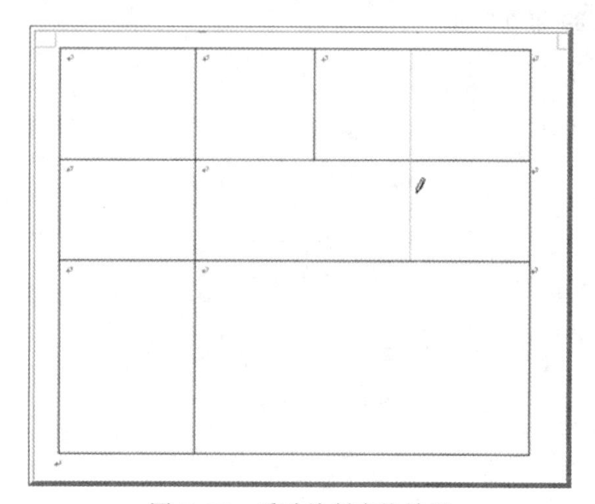

图 5-92 手动绘制表格效果

2. 编辑表格

（1）任务提出

表格创建完成后，需要对其进行编辑修改操作，以满足不同的需要。

创建好表格后，将光标放置在表格的任意一个单元格中，在 Word 2013 的功能区中将出现“表格工具–设计”和“表格工具–布局”选项卡，对表格的大多数编辑和美化操作都可以利用这两个选项卡实现。

（2）操作要点分析

如果选取某个单元格后，按 Delete 键，只会删除该单元格的内容，不会从结构上删除该单元格。打开“删除单元格”对话框，选择相应的命令，可从结构上删除单元格及内容。

（3）操作步骤

① 选择表格对象。在 Word 中可以使用不同的方式选择表格对象，其中包括选择单个单元格、选择一行单元格、选择一列单元格、选择不连续的多个单元格，以及选择整个表格，如表 5-4 所示。

表 5-4　选择表格对象

选 择 对 象	操 作 方 法
选择整个表格	将鼠标指针移至表格上方，此时表格左上方将显示⊞控制柄，单击该控制柄即可选中整个表格
选择行	将鼠标指针移至所选行左边界的外侧，待指针变成↗形状后单击；如果此时按住鼠标左健上下拖动，则可选中多行
选择列	将鼠标指针移至所选列的顶端，将指针变成⬇形状后单击；如果此时按住鼠标并左右拖动，则可选中多列
选择单个单元格	将鼠标指针移至单元格左边框，待指针变成↗形状后单击；若此时双击，则可选中该单元格所在的一整行
选择连续的单元格区域	方法 1：在所选单元格区域的第 1 个单元格中单击，然后按住 Shift 键的同时单击所选单元格区域的最后一个单元格 方法 2：将鼠标指针移至所选单元格区域的第 1 个单元格中，按住鼠标左键不放向其他单元格拖动，则鼠标指针经过的单元格均被选中
选择不连续的单元格或单元格的区域	按住 Ctrl 键，然后使用上述方法依次选择单元格或单元格区域

② 在表格中输入文本。将光标定位到单元格中，即可输入文本，如图 5-93 所示。

天一公司员工信息员

序号					

图 5-93　输入文本效果

③ 调整行高和列宽。将鼠标指针置于要调整的单元格水平边线上，当指针呈现上下箭头÷形状时，拖动鼠标即可调整行高，如图 5-94 所示；将鼠标指针置于要调整的单元格垂直边线上，当指针呈现左右箭头形状⫲时，拖动鼠标即可调整列宽，如图 5-95 所示。

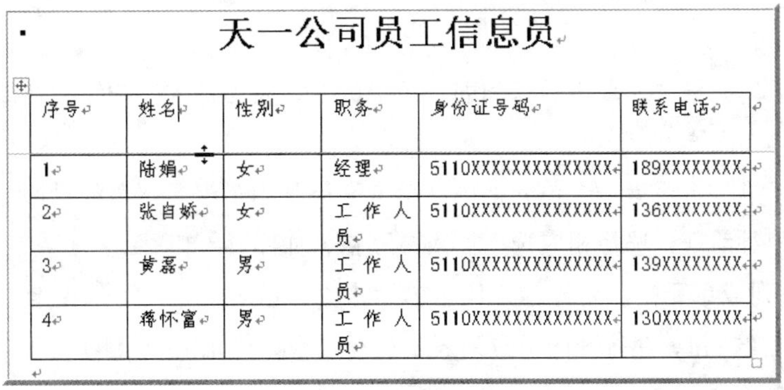

天一公司员工信息员

序号	姓名	性别	职务	身份证号码	联系电话
1	陆娟	女	经理	5110XXXXXXXXXXXXXX	189XXXXXXXX
2	张自娇	女	工作人员	5110XXXXXXXXXXXXXX	136XXXXXXXX
3	黄磊	男	工作人员	5110XXXXXXXXXXXXXX	139XXXXXXXX
4	蒋怀富	男	工作人员	5110XXXXXXXXXXXXXX	130XXXXXXXX

图 5-94　调整行高

天一公司员工信息员

序号	姓名	性别	职务	身份证号码	联系电话
1	陆娟	女	经理	5110XXXXXXXXXXXXXX	189XXXXXXXX
2	张自娇	女	工作人员	5110XXXXXXXXXXXXXX	136XXXXXXXX
3	黄磊	男	工作人员	5110XXXXXXXXXXXXXX	139XXXXXXXX
4	蒋怀富	男	工作人员	5110XXXXXXXXXXXXXX	130XXXXXXXX

图 5-95 调整列宽

④ 在表格中插入行、列和单元格。

将光标定位于单元格中，单击“布局”选项卡，在“行和列”组中单击“在下方插入”按钮，在该行的下方将插入一行空白单元格，如图 5-96 所示。

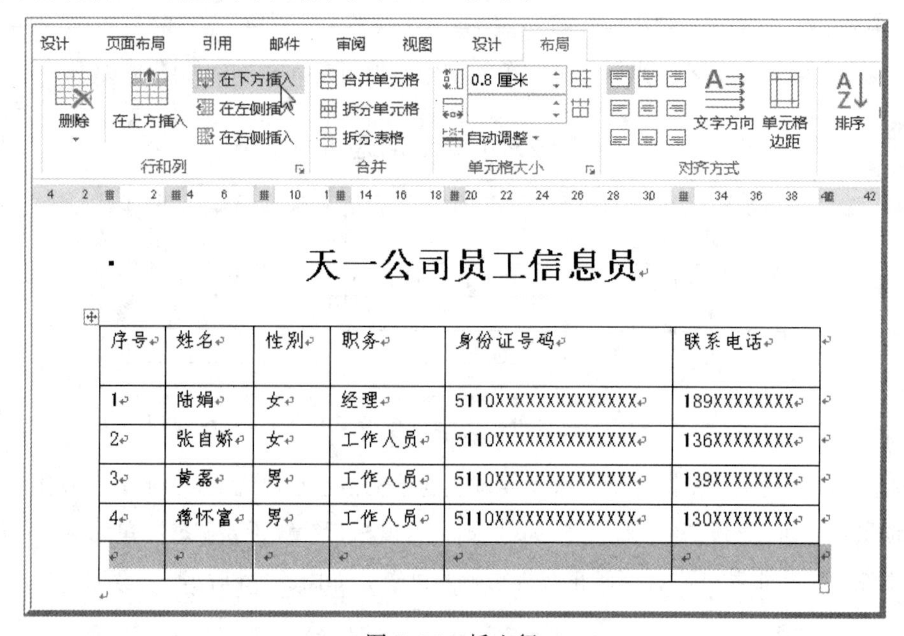

天一公司员工信息员

序号	姓名	性别	职务	身份证号码	联系电话
1	陆娟	女	经理	5110XXXXXXXXXXXXXX	189XXXXXXXX
2	张自娇	女	工作人员	5110XXXXXXXXXXXXXX	136XXXXXXXX
3	黄磊	男	工作人员	5110XXXXXXXXXXXXXX	139XXXXXXXX
4	蒋怀富	男	工作人员	5110XXXXXXXXXXXXXX	130XXXXXXXX

图 5-96 插入行

将光标定位于单元格中，单击“行和列”组中的“在右侧插入”按钮，在该列的右侧将插入一列空白单元格，如图 5-97 所示。

将光标定位于第一行最后一个单元格中，单击“行和列”组右下角的对话框启动器按钮，打开“插入单元格”对话框，选择相应选项插入单元格，如图 5-98 所示。

⑤ 删除行、列或单元格。将光标定位于单元格中，单击“布局”选项卡，在“行和列”组中单击“删除”下拉按钮，在打开的下拉列表中选择“删除单元格”“删除行”“删除列”“删除表格”选项，如图 5-99 所示。

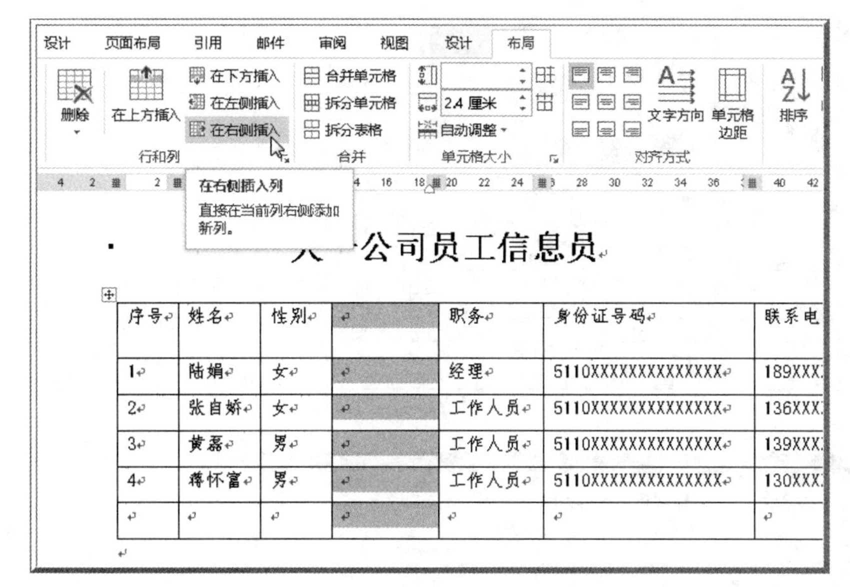

图 5-97　插入列

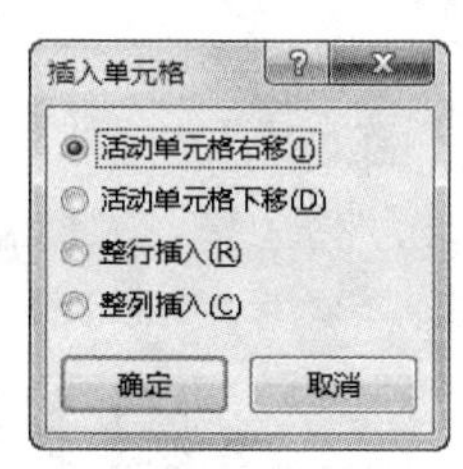

图 5-98　“插入单元格”对话框

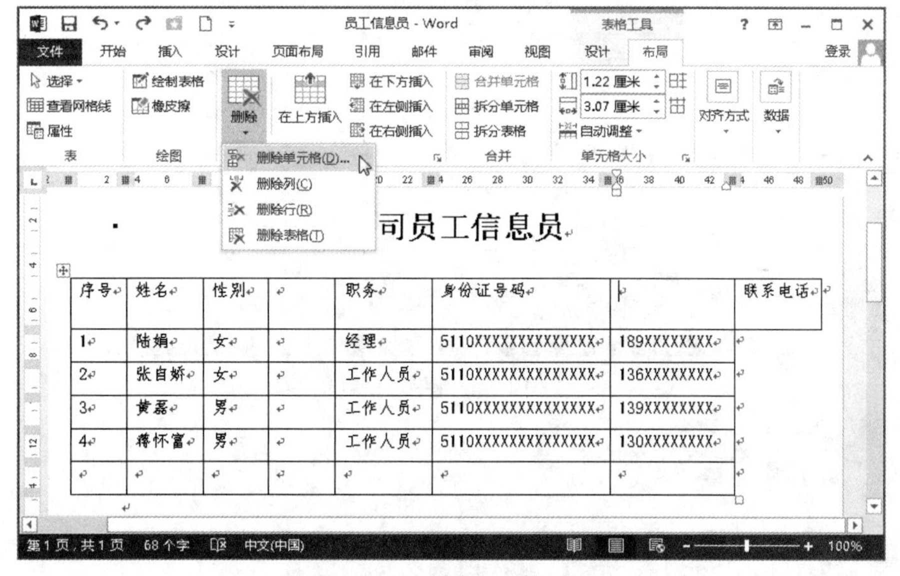

图 5-99　“删除”下拉列表

⑥ 合并和拆分表格。合并：选中多个单元格，单击“布局”选项卡，在“合并”组中单击“合并单元格”按钮，如图 5-100 和图 5-101 所示。

拆分：选中一个单元格，单击“布局”选项卡，在“合并”组中单击“拆分单元格”按钮。

⑦ 设置表格对齐方式。将光标定位于表格的任意单元格中，单击“布局”选项卡，单击“单元格大小”组右下角的对话框启动器按钮，打开“表格属性”对话框，如图 5-102 所示。

⑧ 设置单元格内容对齐方式。将光标定位于表格的任意单元格中，单击“布局”选项卡，单击“对齐方式”组的相应按钮，如图 5-103 所示。

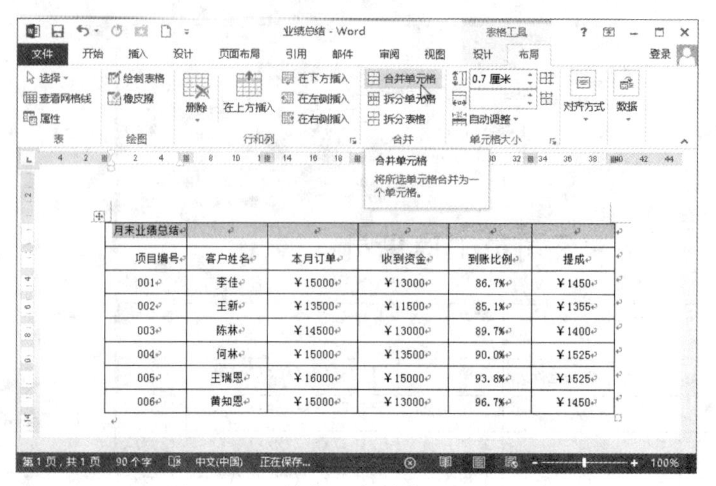

图 5-100　单击“合并单元格”按钮

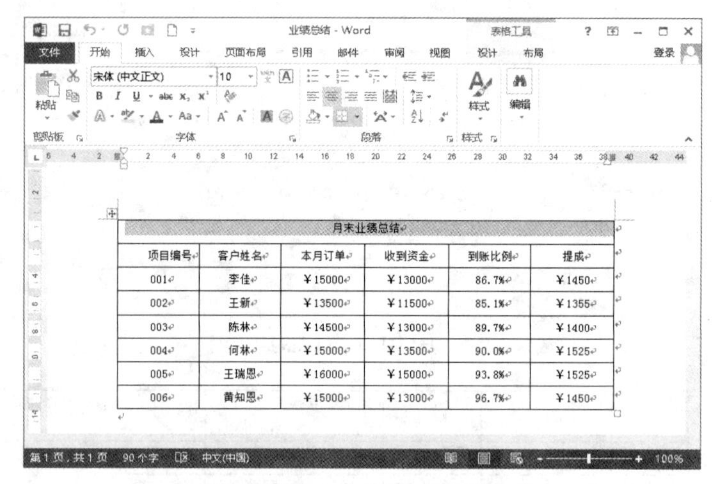

图 5-101　合并单元格效果

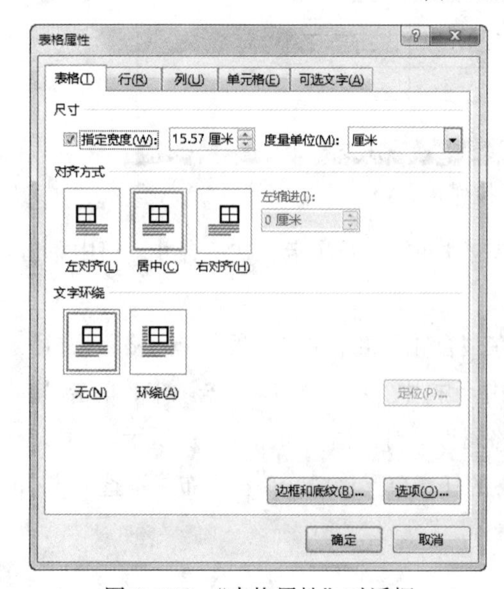

图 5-102　“表格属性”对话框

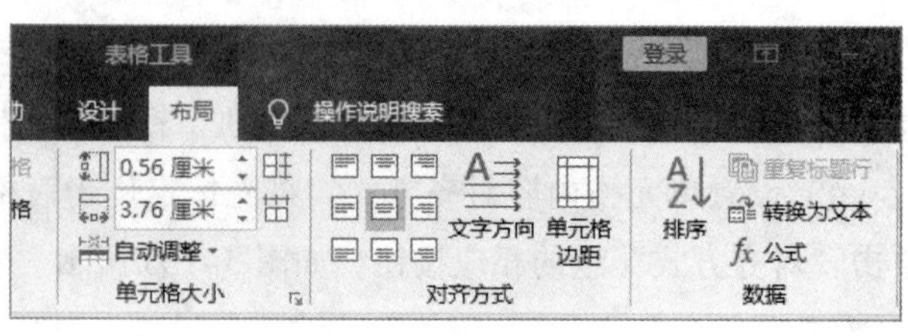

图 5-103　“对齐方式”组

⑨ 绘制表格斜线。单击“设计”选项卡，在“边框”组中单击“边框”下拉按钮，在打开的下拉列表中选择“斜下框线”选项，如图 5-104 所示。

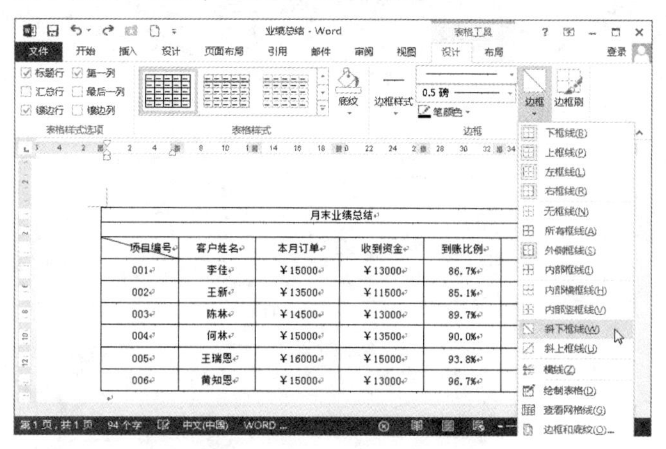

图 5-104 “边框”下拉列表

思考：如何设置在每一页中都显示表格标题？

有时候表格中的统计项目很多，表格过长可能会分在两页或者多页显示，然而从第 2 页开始表格就没有标题行了。这种情况下，查看表格数据时很容易混淆。也就是说，在制作表格时，需要在每一张纸上的表格第一行上都要显示出标题。在 Word 中可以使用“标题行重复”来解决这个问题。

3. 美化表格

（1）任务提出

在“销售统计表”文档中，设置表格边框和单元格底纹。

（2）操作步骤

① 设置表格边框和底纹。选中整个表格，选择“设计”选项卡，在“边框”组中单击“边框”下拉按钮，在打开的下拉列表中选择“边框和底纹”选项，打开“边框和底纹”对话框，如图 5-105 和图 5-106 所示，在“边框”和“底纹”选项卡中进行相应的设置。

图 5-105 “边框”下拉列表

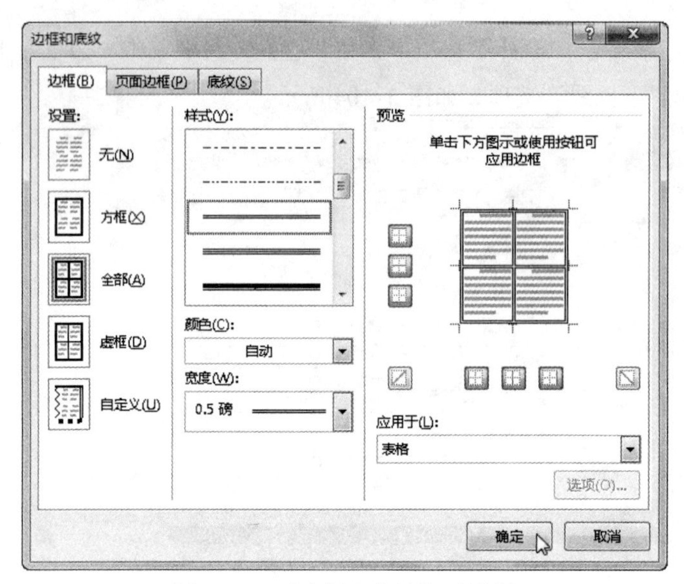

图 5-106 “边框和底纹”对话框

② 使用表格样式。将光标定位于表格的任意位置，单击“设计”选项卡，在“表格样式”列表框中单击样式选项，如图 5-107 和图 5-108 所示。

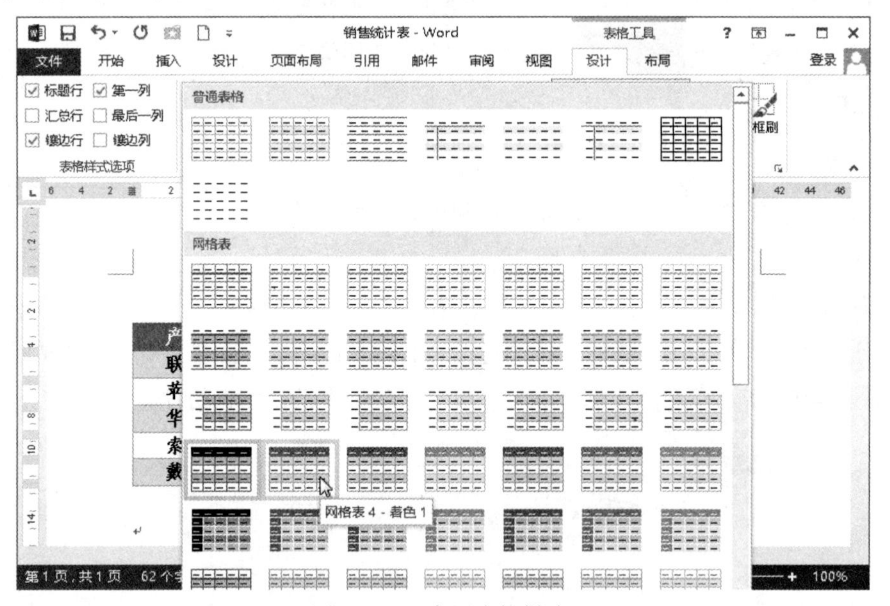

图 5-107 套用表格样式

4. 表格数据计算与排序

① 计算表格中的数据。将光标定位于单元格中，单击“布局”选项卡，在“数据”组中单击“公式”按钮，打开“公式”对话框，其中已经自动输入了公式“=SUM(LEFT)”，表示对左侧的数据进行求和，如图 5-109 和图 5-110 所示。

图 5-108　表格样式

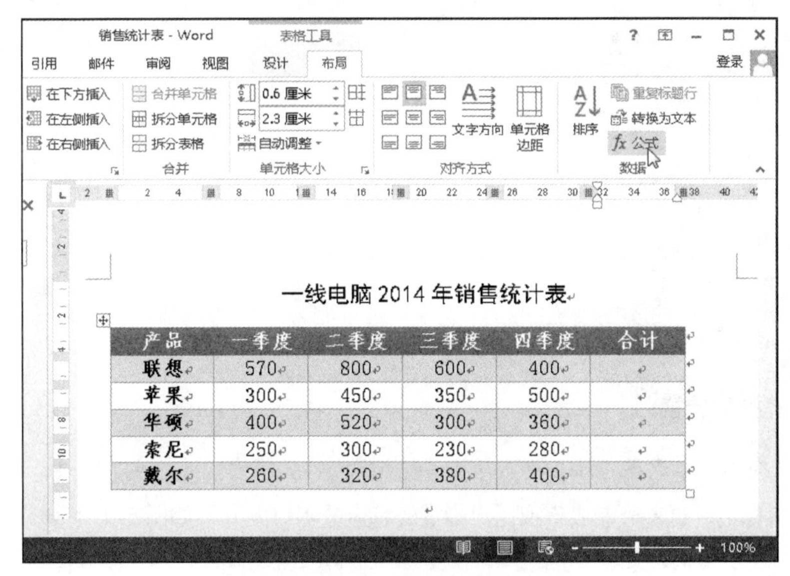

图 5-109　“公式”按钮

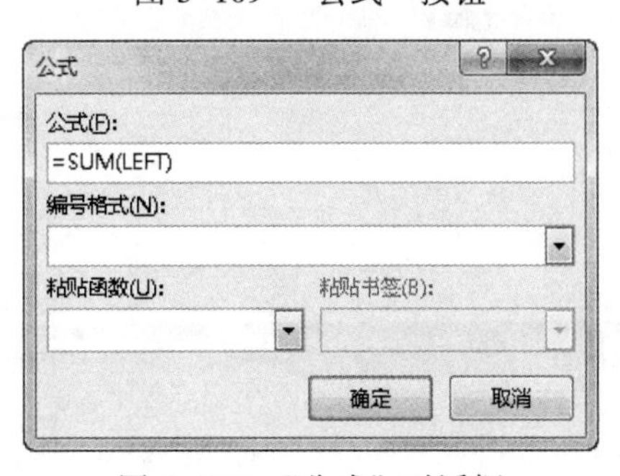

图 5-110　“公式”对话框

② 对表格数据进行排序。在表格中选择要排序的单元格区域，单击“布局”选项卡，在“数据”组中单击“排序”按钮，打开“排序”对话框，如图 5-111 和图 5-112 所示。

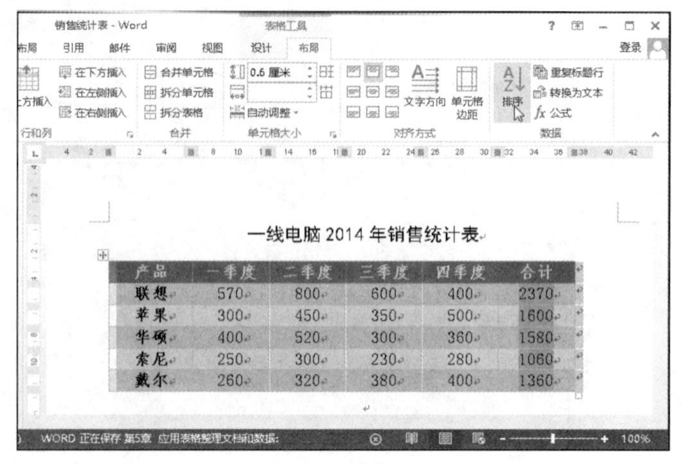

图 5–111 “排序”按钮

图 5–112 “排序”对话框

5. 文本与表格的转换

① 将表格转换为文本。在 Word 中，可以将表格的内容转换为普通的文本段落，并将原来各单元格中的内容用段落标记、逗号、制表符或用户指定的特定分隔符隔开，如图 5–113 和图 5–114 所示。

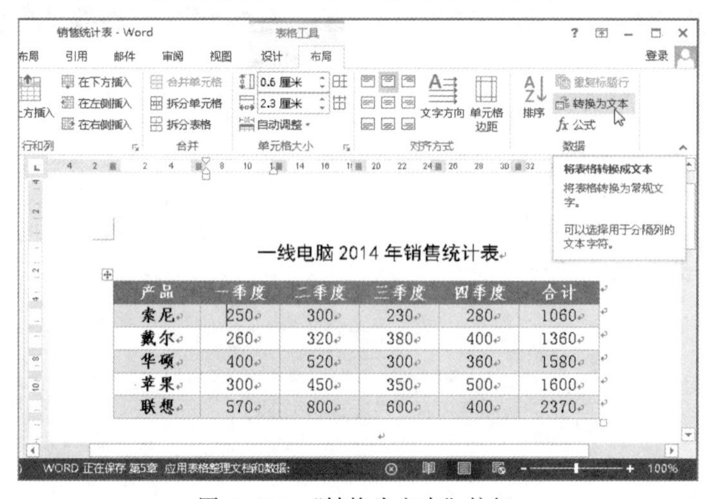

图 5–113 “转换为文本”按钮

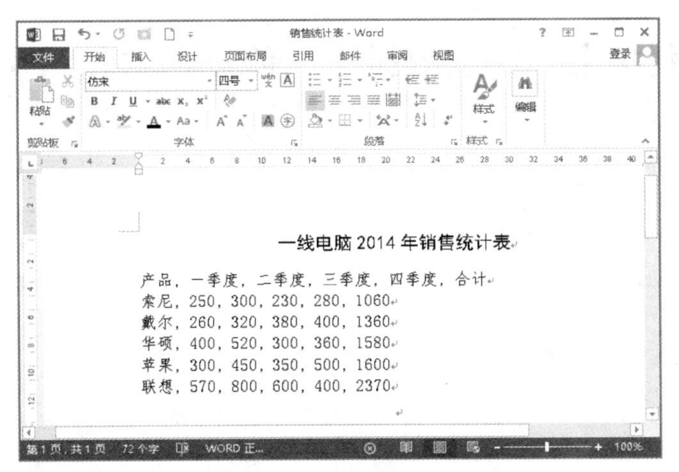

图 5-114 表格转换为文本效果

② 将文本转换为表格。在 Word 中，不仅可以将表格转换为文本，也可以将用段落标记、逗号、制表符或其他特定字符隔开的文本转化为表格，如图 5-115 和图 5-116 所示。

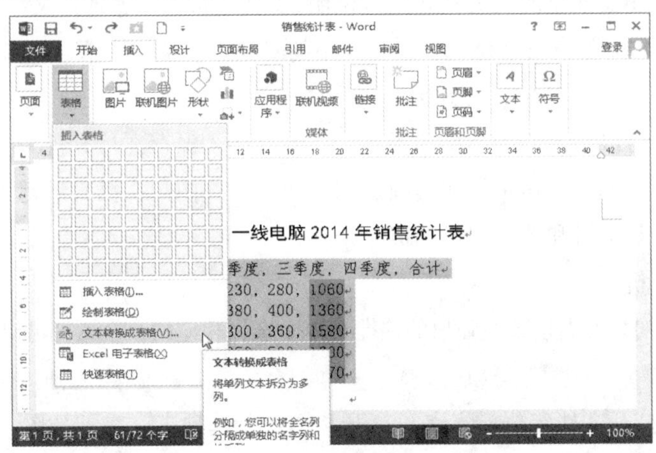

图 5-115 “文本转换成表格”命令

产品	一季度	二季度	三季度	四季度	合计
索尼	250	300	230	280	1060
戴尔	260	320	380	400	1360
华硕	400	520	300	360	1580
苹果	300	450	350	500	1600
联想	570	800	600	400	2370

图 5-116 文本转换成表格效果

任务七　图文混排——修饰形状和图片

任务技能目标

✍ 掌握图片、形状的编辑与美化

✍ 会使用 SmartArt 图形

任务实施

1. 图文混排

（1）任务提出

创建文档，为文本插入图片、形状。

图文混排是文字与图片的混合排版，是 Word 中常见的排版形式，也是实现复杂排版的基础。

在此对 Word 中图文混排的有关概念进行说明。“文”指的是普通的文字或字符。“图”泛指除“文”之外，所有可以随意移动位置、改变大小的对象，包括文本框、艺术字、形状、图片等，其特征可以概括为“选中后有 8 个控制点”。

在 Word 2013 中可以插入两种类型的图片：一种是插入保存在计算机中的图片；另一种是插入 Office 软件自带或来自 Internet 的剪贴画。无论插入什么图片，插入后都可对图片进行各种编辑和美化操作，方法与编辑和美化图形相似。

（2）操作要点分析

选择图形、图片对象并右击，在弹出的快捷菜单中选择相应的命令，即可对其进行相应的设置。

（3）操作步骤

① 插入图片。打开文档定位插入点，打开“插入”选项卡，在“插图”组中单击“图片”按钮，如图 5-117 所示。

图 5-117　“图片”按钮

在打开的“插入图片”对话框中选择图片，单击“插入”按钮。

选中文档中插入的图片，利用“格式”选项卡对图片进行相应的设置，如图 5-118 所示。

选中图片，单击“环绕文字”下拉按钮，在打开的下拉列表中选择“四周型”选项，如图 5-119 所示。

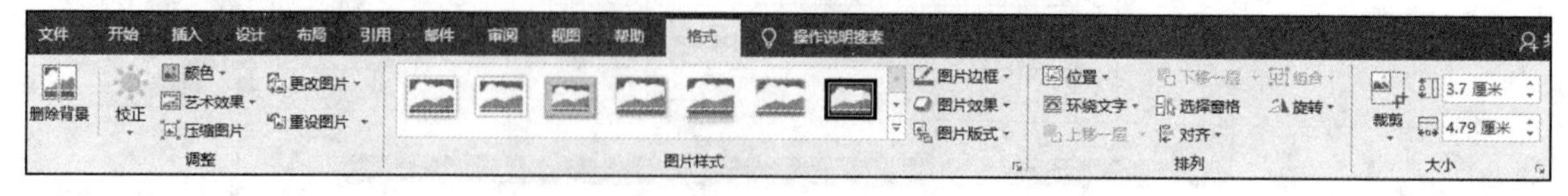

图 5-118　“格式”选项卡

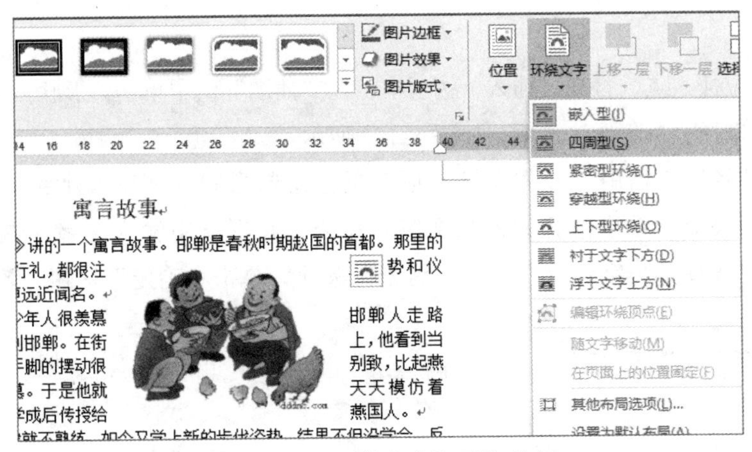

图 5-119　“环绕文字”下拉列表

单击图片并按住不放调整其位置，效果如图 5-120 所示。

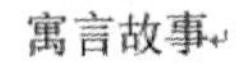

寓言故事

这句成语出自《庄子·秋水》讲的一个寓言故事。邯郸是春秋时期赵国的首都。那里的人非常注意礼仪，无论是走路、行礼，都很注重姿势和仪表。因此，当地人走路的姿势便远近闻名。

在燕国的寿陵地方，有个少年人很羡慕邯郸人走路的姿势，他不顾路途遥远，来到邯郸。在街上，他看到当地人走路的姿势稳健而优美，手脚的摆动很别致，比起燕国走路好看多了，心中非常羡慕。于是他就天天模仿着当地人的姿势学习走路，准备学成后传授给燕国人。

但是，这个少年原来的步伐就不熟练，如今又学上新的步伐姿势，结果不但没学会，反而连自己以前的步伐也搞乱了。最后他竟然弄到不知怎样走路才是，只好垂头丧气地爬回燕国去了。

图 5-120　图片效果

“图片工具-格式”兼容模式选项卡如图 5-121 所示。

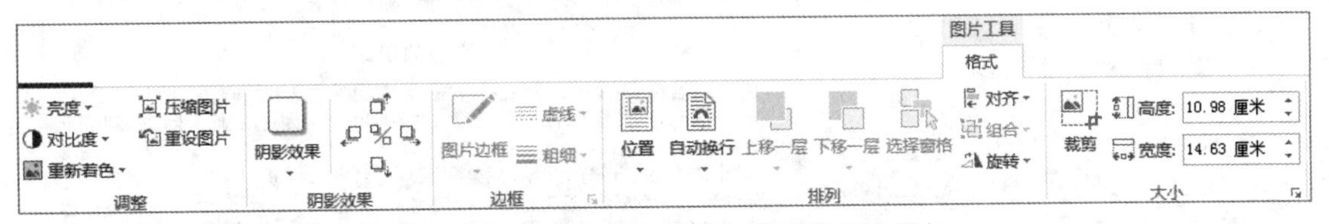

图 5-121　“图片工具-格式”兼容模式选项卡

思考：如何实现删除背景（抠图）效果（见图 5-122）？

图 5-122　图片抠图效果

② 插入形状。

打开文档定位插入点，打开“插入”选项卡，在“插图”组中单击“形状”下拉按钮，在打开的下拉列表中选择“折角形”选项，如图 5-123 所示。

将鼠标指针移至文档中，按住左键并拖动鼠标绘制形状并调整大小，选中绘制的形状右击，在弹出的快捷菜单中选择“添加文字”命令，在形状中输入文字。右击形状，在弹出的快捷菜单中选择“文字环绕”→“四周型”选项，单击“确定”按钮，效果如图 5-124 所示。

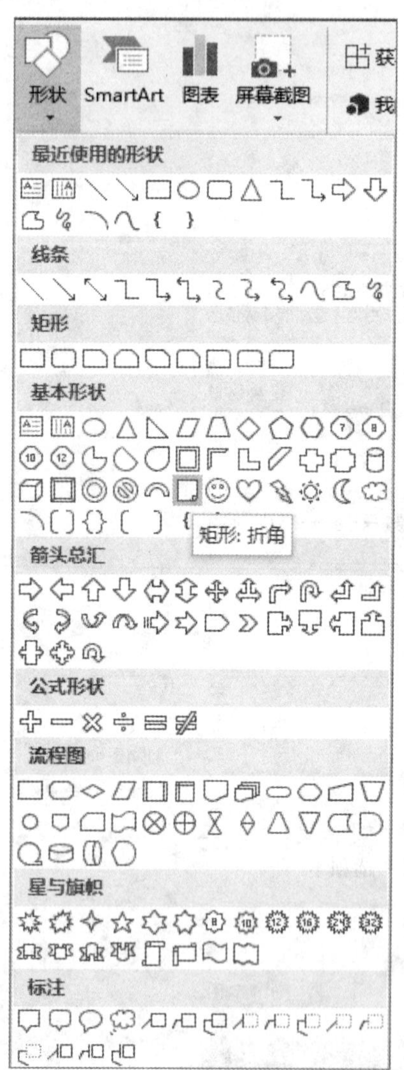

图 5-123 “形状”下拉列表

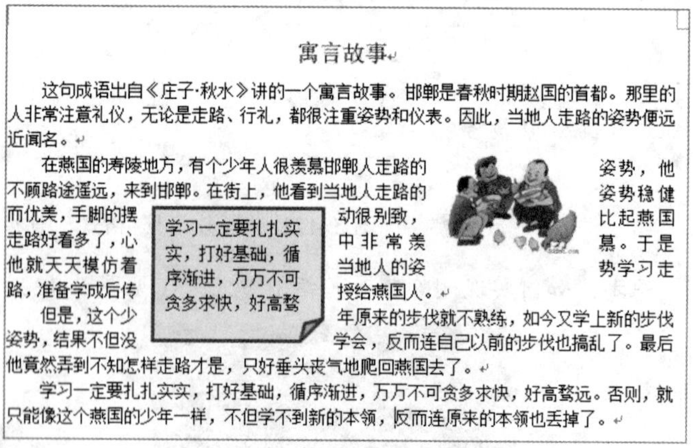

寓言故事

这句成语出自《庄子·秋水》讲的一个寓言故事。邯郸是春秋时期赵国的首都。那里的人非常注意礼仪，无论是走路、行礼，都很注重姿势和仪表。因此，当地人走路的姿势便远近闻名。

在燕国的寿陵地方，有个少年人很羡慕邯郸人走路的姿势，他不顾路途遥远，来到邯郸。在街上，他看到当地人走路的姿势稳健而优美，手脚的摆动很别致，比起燕国走路好看多了，心中非常羡慕。于是他就天天模仿着当地人的姿势学习走路，准备学成后传授给燕国人。

学习一定要扎扎实实，打好基础，循序渐进，万万不可贪多求快，好高骛

但是，这个少年原来的步伐就不熟练，如今又学上新的步伐姿势，结果不但没学会，反而连自己以前的步伐也搞乱了。最后他竟然弄到不知怎样走路才是，只好垂头丧气地爬回燕国去了。

学习一定要扎扎实实，打好基础，循序渐进，万万不可贪多求快，好高骛远。否则，就只能像这个燕国的少年一样，不但学不到新的本领，反而连原来的本领也丢掉了。

图 5-124 插入形状效果

思考：如何实现形状图形的变形（见图 5-125）？

思考：如何实现“编辑顶点”效果（见图 5-126）？

思考：如何实现图形组合（见图 5-127 和图 5-128）？

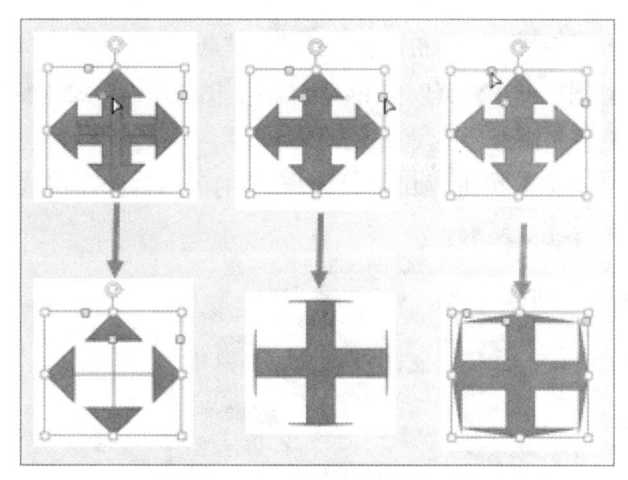

图 5-125 形状图形的变形效果

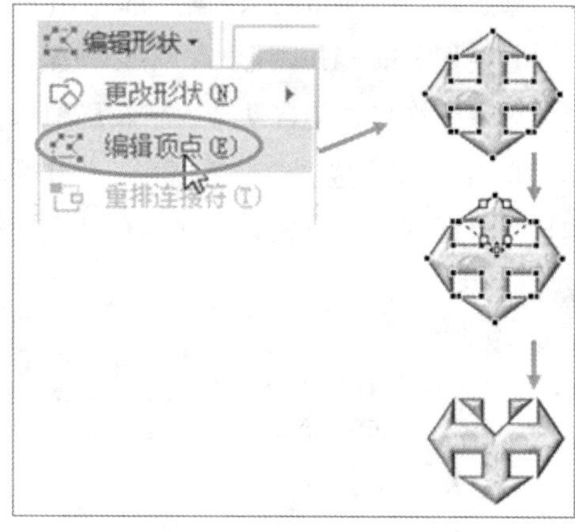

图 5-126 编辑顶点效果

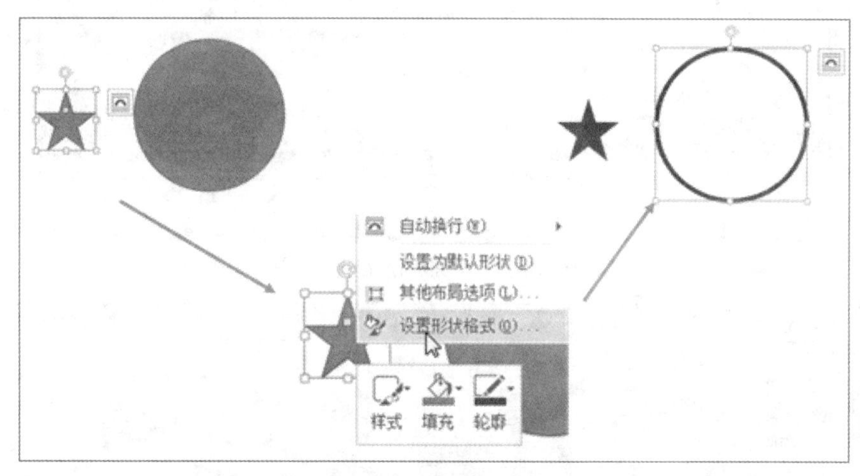

图 5-127 图形组合一

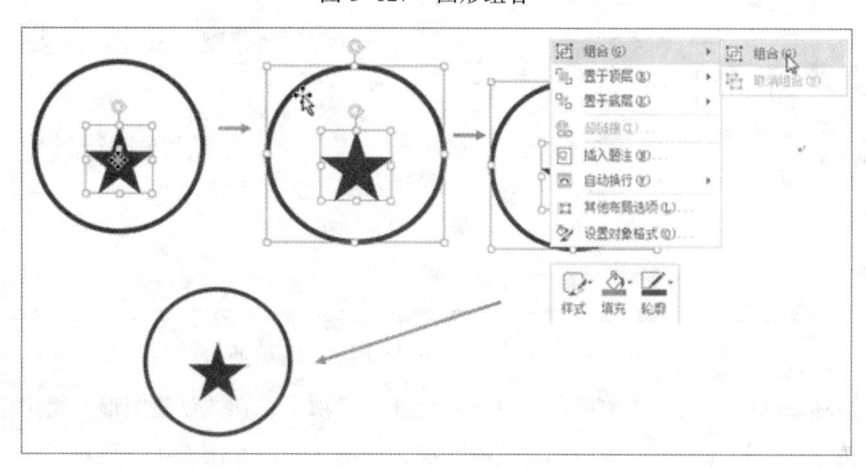

图 5-128 图形组合二

2. 使用 SmartArt 图形

① 创建 SmartArt 图形。SmartArt 图形是信息和观点的视觉表示形式，可以理解为智能图形。

可以通过多种不同布局来创建 SmartArt 图形，从而快速、轻松、有效地传达信息。

在使用 SmartArt 图形时，不必拘泥于一种图形样式，可以自由切换布局，图形中的样式、颜色、效果等格式将会自动带入新布局中，直到用户满意为止。

单击“插入”选项卡，在“插图”组中单击 SmartArt 按钮，如图 5-129 所示，打开“选择 SmartArt 图形”对话框，选择 SmartArt 图形选项，如图 5-130 所示。

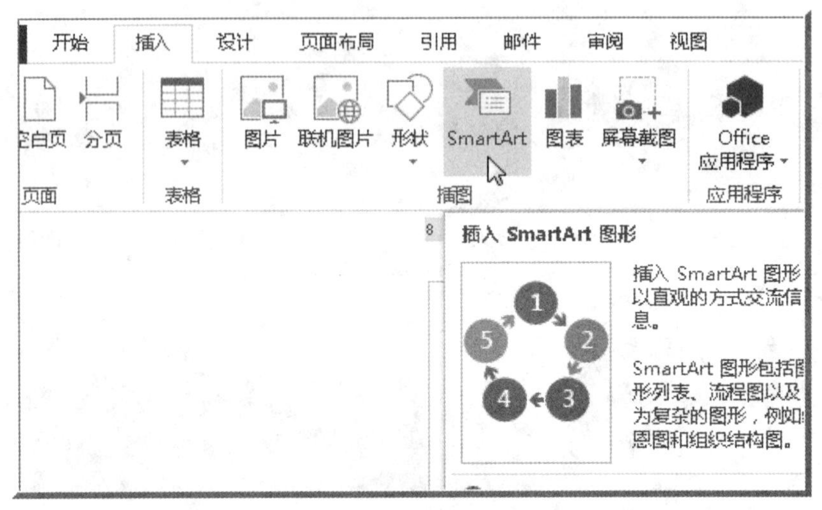

图 5-129 “SmartArt”按钮

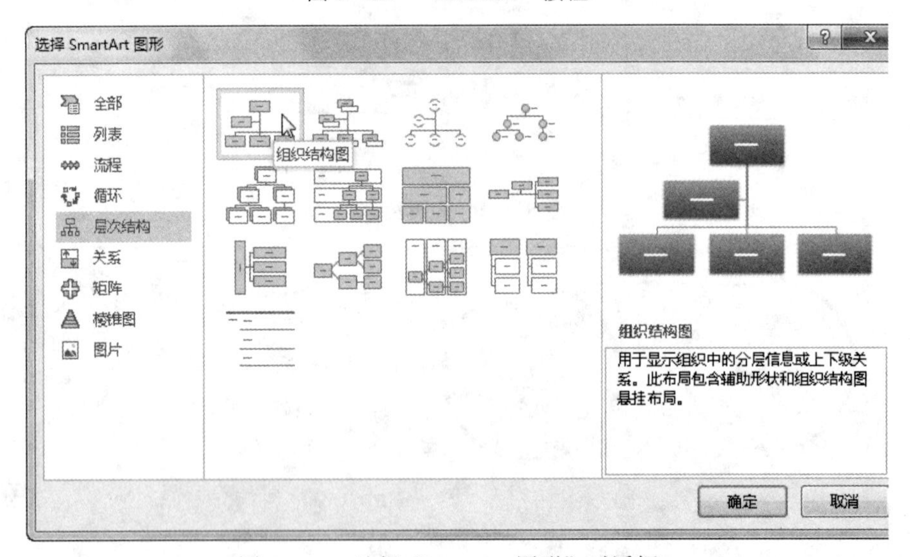

图 5-130 选择“SmartArt 图形”对话框

② 更改 SmartArt 布局。选中项目，单击“设计”选项卡，在“创建图形”组中单击“添加形状”下拉按钮，在打开下拉列表中选择更改选项，如图 5-131 和图 5-132 所示。

③ 使用 SmartArt 图形样式。选中 SmartArt 图形，单击“SMARTART 工具-设计”选项卡，在“SmartArt 样式”组中选择 SmartArt 样式选项，如图 5-133 和图 5-134 所示。

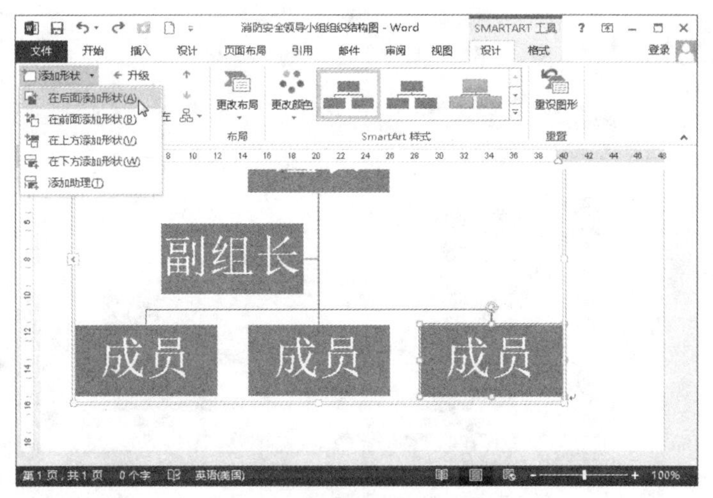

图 5-131　“添加形状”下拉列表

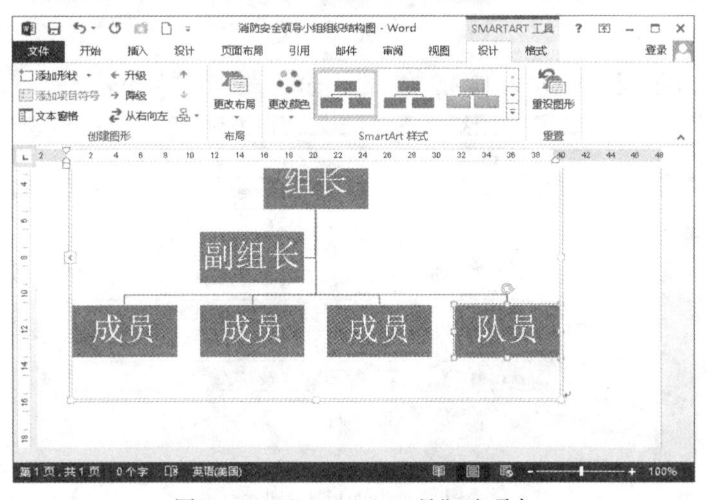

图 5-132　“SmartArt 工具”选项卡

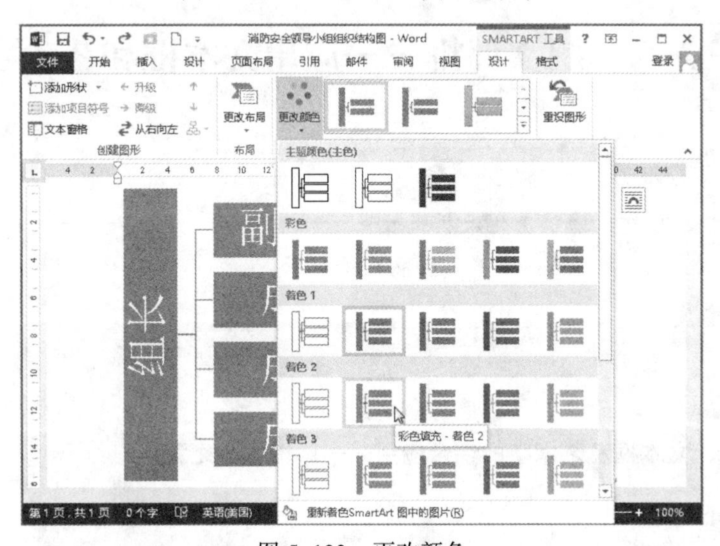

图 5-133　更改颜色

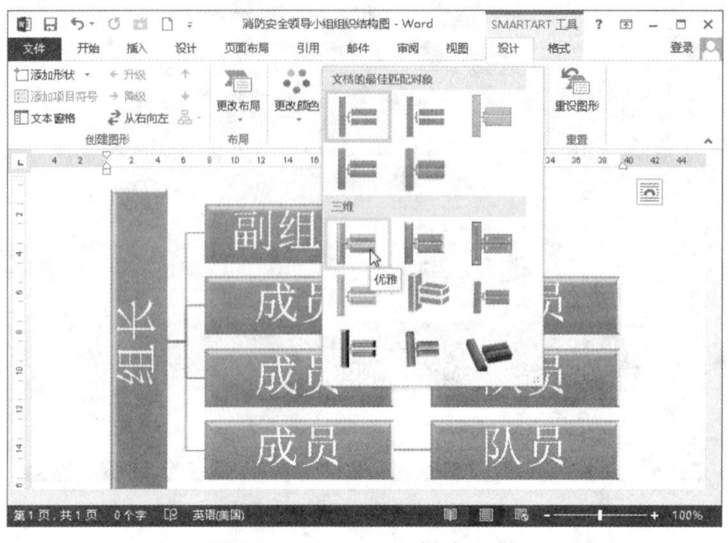

图 5-134　SmartArt 样式选项

④ SmartArt 图形种类。Word 2013 版本中的 SmartArt 图形种类有八大类，如图 5-135 所示。

选择 SmartArt 图形

全部
列表
流程
循环
层次结构
关系
矩阵
棱锥图
图片

名　称	功　能
列表	主要用于显示无序信息
流程	主要用于在流程或时间线中显示步骤
循环	主要用于显示连续的流程
层次结构	主要用于创建组织结构图或决策树
关系	主要用于链接图解
矩阵	主要用于显示各部分与整体之间的关系
棱锥图	主要用于显示与顶部和底部最大一部分之间的比例关系
图片	主要用于图片的组织和排列

图 5-135　SmartArt 图形种类

任务八　图文混排——应用文本框和艺术字

任务技能目标

- 掌握文本框的创建、修饰美化及排版效果
- 掌握艺术字在 Word 文档中画龙点睛的作用
- 综合运用各类对象

任务实施

1. 图形图片、文本框及艺术字的综合应用——珍惜生命之源

（1）任务提出及效果图

张老师给同学们留了一道作业：用 Word 制作一幅有关水资源的宣传海报，效果如图 5-136 所示。

图 5-136　珍惜生命之源效果图

（2）操作要点分析

纸张版面为横向；艺术字的运用；图片、图形的修饰；文本框的运用。

（3）操作步骤

① 文档页面设置。

选择“文件”→“新建”中的“空白文档”，如图 5-137 所示。

再一次进入“文件”菜单，选择“打印”→“横向”，如图 5-138 所示。

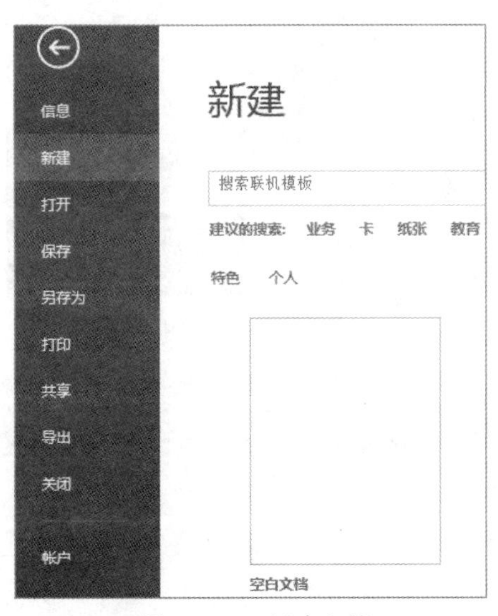

图 5-137　新建文档

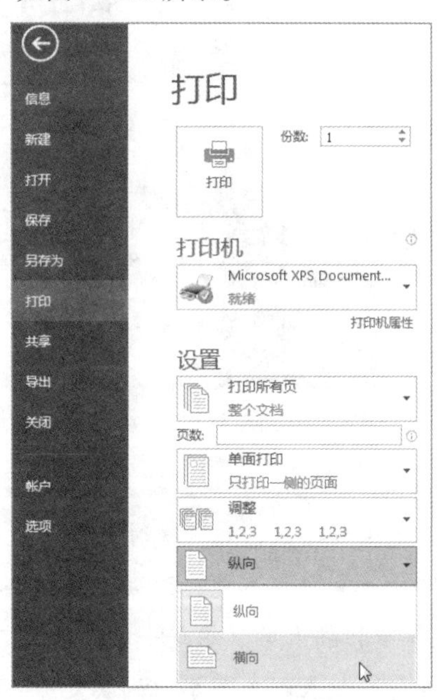

图 5-138　打印设置

② 插入背景图片。

将名为“绿叶”的衬底图片插入文档中，如图 5–139 所示。在图片上右击，在弹出的快捷菜单中选择“大小和位置”命令，在随后出现的“布局”对话框中设置“文字环绕”为“衬于文字下方”，单击“确定”按钮，如图 5–140 所示。

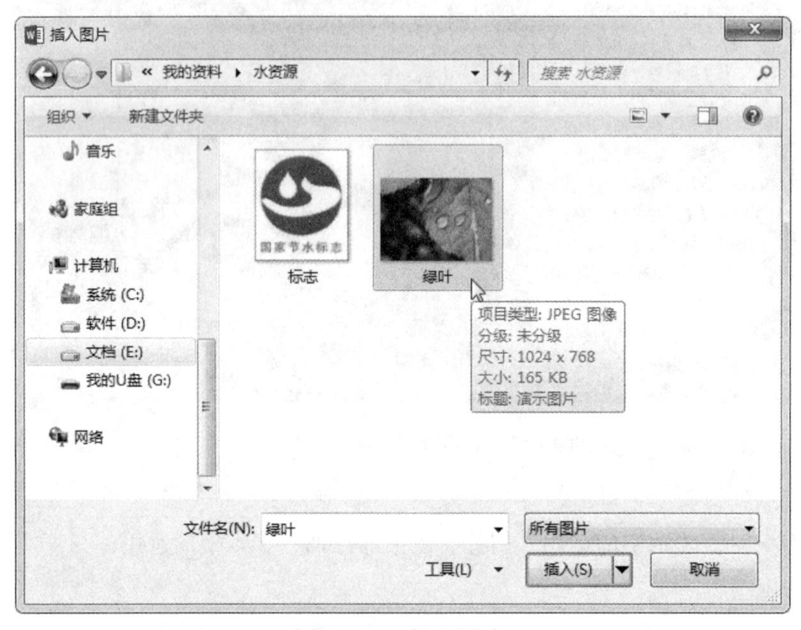

图 5–139 插入图片

鼠标指针移到图片左上角处，鼠标指针变为双向箭头时向左上角拖动，用同样的方法将图片拖至纸张的 4 个拐角处，如图 5–141 和图 5–142 所示。

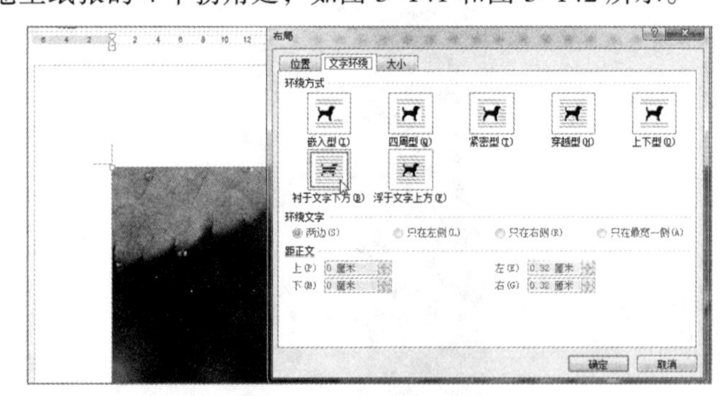

图 5–140 设置图片布局

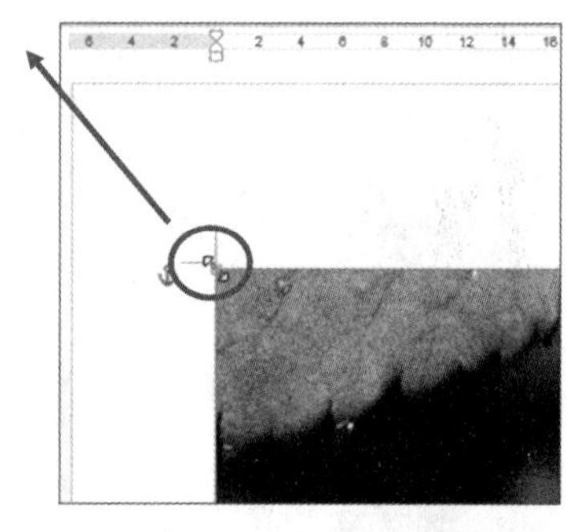

图 5–141 拖动图片

③ 输入文本内容及创建艺术字标题。根据需要按 4 次 Enter 键，输入以下文字。

水是生命之源，到有限时刻更是弥足珍贵：“谁都不是一座孤岛，自成一体；每个人都是广袤大陆的一部分，都是无边大海的一部分。任何人的不幸都使我受到损失，因为我包孕在人类之中。”虽相隔千里，却血脉相连，在祖国西南受灾的时刻，我们每一个人都不是旁观者。让我们积极行动起来，把节水做到实处，不仅仅是为了我们自己，也为了受苦的同胞和千千万万的子孙后代。

图 5-142　图片效果

再选中此段文字设置段落和文字格式如图 5-143 和图 5-144 所示。

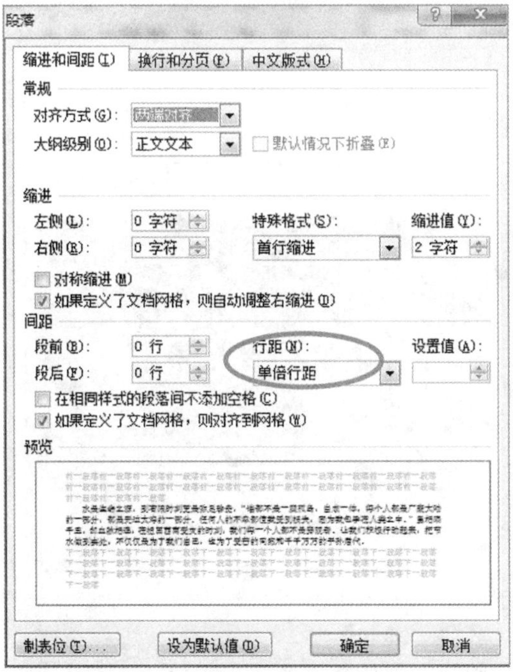

段落

缩进和间距(I)　换行和分页(P)　中文版式(H)

常规

对齐方式(G)：两端对齐

大纲级别(O)：正文文本　□默认情况下折叠(E)

缩进

左侧(L)：0 字符　特殊格式(S)：　缩进值(Y)：

右侧(R)：0 字符　首行缩进　2 字符

□对称缩进(M)

☑如果定义了文档网格，则自动调整右缩进(D)

间距

段前(B)：0 行　行距(N)：　设置值(A)：

段后(F)：0 行　单倍行距

□在相同样式的段落间不添加空格(C)

☑如果定义了文档网格，则对齐到网格(W)

预览

制表位(T)...　设为默认值(D)　确定　取消

图 5-143　“段落”对话框

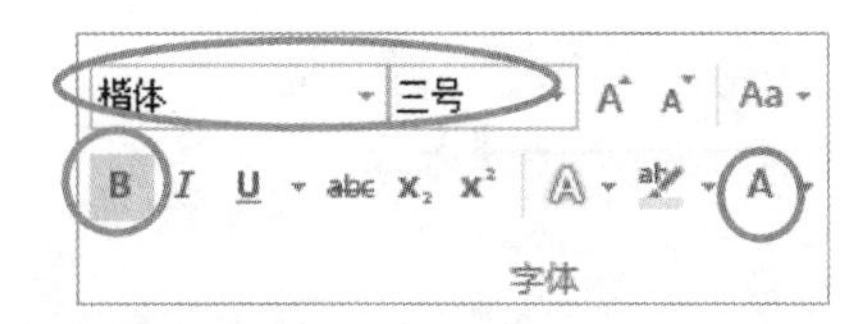

图 5-144　“字体”组

文本框是指一种可以移动、调节大小、编辑文字和图形的容器。使用文本框，可以在文档的任意位置放置多个文字块，或者使文字按照与文档中其他文字不同的方向排列。文本框与前边介绍的图片不同，它不受光标所能达到范围的限制，也就是说，使用鼠标拖动文本框可以将其移动到文档的任何位置。

通过“绘图工具-格式”选项卡的“艺术样式”组（见图 5-145）创建“珍惜生命之源”艺术字，效果如图 5-146 所示。

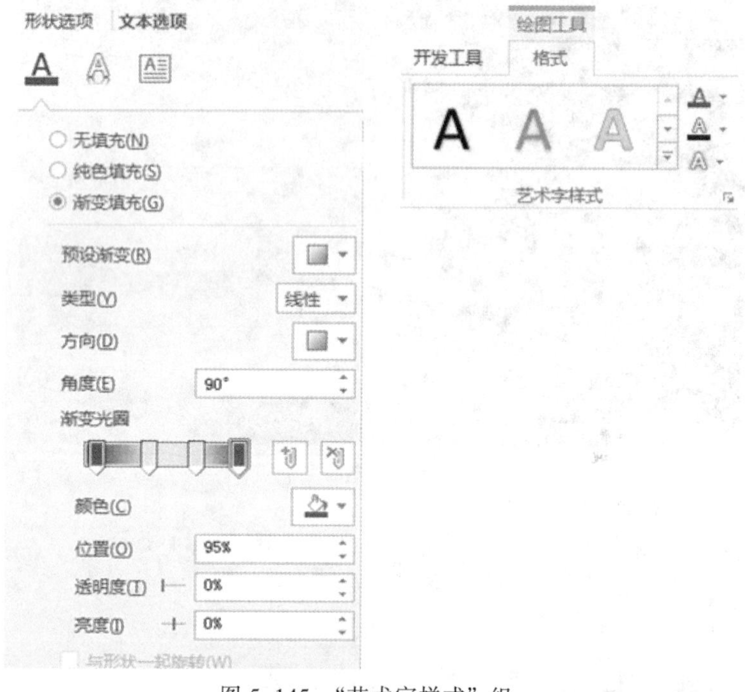

图 5-145 “艺术字样式”组

图 5-146 艺术字设置效果

艺术字是一个文字样式库，不仅可以将艺术字添加到文档中以制作出装饰性效果，而且可以将艺术字扭曲成各种各样的形状，设置阴影、三维效果等样式。

④ 文本框效果的制作。选择“插入”选项卡“文本框”下拉列表中的“简单文本框”，如图 5–147 所示。

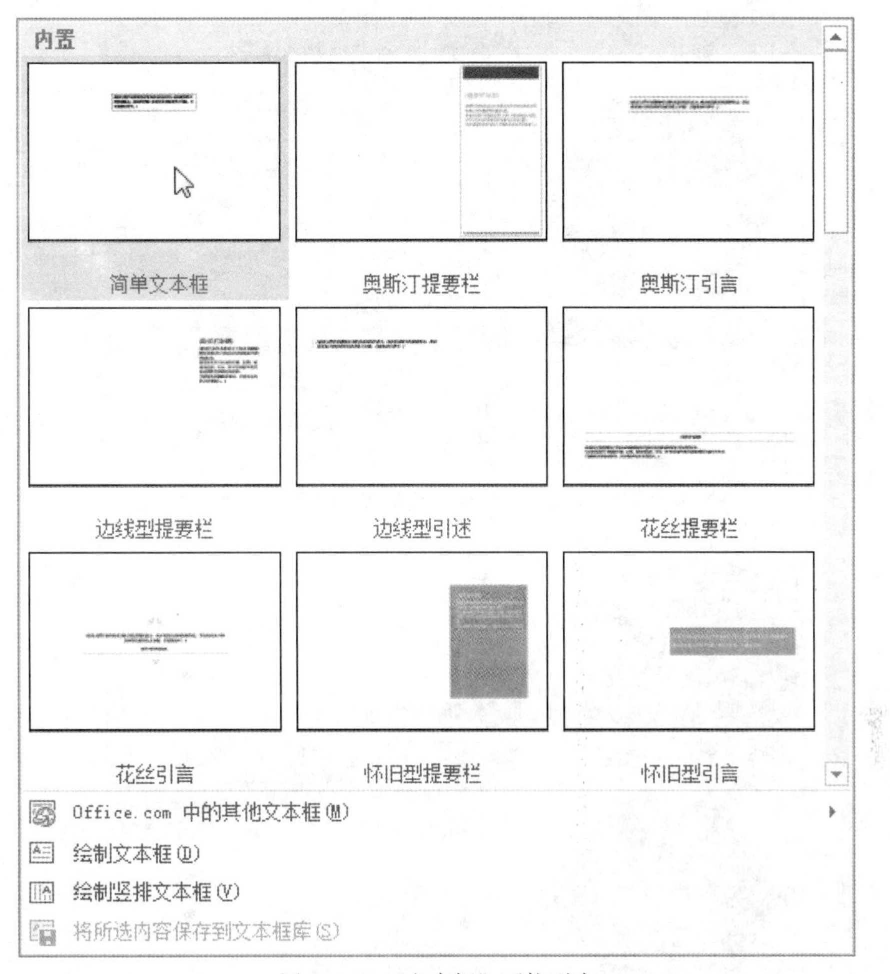

图 5–147 “文本框”下拉列表

然后输入以下文字。

贫瘠的梯田，干涸的池塘，龟裂的大地，喝脏水的孩子，山下背水的阿妈…这些让人心疼的场面离我们并不遥远，它们就发生在祖国历来以雨水丰沛著称的大西南。进入 4 月，云南、贵州、广西等省份的重旱依然在持续。据媒体报道，旱情已造成 6000 余万人民受灾，直接经济损失达 230 多亿元，一场百年一遇的旱灾正在中国西南肆虐。

在文本框处右击，在弹出的快捷菜单中选择“设置形状格式”命令，打开“设置形状格式”对话框进行设置，如图 5–148 和图 5–149 所示，对文本框的底色及边框样式适当修饰处理。再在文本框处右击，在弹出的快捷菜单中选择“其他布局选项”命令，打开“布局”对话框进行设置，如图 5–150 和图 5–151 所示，做适当修饰。此时效果如图 5–152 所示。

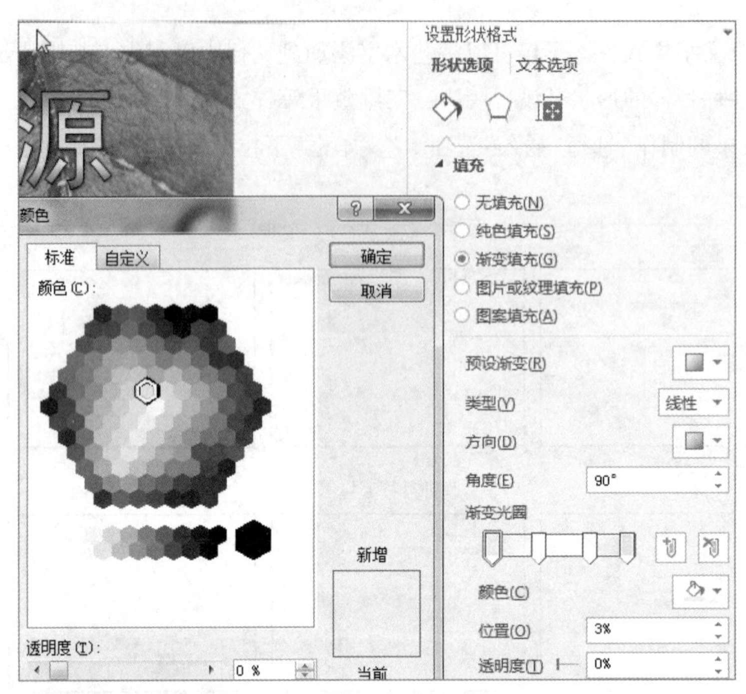

图 5-148 “设置形状格式”对话框

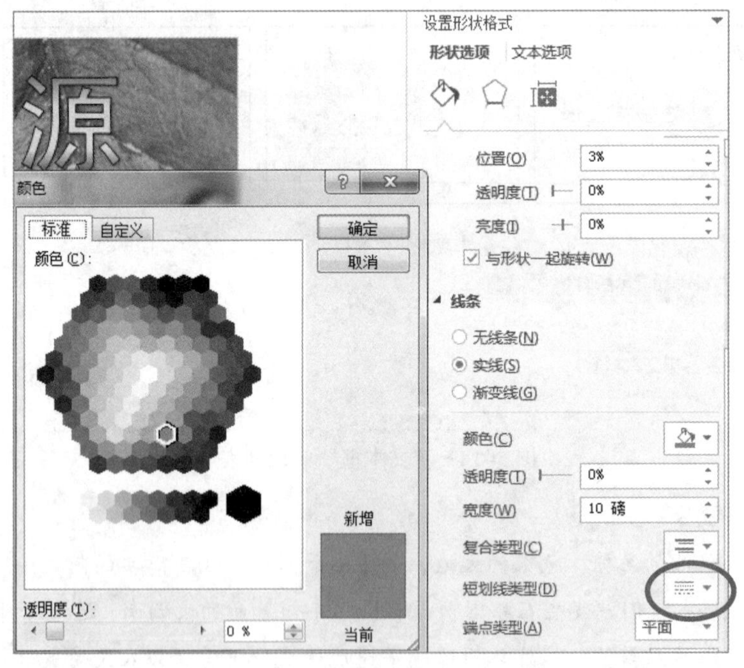

图 5-149 “设置形状格式”对话框

⑤ 箭头图形效果处理及节水标志图片修饰。从“插入”选项卡选择“形状”下拉列表中的“虚尾箭头”，如图 5-153 所示，在文档的适当位置进行拖放，然后再做旋转和箭头样式的布局选择项操作，如图 5-154 所示。其箭头边框颜色、粗细及底色渐变效果可参照文本框效果的处理。最终效果如图 5-155 所示。

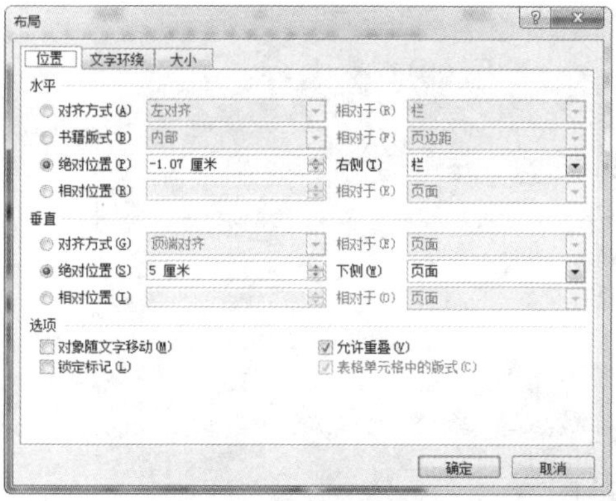

图 5-150　“位置”选项卡 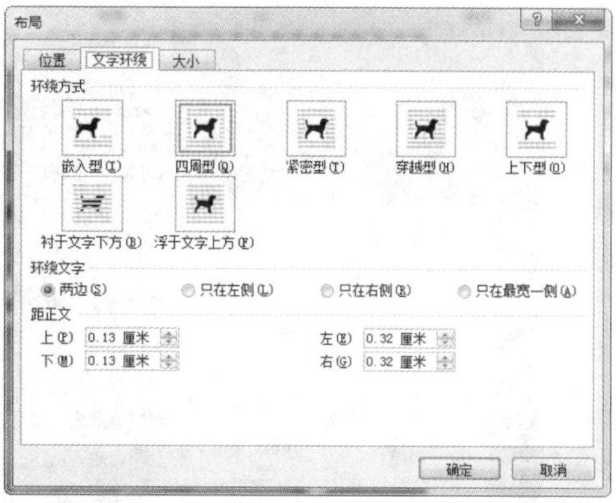　　　　图 5-151　“文字环绕”选项卡

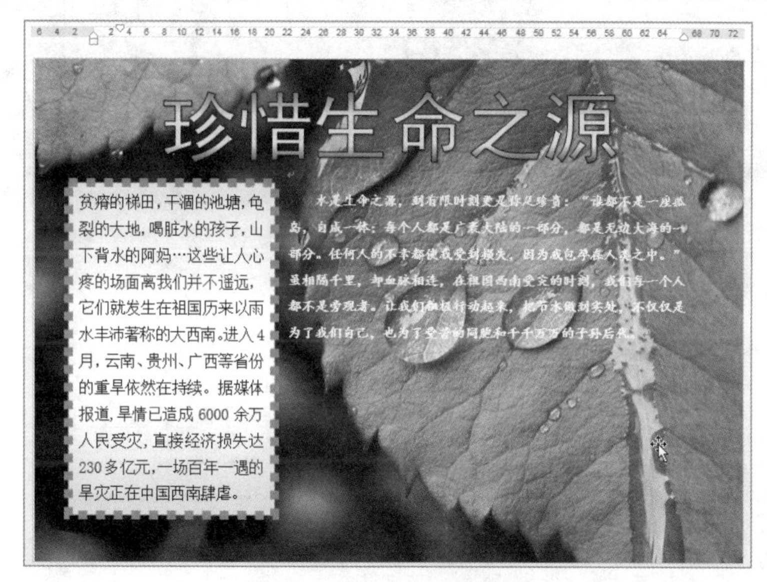

图 5-152　文本框设置效果

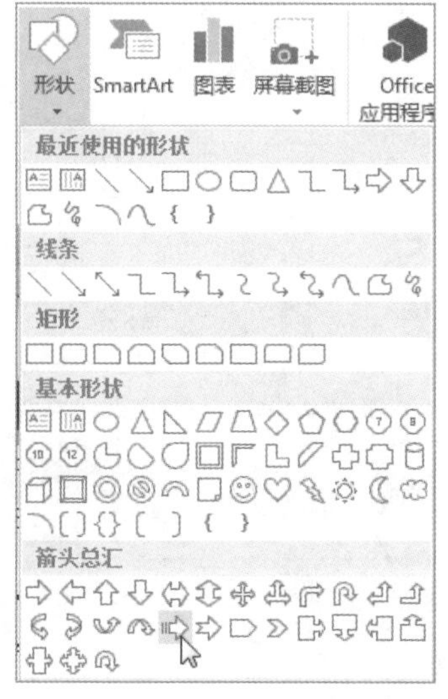

图 5-153　“形状”下拉列表 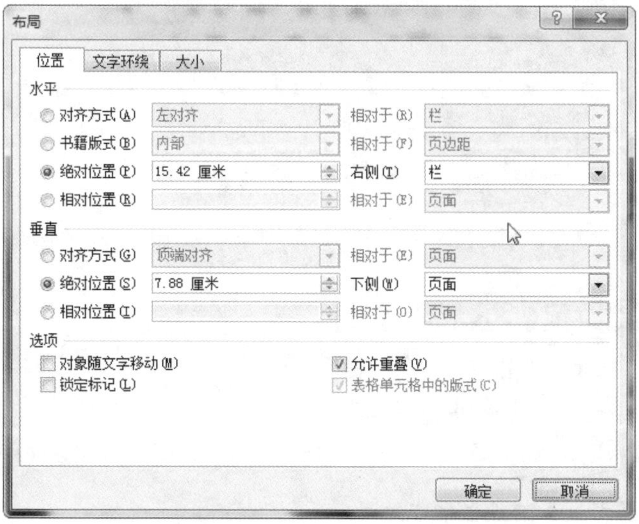　　　　图 5-154　“位置”选项卡

图 5-155　文本框设置效果

2. 设置无边线、无填充颜色的文本框

文本框中文本排列方向有"横排"和"竖排"两种。

设置无边线、无填充颜色的文本框步骤如如图 5-156 所示。

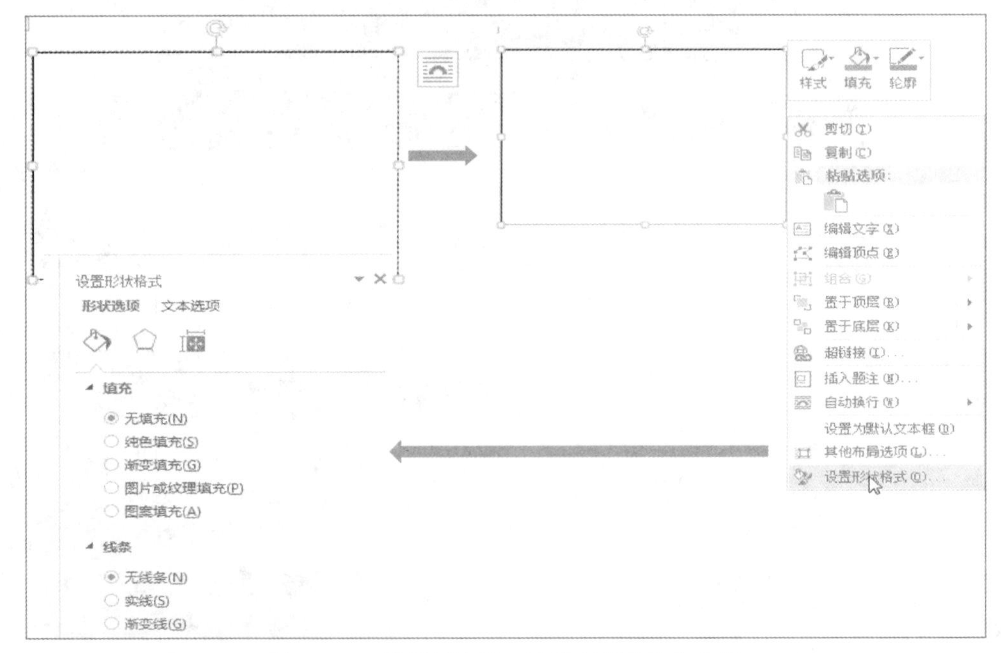

图 5-156　设置无边线、无填充颜色的文本框

思考： 如何设置水印效果？

① 创建图片水印效果。

② 创建文字水印效果。

制作要点分析：选择“设计”功能菜单中的“水印”向下三角符号。

3. 链接文本框的设置

文本框是一个文本编辑区，可以根据文本框之间的关系，创建文本框链接。也就是说，为了充分利用版面的空间，可以将文字安排在不同的文本框中，这就需要文本框的链接功能。从形式上来看，这种效果是分栏功能所不能达到的。

文本框的链接的必要条件：

① 保证要链接的文本框是空的，和所链接的文本框必须在同一个文档中，且它未与其他文本框建立链接关系。

② 只有同类的文本框可以链接，也就是说横排文本框和纵排文本框是不能直接链接的。

（1）任务提出

创建链接文本框，如图 5-157 所示。

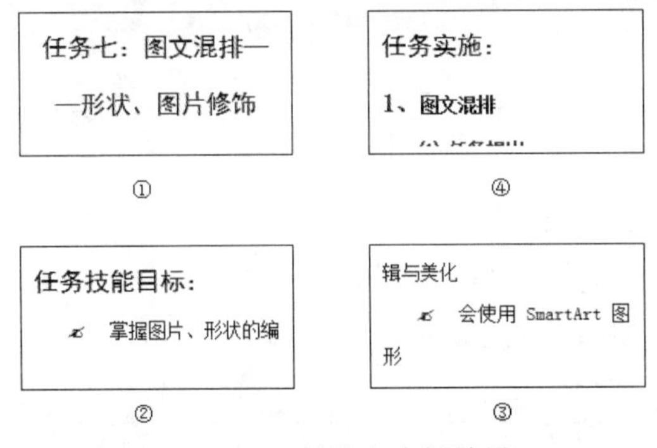

图 5-157 链接文本框效果

（2）操作要点分析

利用 Word 2013 中的“链接文本框”功能实现效果。

（3）操作步骤

① 创建文本框。绘制一个矩形文本框，然后将该文本框复制 3 次，并把 4 个文本框排列为 2 行 2 列的形式，如图 5-158 所示。

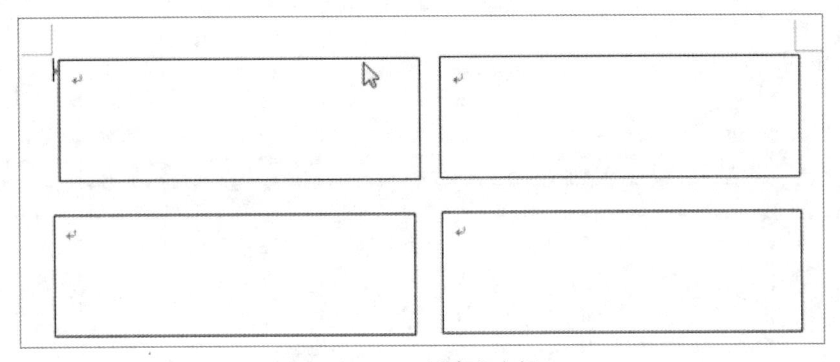

图 5-158 创建文本框

② 创建第一个链接文本框。选中第一行第一列的文本框，单击“绘图工具–格式”选项卡中的“创建链接”按钮，如图 5–159 所示。鼠标指针变成 形状时移动到第二行第一列的文本框中，鼠标指针变成下倾杯形，如图 5–160 所示，单击创建第一个链接。

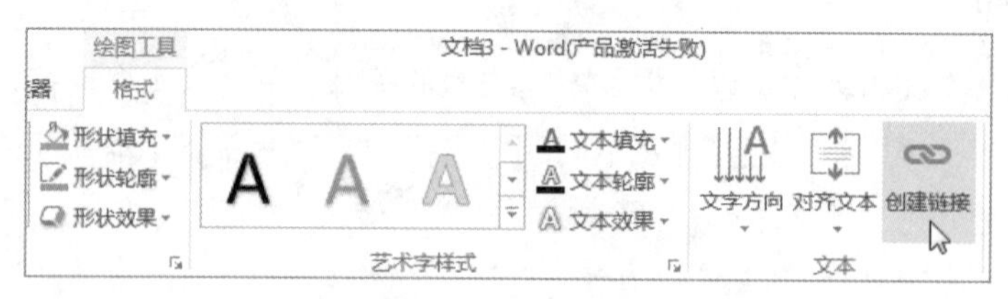

图 5–159　选择“创建链接”

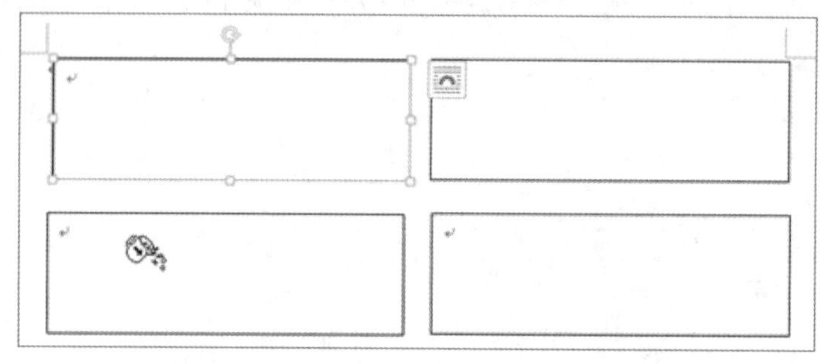

图 5–160　创建第一个链接文本框

③ 创建第二个链接文本框。选中第二行第一列的文本框，单击“创建链接”按钮。鼠标指针变成 形状时移动到第二行第二列的文本框中，如图 5–161 所示，当鼠标指针变成下倾杯形时单击，创建第二个链接，如图 5–162 所示。

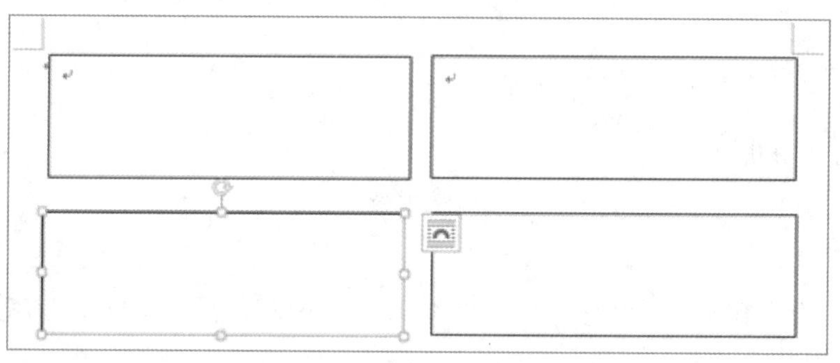

图 5–161　选择第二文本框

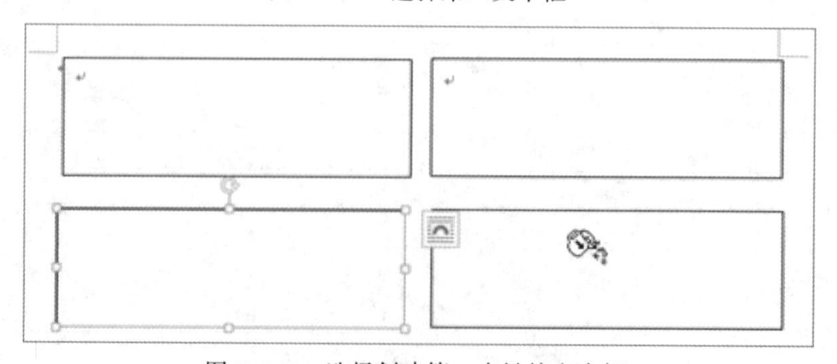

图 5–162　选择创建第二个链接文本框

④ 创建第三个链接文本框。选中第二行第二列的文本框，单击“创建链接”按钮。鼠标指针变成形状时移动到第一行第二列的文本框中，鼠标指针变成下倾杯形时单击，创建第三个链接。

⑤ 定位粘贴内容。定位到第一个文本框中输入内容或粘贴复制的内容即可。此时会发现前三个文本框中的容量是一样的，剩余的全都在第四个文本框中，效果如图 5-163 所示。

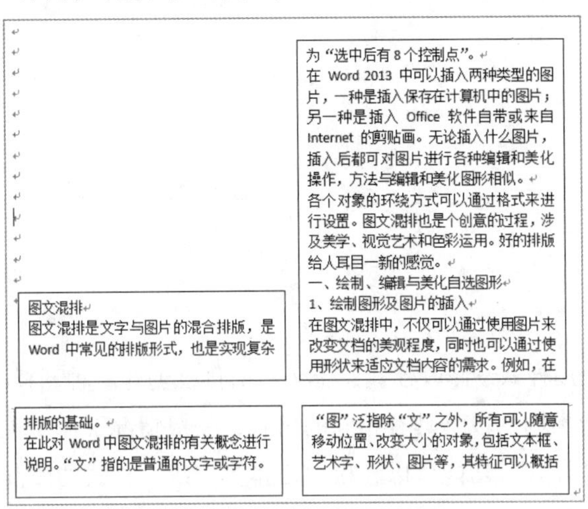

图 5-163　链接文本框最终效果

思考：如何实现图 5-164 所示试卷密封线效果？

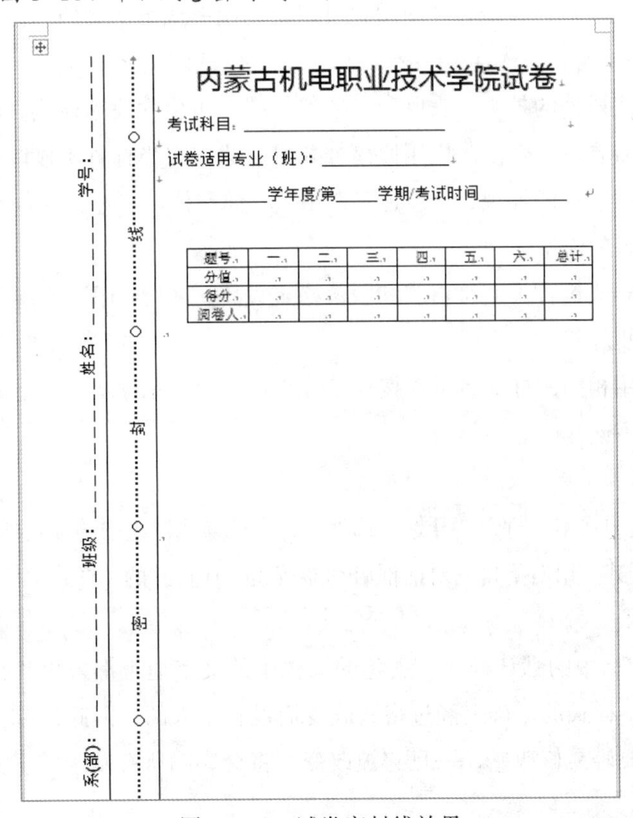

图 5-164　试卷密封线效果

任务九 应用样式及目录

任务技能目标

- ✍ 掌握样式的使用
- ✍ 掌握目录的制作
- ✍ 掌握公式的制作

任务实施

1. 使用样式

（1）任务提出

创建文档，为文本应用样式、修改样式，在文档中自己创建一种新样式，将其应用到文档中。

在 Word 中，为了使不同的段落具有相同的格式，一般情况下需要重复设置，过程烦琐且不便。使用 Word 提供的“样式”功能可以轻松地编排具有统一格式的段落，而且修改样式后，文档中所有应用该样式的段落都会自动修改。

样式，就是系统或用户定义并保存的一系列排版格式，即为一系列格式的集合，包括字体、段落的对齐方式、大纲级别、边距等。使用它可以快速统一或更新文档的格式。

Word 中的样式有 3 类：段落样式、字符样式、链接段落和字符样式。

段落样式用来控制段落的外观，它既包含字符格式，也包含段落格式。段落样式可以应用于一个或多个段落。当需要对一个段落应用段落样式时，只需将光标置于该段落中即可。

字符样式用来控制字符的外观，只包含字符格式，如字体、字号、字形等。要应用字符样式，需要先选中要应用样式的文本。

链接段落和字符样式包含了字符格式和段落格式设置，它既可用于段落，也可用于选定字符。

（2）操作要点分析

如果多处文本使用相同的样式，可在按住 Ctrl 键的同时选取多处文本，在“样式”任务窗格中选择样式，统一应用该样式。

（3）操作步骤

① 应用样式。选中文本，打开“开始”选项卡，在“样式”组中的样式列表框中单击选择需要的样式。或者单击“样式”组右下角的对话框启动器按钮。在打开的“样式”任务窗格中单击需要的样式，如图 5-165 所示。

“正文”样式是文档中的默认样式，新建的文档中的文字通常都采用“正文”样式。很多其他样式都是在“正文”样式的基础上经过格式改变而设置出来的，因此，“正文”样式是 Word 中的最基础的样式，不要轻易修改它，一旦它被改变，将会影响所有基于“正文”样式的其他样式的格式。

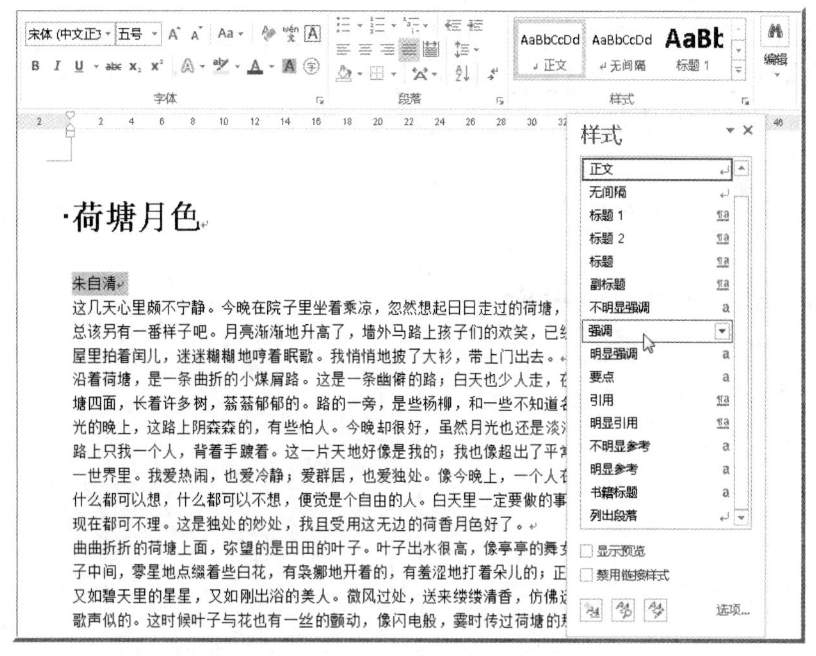

图 5-165　“样式”窗格

“标题 1”～“标题 9”为 Word 内置标题样式，它们通常用于各级标题段落，与其他样式最为不同的是标题样式具有级别，分别对应大纲级别 1～9 级。当所需样式都被选择过一次之后，可显示“有效样式”，这样不会显示无用的其他样式。

② 修改样式。在“样式”窗格中右击样式，在弹出的快捷菜单中选择“修改”命令，打开“修改样式”对话框，如图 5-166 和图 5-167 所示。

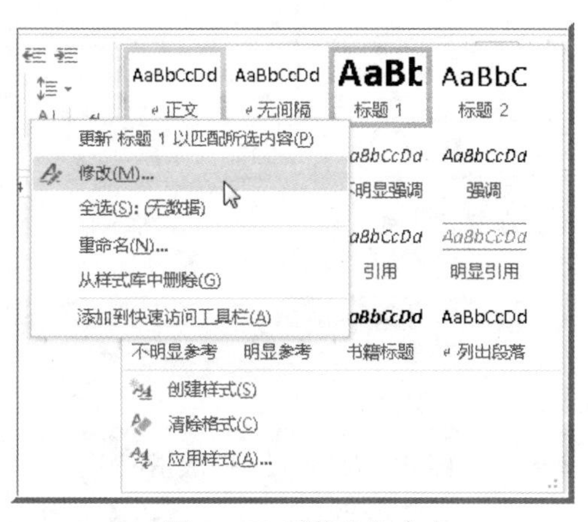

图 5-166　“修改”命令

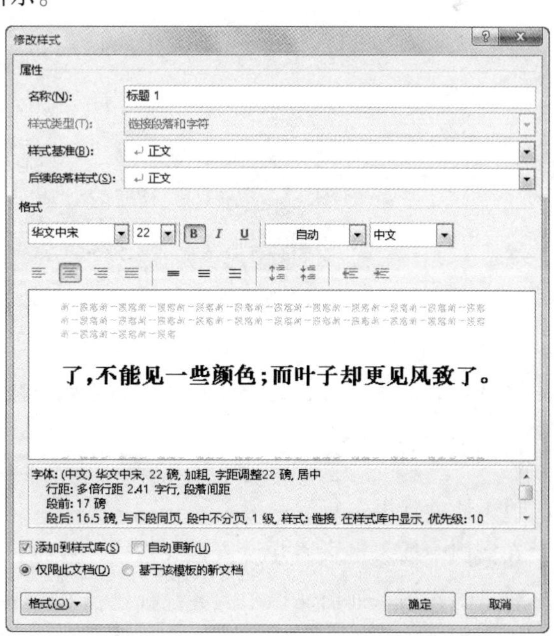

图 5-167　“修改样式”对话框

③ 创建样式。选中正文文本，单击“样式”窗格右方的扩展按钮，在打开的下拉列表中选择“创建样式”选项，打开“根据格式设置创建新样式”对话框进行设置，如图 5-168 和图 5-169 所示。

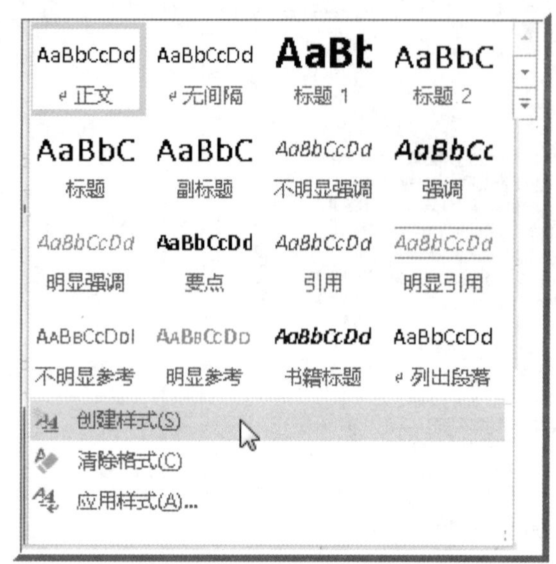

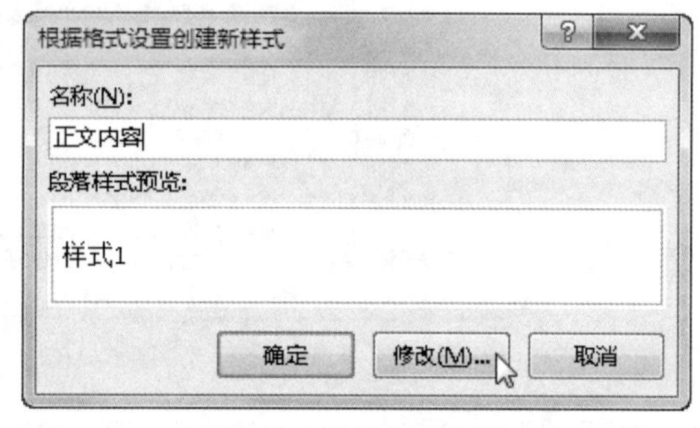

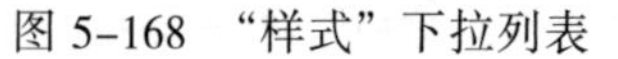
图 5-168 “样式”下拉列表　　图 5-169 “根据格式设置创建新样式”对话框

④ 清除样式。选中文本，单击“样式”下拉按钮，在打开的下拉列表中选择“清除格式”选项，如图 5-170 所示。

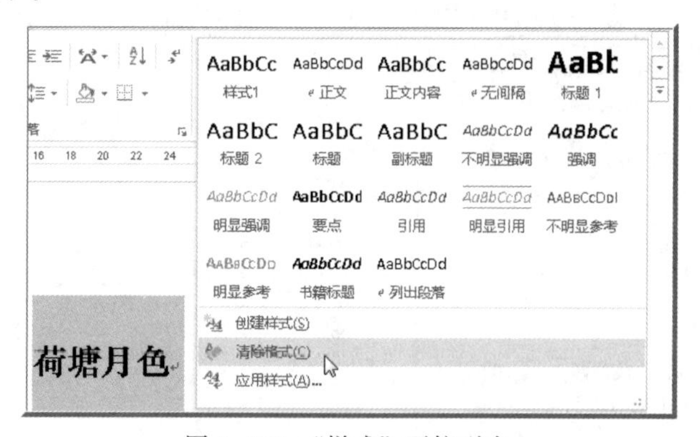

图 5-170 “样式”下拉列表

注意：只能删除自己创建的样式，而不能删除 Word 的内置样式。

2. 制作目录

（1）任务提出

在文档中插入目录，并设置目录格式、修改目录、更新目录。

目录的作用是列出文档中的各级标题及其所在的页码，如图 5-171 所示。一般情况下，所有正式出版物都有一个目录，其中包含书刊中的章、节及各章节的页码位置等信息，方便读者查阅。

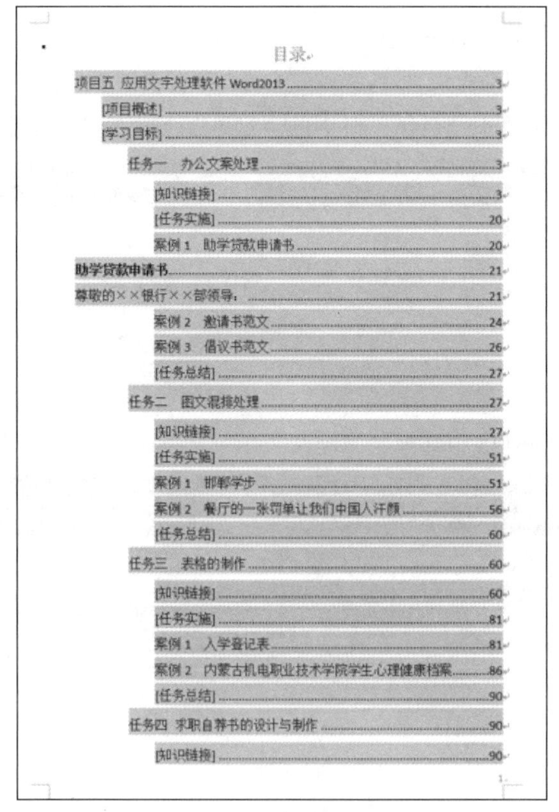

图 5-171　提取的目录

（2）操作要点分析

插入目录后，只需按住 Ctrl 键，再单击目录中的某个页码，就可以将插入点快速跳转到该页的标题处。

（3）操作步骤

① 创建目录。

提取目录的前提：应该正确采用带有级别的样式且设置好了页码。

首先，要将需要做成目录的文本设置为一级标题、二级标题、三级标题……，先选中文档中的标题，然后单击上边的标题按钮，如图 5-172 所示。

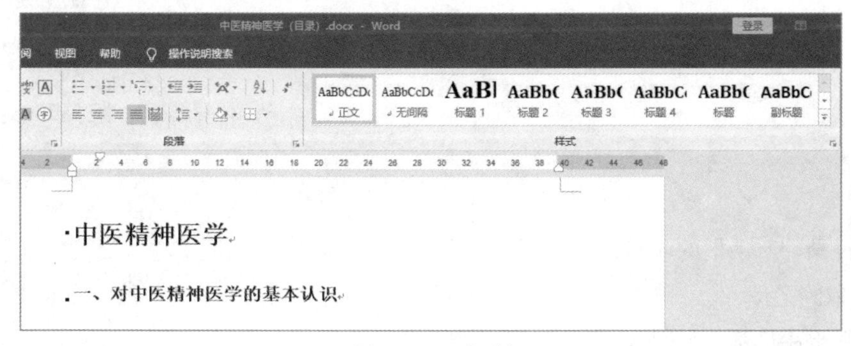

图 5-172　标题

重复上述步骤，将所有格式都设置好。

将插入点定位在文档的开始处，输入文本“目录”，居中。

单击“引用”选项卡，单击“目录”组中的“目录”下拉按钮，如图 5–173 所示。

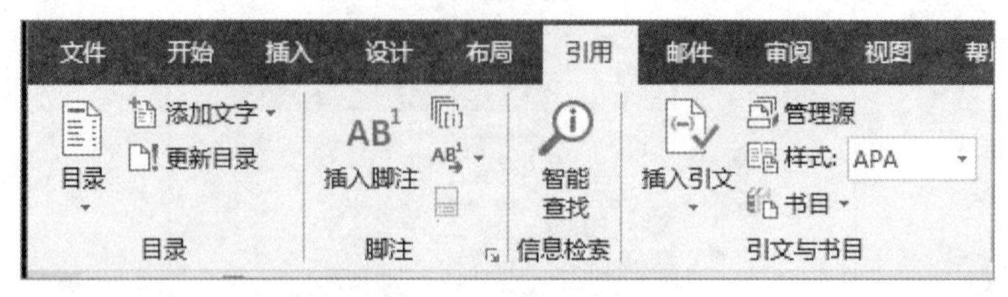

图 5–173 “目录”按钮

在打开的“目录”下拉列表中选择“自定义目录”选项，如图 5–174 所示。

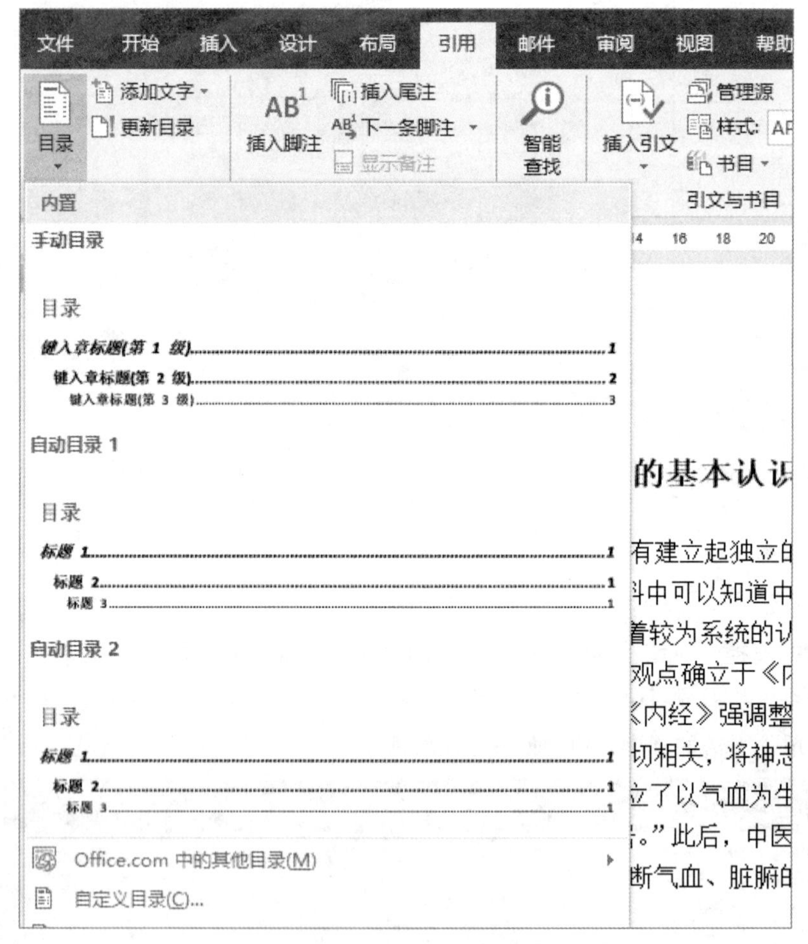

图 5–174 “目录”下拉列表

打开“目录”对话框的“目录”选项卡，在“显示级别”微调框中输入 3，单击“确定”按钮，如图 5–175 所示。

随后就会生成目录，如图 5–176 所示。

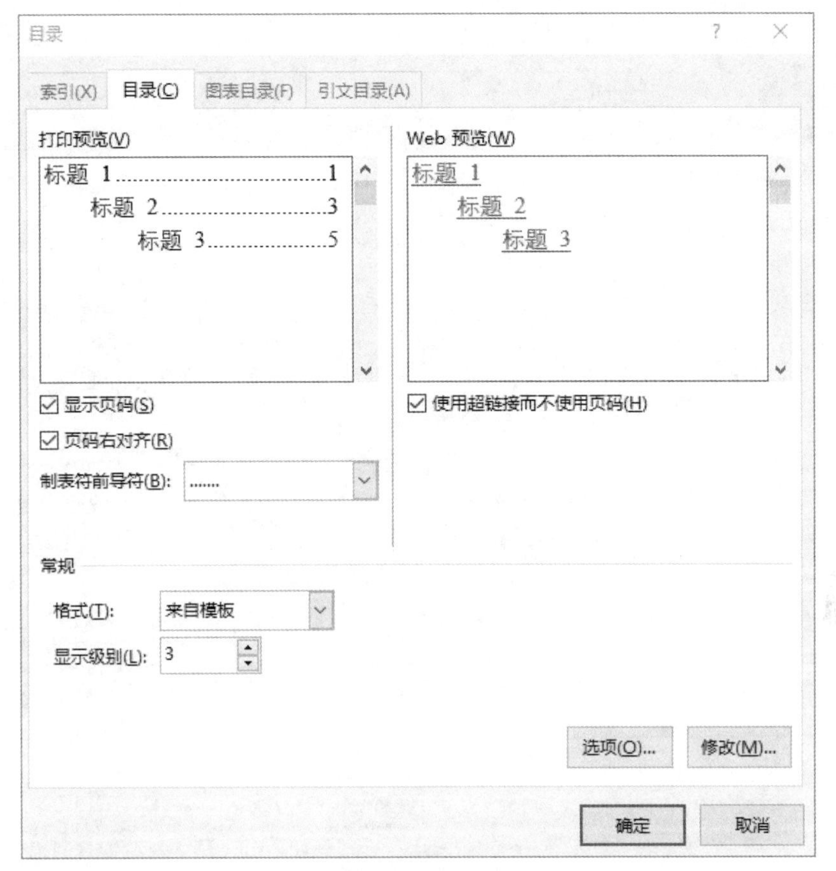

图 5-175 “目录”对话框

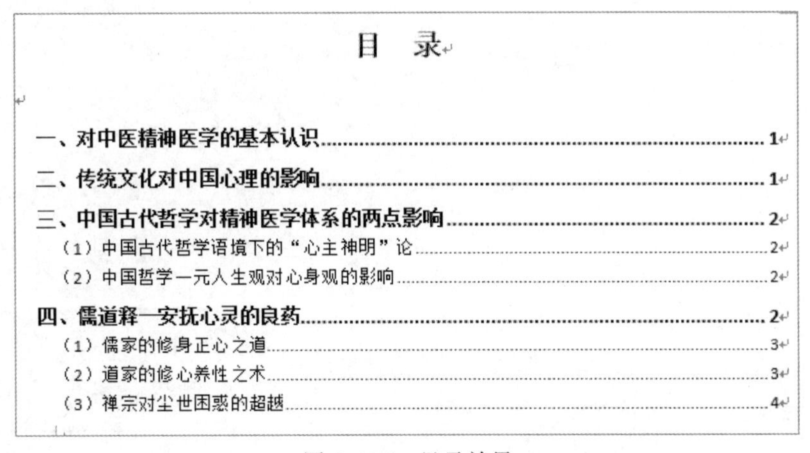

目 录

一、对中医精神医学的基本认识......1
二、传统文化对中国心理的影响......1
三、中国古代哲学对精神医学体系的两点影响......2
（1）中国古代哲学语境下的“心主神明”论......2
（2）中国哲学一元人生观对心身观的影响......2
四、儒道释一安抚心灵的良药......2
（1）儒家的修身正心之道......3
（2）道家的修心养性之术......3
（3）禅宗对尘世困惑的超越......4

图 5-176 目录效果

② 修改目录。打开文档，选取整个目录，在“开始”选项卡的“字体”组和“段落”组单击相应的命令，设置图 5-177 所示的效果。

③ 更新目录。目录是以“域”的方式插入到文档中的（会显示灰色底纹），因此可以进行更新。

先选择整个目录，在目录任意处右击，在弹出的快捷菜单中选择“更新域”命令，打开“更新目录”对话框，在其中进行设置，如图 5-178 所示。

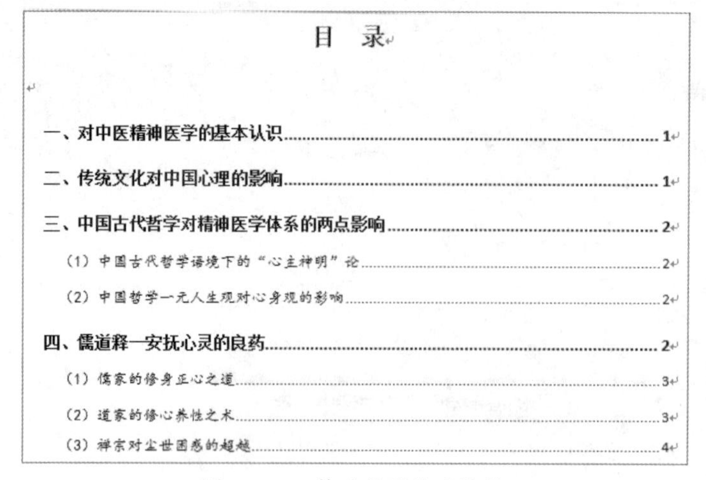

图 5-177 修改目录格式效果

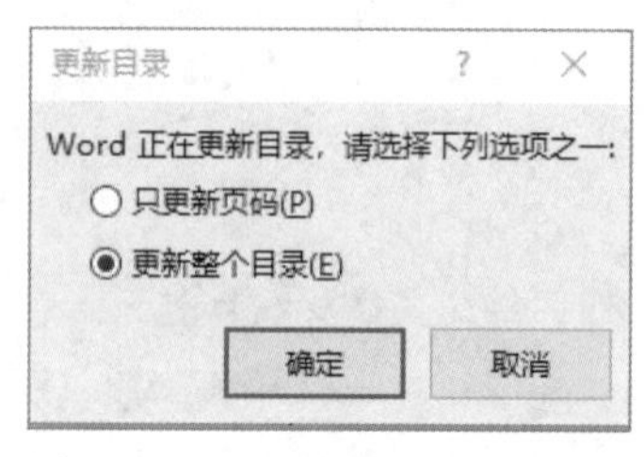

图 5-178 “更新目录”对话框

思考：如何实现图 5-179 所示效果？

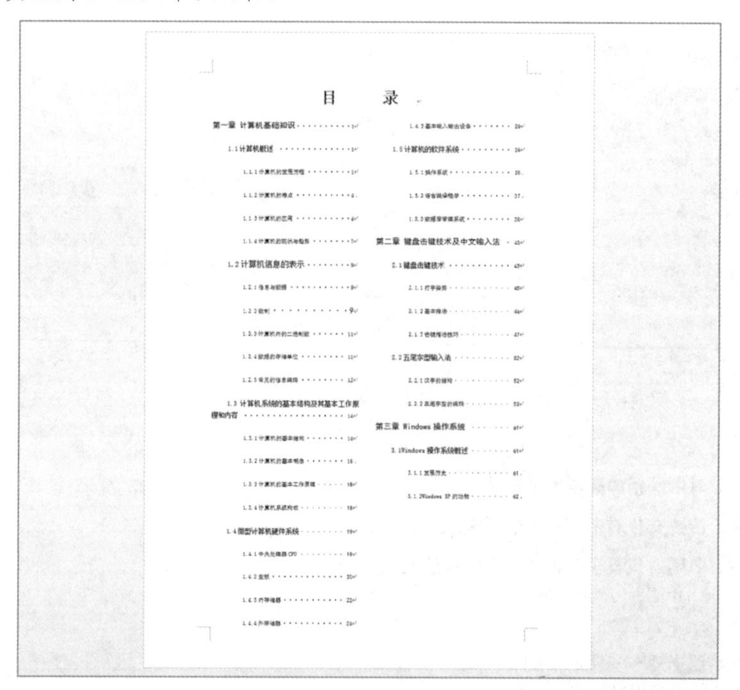

图 5-179 双栏目录效果

3. 制作公式

$$Sx = \sqrt{\frac{1}{n-1\left\{\sum_{i-1}^{n} x_i^2 - nx^{-2}\right\}}}$$

图 5-180 效果图

（1）任务提出

在文档中插入公式，效果如图 5-180 所示。

（2）操作要点分析

在文档中双击创建的公式或选择“插入”选项卡“公式”下拉列表中的“插入新公式”选项，打开“公式工具-设计”选项卡，即可重新编辑公式或插入新的公式。

（3）操作步骤

将光标定位在文档中，打开“插入”选项卡，在“符号”组中单击“公式”下拉按钮，在打开的下拉列表中选择“插入新公式”选项，如图 5-181 所示。

打开“公式工具-设计”选项卡，在文档中出现“在此处键入公式”提示框，此时直接输入：Sx=。在“结构”组中单击“根式”下拉按钮，在打开的下拉列表中选择根式样式，如图 5-182 所示。

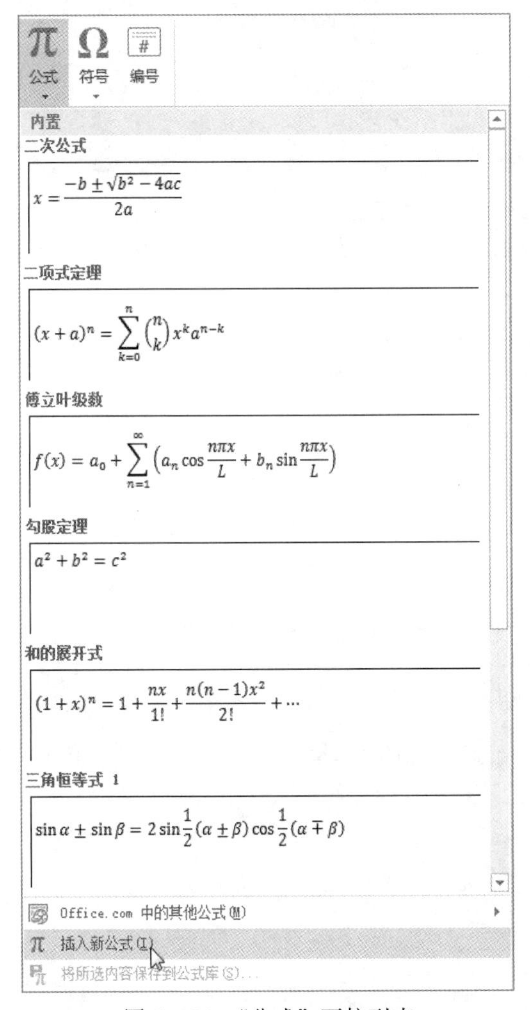

图 5-181　“公式”下拉列表

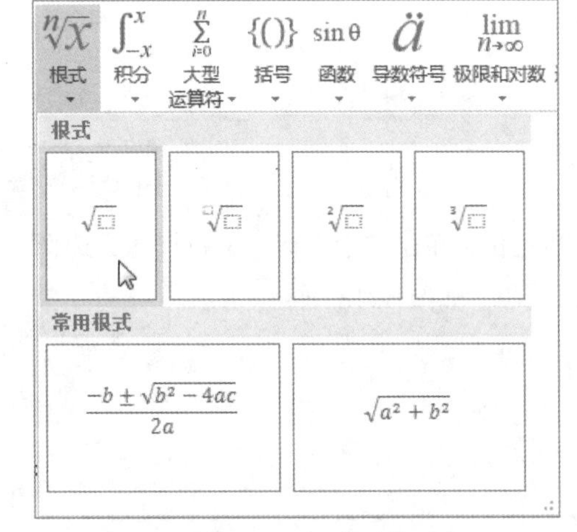

图 5-182　根式下拉列表

定位到虚线框后，在“结构”组中单击“分数”下拉按钮，在打开的下拉列表中选择所需样式，如图 5-183（a）所示。分别输入 1、n-1，在“结构”组中单击“括号”下拉按钮，在打开的下拉列表中选择所需样式 {□} 。在其虚线框中定位，单击“大型运算符”下拉按钮，在打开的下拉列表中选择所需样式，如图 5-183（b）所示。在所需位置处输入：n、i-1。

再定位，单击“上下标”下拉按钮，选择上下标样式，如图 5-184（a）所示。在所需位置处输入：x、2、i。定位后输入：-、n，如图 5-184（b）所示。

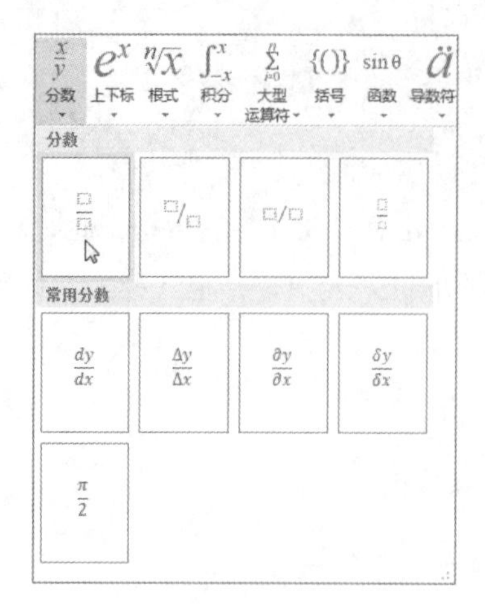

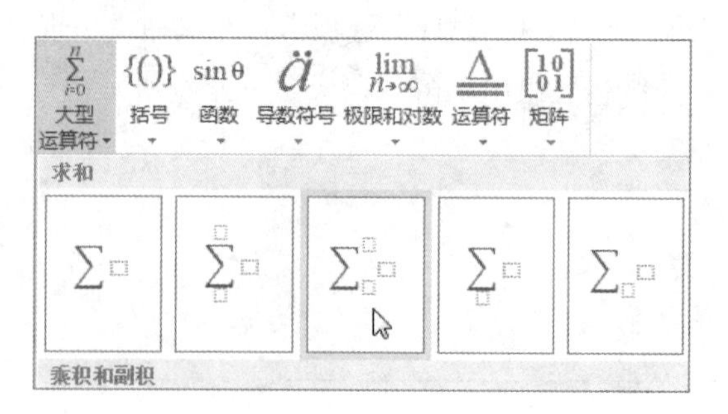

图 5-183　输入分数和大型运算符效果

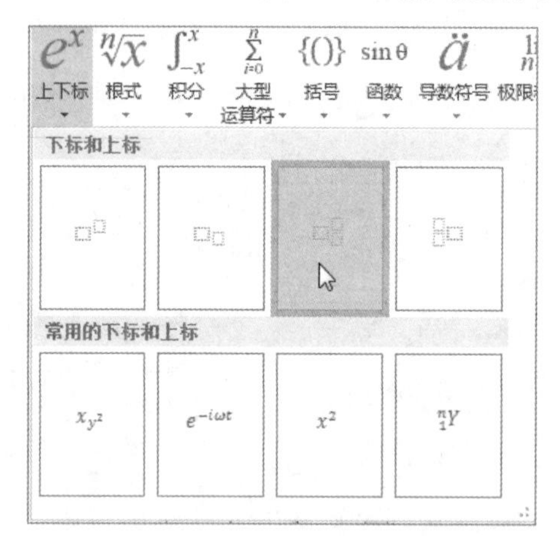

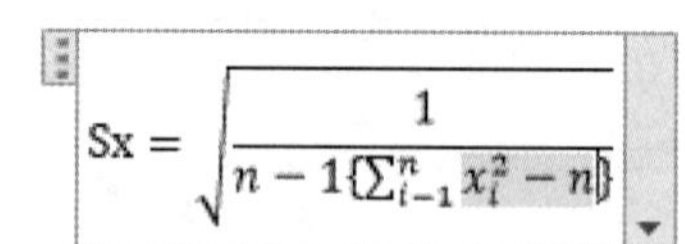

图 5-184　输入上下标效果

再定位，单击“上下标”下拉按钮，选择上标样式，如图 5-185（a）所示。在所需位置处输入：x、-2，如图 5-185（b）所示。

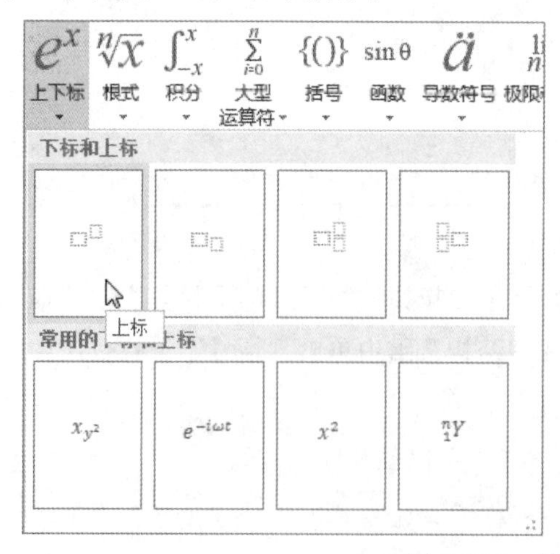

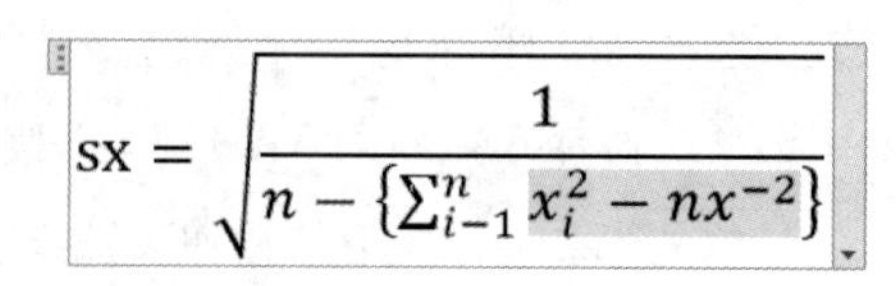

图 5-185　输入上标效果

任务十 应用邮件合并功能

任务技能目标

✍ 掌握邮件合并的功能

✍ 了解中文信封的制作

任务实施

1. 制作中文信封

（1）任务提出

使用 Word 中文信封功能制作“信封”文档。

（2）操作要点分析

使用中文信封功能不仅可以制作单个信封，还可以制作批量信封。制作批量信封时，必须使用邮件合并功能。

（3）操作步骤

新建空白 Word 文档，打开“邮件”选项卡，单击“创建”组中的“中文信封”按钮，利用“信封制作向导”创建信封，如图 5-186～图 5-188 所示。

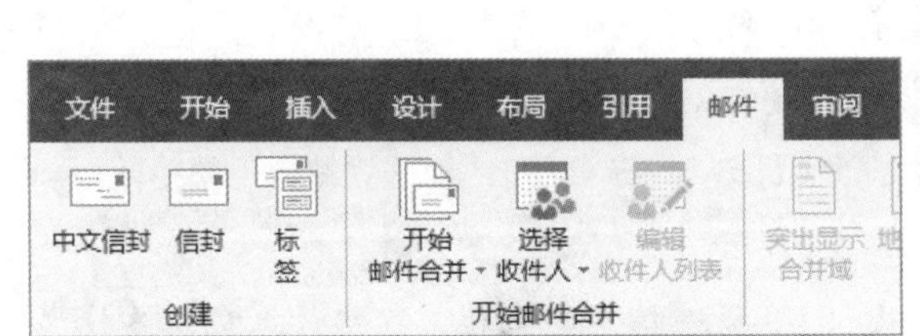

图 5-186 “中文信封”按钮

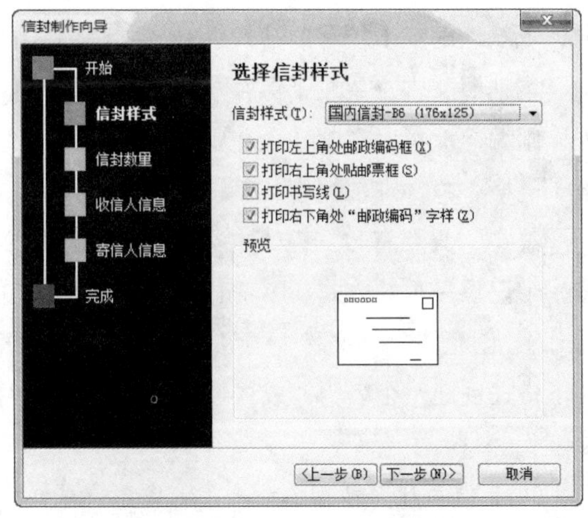

图 5-187 信封制作向导

2. 邮件合并

（1）任务提出

假期即将开始，舍老师准备给班级每一位学生家长发一份成绩通知单。

（2）操作要点分析

此项工作如果利用 Word 提供的“邮件合并”功能完成，效率会很高。

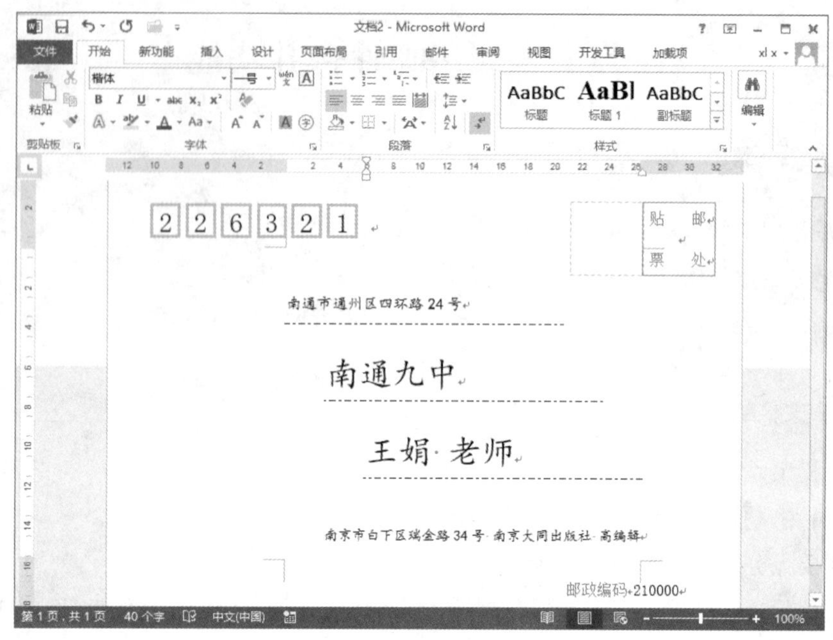

图 5-188 信封效果

（3）操作步骤

执行邮件合并操作时会涉及两个文档——主文档文件和数据源文件。

主文档文件是邮件合并内容中固定不变的部分或所有文件中的共有内容，即信函中通用的部分，可以理解成未填写的信封。

数据源文件主要用于保存联系人的相关信息，即变化信息。可以理解成填写的收件人、发件人、邮编等。可以在邮件合并中使用多种格式的数据源，如 Microsoft Outlook 联系人列表，Excel 电子表格、Access 数据库、Word 文档等。

总之，只要有数据源（电子表格、数据库），只要是一个标准的二维数表，就可以很方便地按一个记录一页的方式从 Word 中用邮件合并功能打印出来。

① 创建主文档文件。方法与创建普通文档相同。还可对其页面和字符等格式进行设置，按如下格式创建一个名为“成绩通知单.docx”的主文档文件。

贵家长：

2018 学年秋季学期已结束，现将贵子（女）______在我院信息与管理工程系计算机网络技术专业学习的成绩、考勤、操行评语等通知如下。如有不及格科目，请家长督促贵子（女）在假期期间认真复习，以备开学时补考，同时教育其遵纪守法，安排适量时间结合所学专业进行社会调查及其他有意义的社会活动，并按时返校报到注册。

下学期报到注册时间：2019 年 3 月 2 日至 3 月 3 日，开始上课时间：2019 年 3 月 4 日。

特此通知

信息与管理工程系

2019 年 1 月 10 日

学习成绩表

科　目	成绩总评	科　目	成绩总评
网页设计		平面图像处理	
市场信息学		计算机网络	
服务器配置与管理		Java	
商务英语 1		关系管理	
总分			

请家长在寒假督促孩子进行社会实践锻炼。

此致

敬礼!

班主任：舍乐莫

② 创建数据源文件。可以在邮件合并中使用多种格式的数据源，如 Microsoft Outlook 联系人列表、Access 数据库等。下面以 Excel 数据源为例进行介绍。新建一个名为“成绩通知单数据源.xlsx”的 Excel 数据源文件，如图 5-189 所示。

成绩通知单数据源 [兼容模式] - Excel

B9　73

	A	B	C	D	E	F	G	H	I	J
1	姓名	网页设计	市场信息学	服务器配置与管理	商务英语1	平面图像处理	计算机网络	JAVA	关系管理	总分
2	阿森那	75	75	54	71	84	83	77	86	605
3	白嘎力	70	71	80	93	80	81	77	73	625
4	道仁塔咪乐	78	77	76	95	88	82	84	80	660
5	伟勒斯	84	79	98	82	88	84	82	85	682
6	宝力尔	77	82	73	94	86	86	75	88	661
7	河日伲	75	72	54	92	71	83	64	85	596
8	高岩峰	76	73	74	81	80	86	82	88	640
9	张海青	73	75	86	88	80	84	73	84	643
10	斌斌	75	68	76	87	81	79	78	84	628
11	都日思勒	80	78	75	82	82	82	73	69	621
12	明明	76	71	71	74	81	83	61	63	580
13	阿古达木	69	66	72	81	81	74	65	65	573
14	乌额其	80	69	75	78	88	81	77	65	613
15	布特勒其	80	73	68	69	83	82	73	62	590
16	乌恩其	85	78	65	76	84	83	73	99	643
17	刘洋洋	80	69	86	86	94	86	76	73	650
18	邓立平	78	80	75	85	81	85	79	89	652
19	安玉	69	77	79	79	78	83	73	74	612
20	范可意	72	74	75	62	78	81	84	79	605
21	池云天	70	76	77	84	75	81	76	71	610

图 5-189　数据源文件

③ 进行邮件合并。

首先，打开主文档“成绩通知单”，单击“邮件”选项卡“开始邮件合并”组中的“开始邮件合并”按钮，在展开的列表中可看到“普通 Word 文档”选项高亮显示，表示当前编辑的主文档类型为普通 Word 文档。单击 “选择收件人”按钮，在展开的列表中选择“使用现有列表”选项，如图 5-190 所示，然后根据需要进行操作。

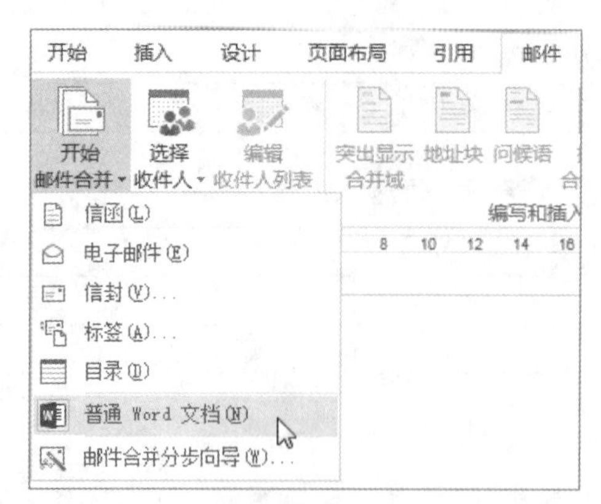

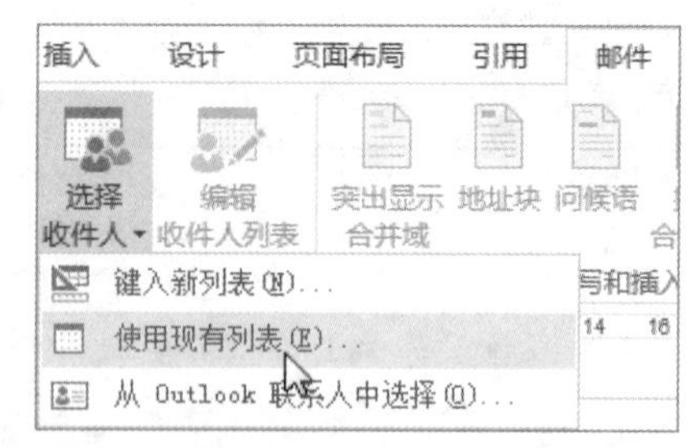

图 5-190　开始邮件合并、选择收件人

在随后的“选取数据源”对话框中选择打开数据源文件，如图 5-191 所示。

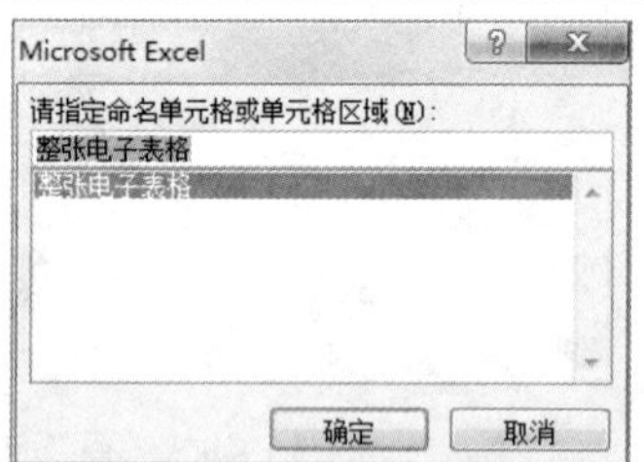

图 5-191　选择数据源文件

其次，将光标定位到文档中第一个要插入合并域的位置，即到“贵子（女）”后单击定位。选择“插入合并域”中的“姓名”。

定位到主文档文件内“学习成绩表”表格中“网页设计”后的单元格，再一次打开“插入合并域”对话框，选择“网页设计”，同理，分别定位到所需位置处插入合并域内容，如图 5-192 所示。

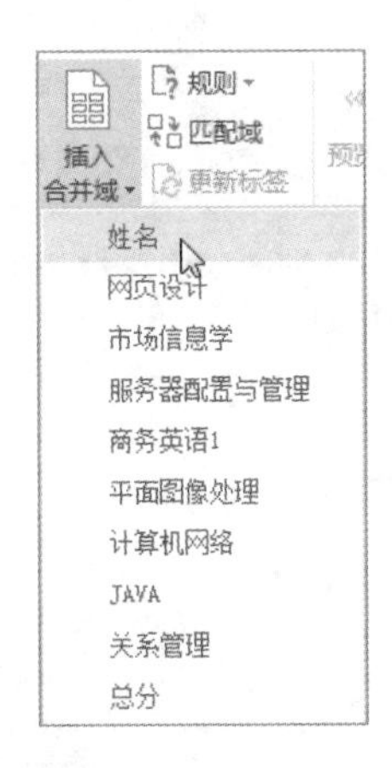

学习成绩表

科　目	成绩总评	科　目	成绩总评
网页设计	«网页设计»	平面图像处理	«平面图像处理»
市场信息学	«市场信息学»	计算机网络	«计算机网络»
服务器配置与管理	«服务器配置与管理»	JAVA	«JAVA»
商务英语 1	«商务英语 1»	关系管理	«关系管理»
总分	«总分»		

图 5-192　定位输入合并域内容

最后，合并域内容插入完成后，单击选择“完成并合并”中的“编辑单个文件”选项。打开“合并到新文档”对话框，从中选择“全部”单击按钮，单击“确定”按钮，如图 5-193 所示。

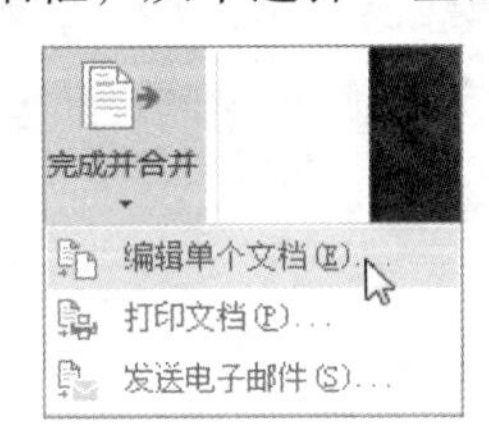

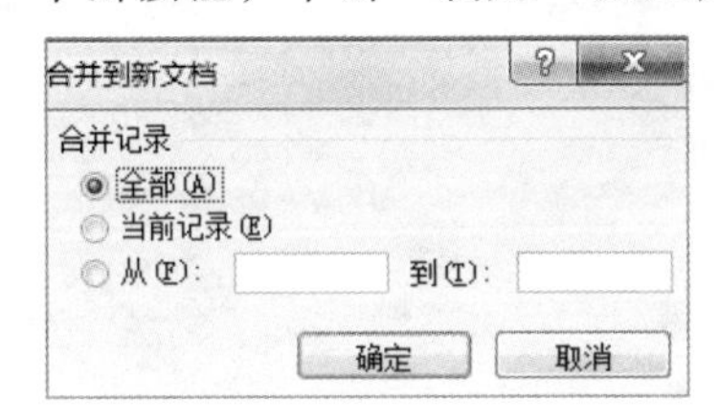

图 5-193　形成合并邮件

Word 将根据设置自动合并文档并将全部记录存放到一个新文档——信函 1 中，如图 5-194 和图 5-195 所示。

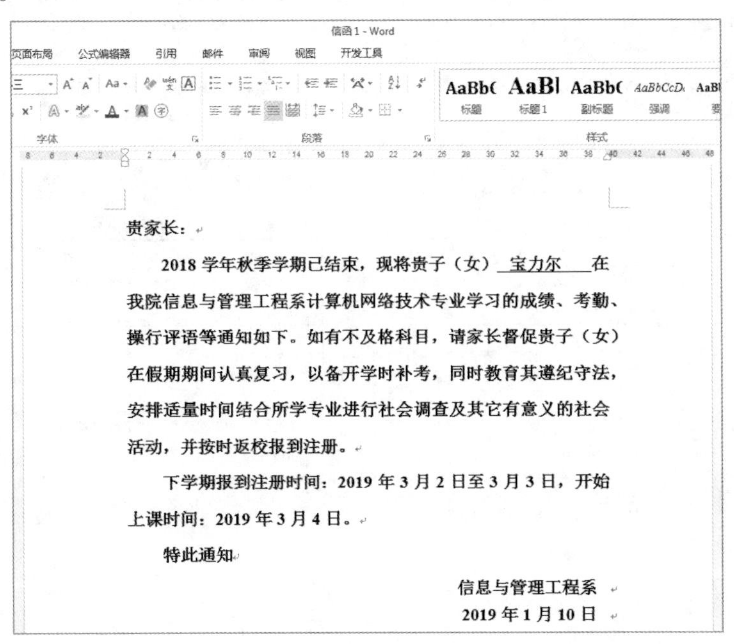

贵家长：

2018 学年秋季学期已结束，现将贵子（女）宝力尔　在我院信息与管理工程系计算机网络技术专业学习的成绩、考勤、操行评语等通知如下。如有不及格科目，请家长督促贵子（女）在假期期间认真复习，以备开学时补考，同时教育其遵纪守法，安排适量时间结合所学专业进行社会调查及其它有意义的社会活动，并按时返校报到注册。

下学期报到注册时间：2019 年 3 月 2 日至 3 月 3 日，开始上课时间：2019 年 3 月 4 日。

特此通知

信息与管理工程系

2019 年 1 月 10 日

图 5-194　邮件合并

贵家长：

2018 学年秋季学期已结束，现将贵子（女）白嘎力 在我院信息与管理工程系计算机网络技术专业学习的成绩、考勤、操行评语等通知如下。如有不及格科目，请家长督促贵子（女）在假期期间认真复习，以备开学时补考，同时教育其遵纪守法，安排适量时间结合所学专业进行社会调查及其它有意义的社会活动，并按时返校报到注册。

下学期报到注册时间：2019 年 3 月 2 日至 3 月 3 日，开始上课时间：2019 年 3 月 4 日。

特此通知

信息与管理工程系
2019 年 1 月 10 日

学习成绩表

科 目	成绩总评	科 目	成绩总评
网页设计	70	平面图像处理	80
市场信息学	71	计算机网络	81
服务器配置与管理	80	JAVA	77
商务英语 1	93	关系管理	73
总分	625		

请家长在寒假督促孩子进行社会实践锻炼。

此致

敬礼！

班主任：舍乐莫

贵家长：

2018 学年秋季学期已结束，现将贵子（女）阿森那 在我院信息与管理工程系计算机网络技术专业学习的成绩、考勤、操行评语等通知如下。如有不及格科目，请家长督促贵子（女）在假期期间认真复习，以备开学时补考，同时教育其遵纪守法，安排适量时间结合所学专业进行社会调查及其它有意义的社会活动，并按时返校报到注册。

下学期报到注册时间：2019 年 3 月 2 日至 3 月 3 日，开始上课时间：2019 年 3 月 4 日。

特此通知

信息与管理工程系
2019 年 1 月 10 日

学习成绩表

科 目	成绩总评	科 目	成绩总评
网页设计	75	平面图像处理	84
市场信息学	75	计算机网络	83
服务器配置与管理	54	JAVA	77
商务英语 1	71	关系管理	86
总分	605		

请家长在寒假督促孩子进行社会实践锻炼。

此致

敬礼！

班主任：舍乐莫

贵家长：

2018 学年秋季学期已结束，现将贵子（女）河日妮 在我院信息与管理工程系计算机网络技术专业学习的成绩、考勤、操行评语等通知如下。如有不及格科目，请家长督促贵子（女）在假期期间认真复习，以备开学时补考，同时教育其遵纪守法，安排适量时间结合所学专业进行社会调查及其它有意义的社会活动，并按时返校报到注册。

下学期报到注册时间：2019 年 3 月 2 日至 3 月 3 日，开始上课时间：2019 年 3 月 4 日。

特此通知

信息与管理工程系
2019 年 1 月 10 日

学习成绩表

科 目	成绩总评	科 目	成绩总评
网页设计	84	平面图像处理	88
市场信息学	79	计算机网络	84
服务器配置与管理	98	JAVA	82
商务英语 1	82	关系管理	85
总分	682		

请家长在寒假督促孩子进行社会实践锻炼。

此致

敬礼！

班主任：舍乐莫

贵家长：

2018 学年秋季学期已结束，现将贵子（女）宝力尔 在我院信息与管理工程系计算机网络技术专业学习的成绩、考勤、操行评语等通知如下。如有不及格科目，请家长督促贵子（女）在假期期间认真复习，以备开学时补考，同时教育其遵纪守法，安排适量时间结合所学专业进行社会调查及其它有意义的社会活动，并按时返校报到注册。

下学期报到注册时间：2019 年 3 月 2 日至 3 月 3 日，开始上课时间：2019 年 3 月 4 日。

特此通知

信息与管理工程系
2019 年 1 月 10 日

学习成绩表

科 目	成绩总评	科 目	成绩总评
网页设计	78	平面图像处理	88
市场信息学	77	计算机网络	82
服务器配置与管理	76	JAVA	84
商务英语 1	95	关系管理	80
总分	660		

请家长在寒假督促孩子进行社会实践锻炼。

此致

敬礼！

班主任：舍乐莫

图 5-195　信函 1 部分内容

阶段测试

1. 选择题

（1）在 Word 2013 中想要设置“公式编辑器”选项卡，则（　　）。

A. 选择“插入”选项卡中的“公式”

B. 选择“开发工具”选项卡中的“公式编辑器”

C. 选择“文件”选项卡中“选项”中的相关内容

D. 无法设置

（2）在下列软件：①WPS Office 2013；②Windows 7；③财务管理软件；④UNIX；⑤学籍管理系统；⑥MS-DOS；⑦Linux 中，属于系统软件是（　　）。

A. ①③⑤　　B. ②④⑥⑦　　C. ②④①　　D. ③⑤⑦

（3）在 Word 2013 文档编辑状态下，将光标定位于任一段落位置，设置 1.5 倍行距后，结果将是（　　）。

A. 全部文档没有任何改变

B. 全部文档按 1.5 倍行距调整段落格式

C. 光标所在行按 1.5 倍行距调整段落格式

D. 光标所在段落按 1.5 倍行距调整段落格式

（4）Word 2013 中给选定的段落、表、单元格添加底纹背景，应选择（　　）选项卡。

A. 页面布局　　B. 开始　　C. 页面背景　　D. 插入

（5）在 Word 2013 中，欲统计某文档的字数，应选择（　　）选项卡。

A. 开始　　B. 审阅　　C. 插入　　D. 设计

（6）在 Word 2013 编辑状态下，设置首行下沉，需选择（　　）选项卡。

A. 开始　　B. 审阅　　C. 插入　　D. 设计

（7）在 Word 2013 中，对图片设置（　　）环绕方式后，可以形成水印效果。

A. 四周型环绕　　B. 紧密型环绕

C. 衬于文字下方　　D. 浮于文字上方

（8）要查看 Word 文档中与页眉、页脚有关的文字和图形等复杂格式的内容时，应采用的视图方式是（　　）。

A. 大纲视图　　B. Web 版式视图　C. 普通视图　　D. 页面视图

（9）在 Word“打印”内“设置”中的“自定义打印范围”内页数中输入了“2－6,10,15”，表示要打印的是（　　）。

A. 第 2 页、第 6 页，第 10 页、第 15 页

B. 第 2 页至第 6 页，第 10 页，第 15 页

C. 第 2 页，第 6 页，第 10 页至第 15 页

D. 第 2 页至第 6 页，第 10 页至第 15 页

（10）对插入的图片，不能进行的操作是（　　）。

A. 放大或缩小　B. 在图片中添加文本　C. 移动位置　D. 从矩形边缘裁剪

2. 填空题

（1）在 Office 2013 中，Word、Excel 和 PowerPoint 的扩展名分别为________。

（2）在 Word 2013 中，对图片的________环绕方式后可以形成水印效果。

（3）在 Word 2013 中，如果要对文档内容（包括图形）进行编辑操作，首先必须________操作的对象，然后再进行相关操作即可。

（4）按________键可在汉字输入法和英文输入法间切换。

（5）在 Word 中若想选取竖列文本，则________。

（6）在 Word 2013 中提供的视图有________等 5 种。

（7）在 Word 2013 中若想选择全部内容可按________组合键。

（8）在 Word 2013 中进行“段落”→“缩进”→“右侧”→“6 字符”，则________。

（9）Word 2013 中打印已经编辑好的文档之前，要看到整篇文档的排版效果，应该使用的功能是________。

（10）在 Word 2013 中，如果要对文档内容，包括图形进行编辑操作，必须首先________操作的对象。

（11）在 Word 中，若将一个字设为 200 磅的特大字号，应在________列表框中________直接输入即可。

（12）我们知道计算机软件分为两种，那么我们所学的 Office 中的 Word 文字处理软件属于其中的________。

（13）在 Word 中段落标记是依据按________键来体现的。

3. 判断题

（1）计算机中进行剪切、复制、粘贴的快捷键分别对应的是 Ctrl+V、Ctrl+C 和 Ctrl+X。（　　）

（2）小李在 Word 2013 中修改一篇长文档时不慎将光标移动了位置，若希望返回最近编辑过的位置则按 Shift+F5 组合键。（　　）

（3）小李正在 Word 2013 中编辑一篇包含 12 章的书稿，若希望每一章都能自动从新的一页开始，则应在每一章最后插入一个分页符。（　　）

（4）在 Word 2013 段落对话框中所提供的“间距”用于设置每一句的距离。（　　）

（5）搜狗输入法中按 Shift+Space 组合键可实现当前中文输入法与英文标点符号间的切换。（　　）

（6）在 Word 2013 中，使用“字体”组中的工具可设置段落对齐方式。（　　）

（7）在计算机中输入汉字时必须在大写状态下输入。（　　）

（8）在 Word 中正文部分与纸张边缘的距离称为页眉。 （ ）

（9）A4 复印纸的纸张规格是 210 毫米 × 297 毫米。 （ ）

（10）在 Word 中执行“粘贴”命令后，剪贴板中的某一项内容移动到光标处。 （ ）

4. 简答题

（1）要将某文档中的所有“良好”文本统一替换为 85，该如何操作？

（2）要选择和移动文本框，该如何操作？能为文本框设置边框的填充吗？

（3）常用的选择文本的方法有哪几种？

（4）某文档共有 25 页，现在需要打印其第 3 页到第 9 页和第 23 页内容且打印 5 份，该如何操作？

（5）文本内容的复制一般有哪几种操作方法？

项目六　Excel 2013 表格处理软件

能力目标

- 任务一　认识 Excel 2013
- 任务二　输入数据
- 任务三　编辑及美化工作表
- 任务四　使用公式和函数
- 任务五　管理工作表数据
- 任务六　使用图表
- 任务七　完成综合案例

知识目标

- 掌握 Excel 2013 的启动、退出及熟悉其工作窗口界面
- 理解工作簿、工作表、单元格及数据清单的概念
- 掌握工作簿、工作表、单元格、行列的基本操作及其编辑和修饰
- 掌握 Excel 表格的创建、修饰及图表的应用
- 掌握公式、常用函数的使用及数据的排序和筛选

任务一　认识 Excel 2013

任务技能目标

- 了解 Excel 2013 的工作界面
- 了解工作簿、工作表和单元格
- 掌握工作簿基本操作
- 掌握工作表常用操作

任务实施

1. 认识工作界面

在 Excel 2013 中用功能区取代了早期版本中的菜单、工具栏和大部分任务窗格。功能区中包含文件菜单、功能选项卡、命令按钮、库和对话框内容。

Excel 2013 的功能区由“开始”“插入”“页面布局”“公式”“数据”“审阅”“视图”“开发工具”等选项卡组成，如图 6–1 所示。各选项卡是面对任务的，每个选项卡以特定任务或方案为主题组织其中的功能控件。例如，“开始”选项卡以表格的日常使用为主题设置其中的功能控件，包含了表格的复制、粘贴、设置字体、字号、表格线、数据对齐方式及报表样式等常见操作的控件，如图 6–2 所示。每一个选项卡中的控件细分成几个逻辑分组，每个分组再放置实现具体功能的控件。例如，在“单元格”中设置单元格、行、列及表格的“插入”“删除”及行、列、单元格的相关“格式”属性内容的具体控件命令，如图 6–3 所示。

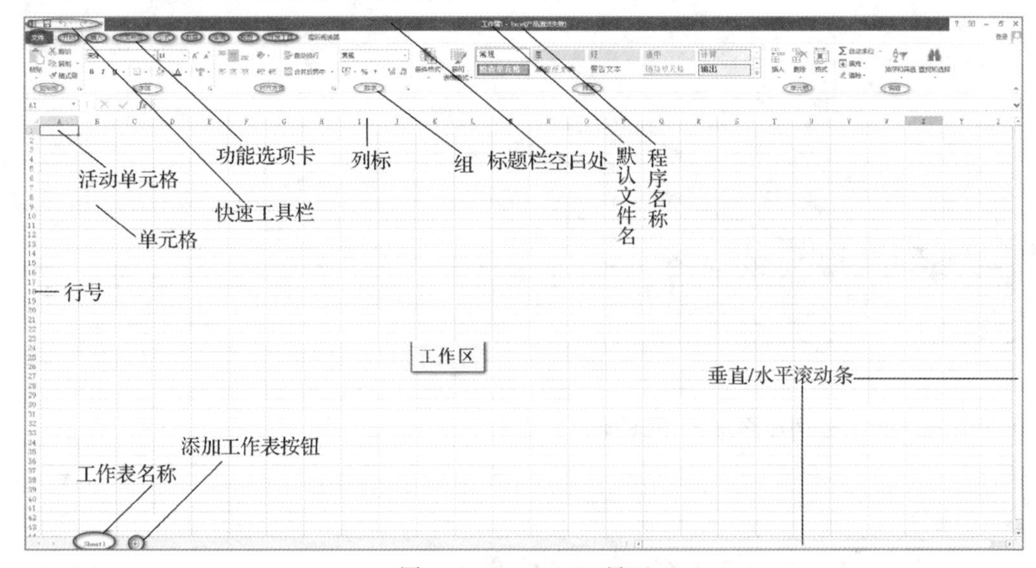

图 6–1 Excel 2013 界面

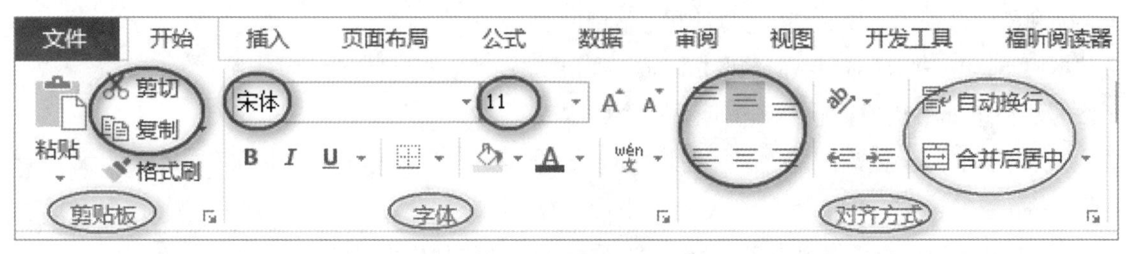

图 6–2 功能控件

2. 概念的掌握

（1）单元格

单元格就是 Excel 工作区中由灰色横、竖线构成的每一个矩形块。单元格由它所在的行、列标题所确定的坐标来标识和引用。这个坐标称为单元格地址。书写时列标在前，行号在后，如 A2、H8。

（2）活动单元格

单元格四周由绿色框线框起且右下角有一个小矩形的区域为活动单元格，如图 6–4 所示，即当前正在使用的单元格。

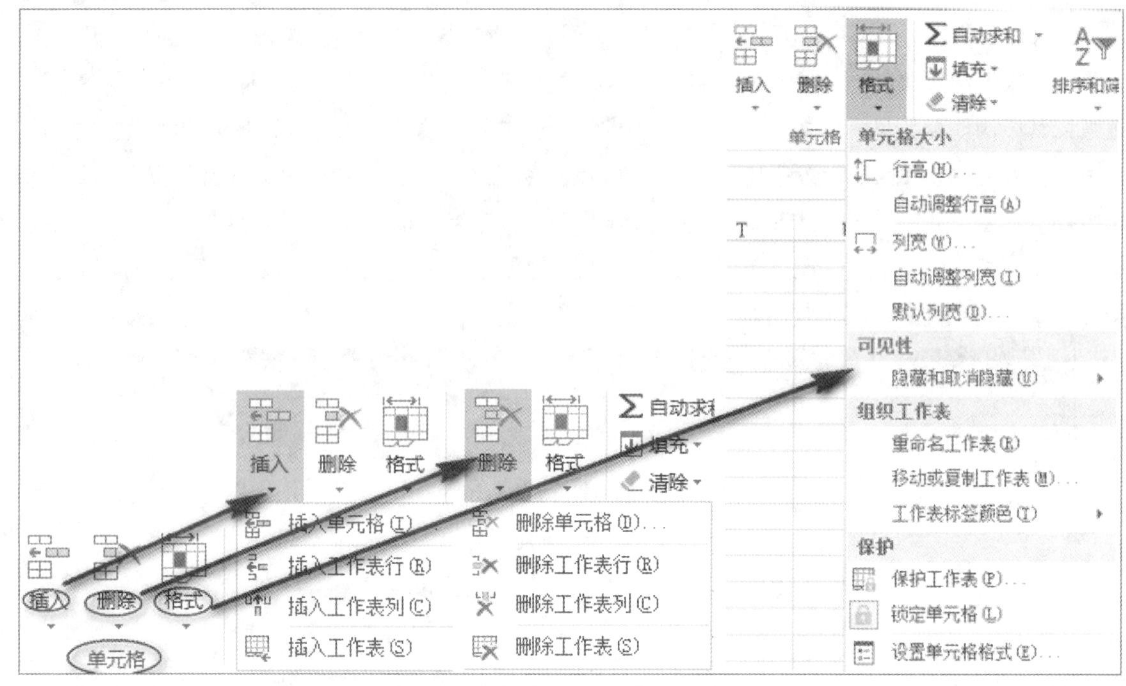

图 6-3 “单元格”组具体控件命令

活动单元格右下角的绿色实心方块称为拖动柄或填充柄。

（3）工作表

工作表就是通常所说的电子表格，是 Excel 中用于存储和处理数据的主要文档。它与日常生活中的表格基本相同，由一些横向和纵向的网格组成，即由单元格和活动单元格构成。它实际上就是一个二维表格。可以说工作表是由多个单元格连续排列而形成的一张表格。

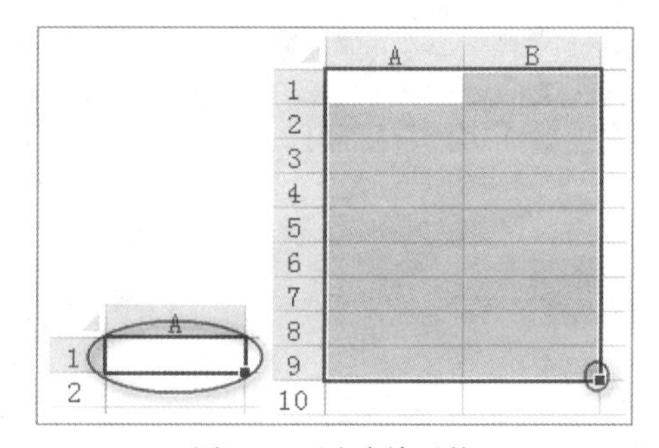

图 6-4 活动单元格

Excel 2013 的一个工作表中多达 16 384 列（最后一列的列标为 XFD）、1 048 576 行。而在 Excel 2003 及之前版本为 256 列、65 536 行。

默认状态下，Excel 2013 中只有一个标签名为 Sheet1 的工作表。但可以通过单击“新工作表”按钮添加新的工作表。

（4）工作簿

在 Excel 中创建的文件称为工作簿。工作簿是 Excel 管理数据的文件单位，相当于日常工作中的“文件夹”，它以独立的文件形式存储在磁盘中。工作簿由独立的工作表组成，可以包含一个工作表，也可以包含多个工作表。在 Excel 2003 及之前版本中在一个工作簿下只能创建 256 个工作表，在高版本中创建工作表的数量仅受内存限制，可以是无穷个。

在 Excel 2013 中工作簿的默认文件扩展名为.xlsx，而在 Excel 2003 及之前版本中为.xls。

（5）名称框

名称框用于指示活动单元格的位置。在任何时候，活动单元格的位置都将显示在名称框中，如图 6–5 所示。

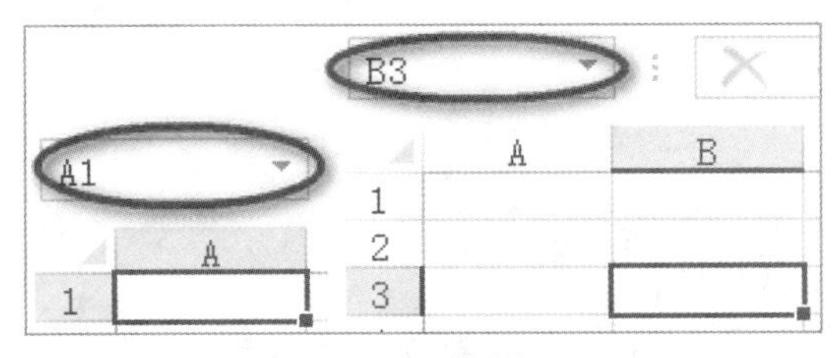

图 6–5　名称框

名称框还具有定位活动单元格的功能。例如，要想在单元格 H8 中输入数据，可直接在名称框中输入 H8，按 Enter 键，Excel 就会使 H8 变为活动单元格。

名称框还具有为单元格定义名称的功能。

3. 各项错误值的含义

有时，在单元格中会显示出######、#DIV/0!、#N/A 或#NAME? 等内容，这些在 Excel 是错误值。

严格意义上讲，错误值不能称为一种数据类型，它是由于公式或调用函数时发生了错误而产生的结果，这些错误值的含义及产生原因如表 6–1 所示。默认错误值和逻辑值在单元格中采用居中对齐方式。

表 6–1　Excel 中错误值的含义及产生原因

错 误 值	错 误 原 因
######	单元格所含的数字、日期或时间比单元格宽，或者单元格的日期、时间公式产生了一个负值
#VALUE!	1. 在需要数字或逻辑值时输入了文本，Excel 不能将文本转化为正确的数据类型。 2. 输入或编辑数组公式时，按了 Enter 键。 3. 把单元格引用、公式和函数作为数组常量输入。 4. 把一个数值区域赋给了只需要单一参加的运算符或函数，如在 B1 单元格中输入格式“=SIN(B1：B5)”就会产生此错误值
#DIV/O	1. 输入的公式中包含明显的除数零，如“=5/0”。 2. 在公式中，除数使用了指向空单元格或包含零值单元格的单元格引用（在 Excel 中若运算对象是空白单元格，Excel 将此空值当作零值），都会产生此错误
#NAME?	1. 在公式中输入文本时没有使用双引号。Microsoft 将其解释为名称，但这些名字没有定义。 2. 函数的名称拼写错误。 3. 删除了公式中使用的名称，或者在公式中使用了定义的名称。 4. 名字拼写错误
#N/A	1. 内部或自定义工作表函数中缺少一个或多个参数。 2. 数组公式中使用的参数的行数或列数与包含数组公式的区域的行数或列数不一致。 3. 在未排序的表中使用 VLOOKUP、HLOOKUP 或 MATCH 工作表函数来查找值
#REF	删除了公式引用的单元格区域
#NUM	1. 计算产生的数值太大或太小，Excel 不能表示。 2. 在需要数字参数的函数中使用了非数字参数
#NULL!	在公式的两个区域中加入了空格从而要求交叉区域，但实际上这两个区域并无重叠区域

任务二 输 入 数 据

任务技能目标

- 掌握数据类型
- 掌握输入数据及单元格的选择
- 掌握编辑数据

任务实施

1. 值日表

（1）任务提出

尝试在 Excel 工作表中输入图 6-6 所示的信息，建议用自动填充。

值日表					
时间	星期一	星期二	星期三	星期四	星期五
学号	305001	305002	305003	305004	305005

图 6-6 自动填充

（2）操作步骤

先定位到“时间”所在单元格的下一个单元格输入“星期一”，再一次选择该单元格，鼠标指针移到该单元格右下方填充柄处向右拖放，即可完成自动填充。

2. 收入表

（1）任务提出

将下列表格中，收入的数据格式设为货币样式，货币符为$，千分位分隔样式，保留两位小数，如图 6-7 所示。

（2）操作步骤

选中数字所在单元格，右击，在弹出的快捷菜单中选择“设置单元格格式”命令，如图 6-8 所示。打开“设置单元格格式”对话框，选择“数字”选项卡，选中“货币”选项，再选择货币符号下拉列表框中的$，最后单击“确定”按钮，如图 6-9 所示。

984316.12	$984,316.12
41315.59	$41,315.59
574643.87	$574,643.87

图 6-7 货币符号

图 6-8 设置单元格格式

3．材料表

（1）任务提出

在材料表（见图 6–10）的“材料名称”前加一列，命名为“材料规格”，在“铜板”下加一行，命名为“稀土”，并修改材料序号。

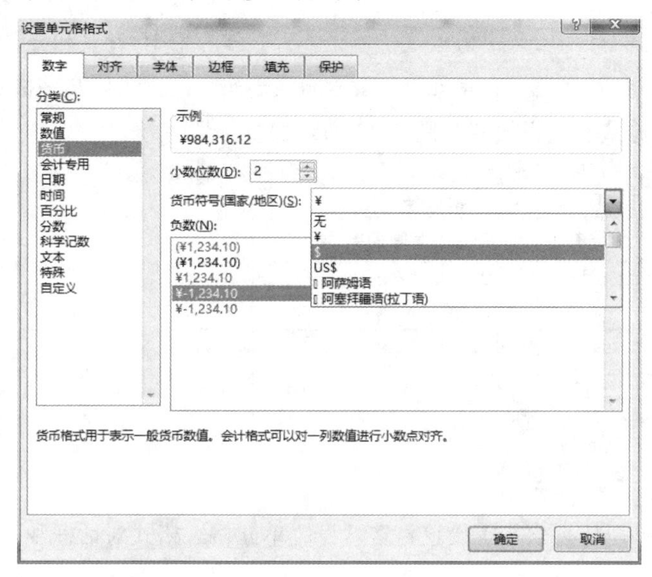

图 6–9　“设置单元格格式”对话框

	材料名称	数量	单价（元）
1	方钢	400	1.4
2	圆钢	300	1.5
3	铜板	400	1.7
4	黄铜	100	3.2
5	紫铜	600	3.5
6	铝	1000	2.3
7	铁	2300	0.9
8	铅	200	5
9	铝合金	1400	2.1

图 6–10　材料表

（2）操作步骤

选中“材料名称”所在列，右击，在弹出的快捷菜单中选择“插入”命令，然后在插入列添加“材料规格”。选中“黄铜”所在列，右击，在弹出的快捷菜单中选择“插入”命令插入行，并在“铜板”下添加“稀土”。选择 1 所在单元格，鼠标指针移到该单元格右下方填充柄处向下拖放，在右下角下拉菜单中选择“填充序列”命令。

任务三　编辑及美化工作表

任务技能目标

- 了解编辑工作表的常用方法
- 掌握设置字符格式和对齐方式
- 掌握设置边框和底纹
- 掌握设置条件格式
- 理解自动套用样式
- 掌握拆分和冻结窗格

任务实施

1. 图书销售表

（1）任务提出

创建图 6-11 所示的图书销售表。设置标题文字格式，字体：宋体，字号：16 号，粗体。设置标题文字对齐方式：垂直居中对齐，合并标题所在单元格。设置斜线表头。设置表体文字格式：字体：宋体，字号：11 号。表体对齐方式和边框设置与图 6-11 所示保持一致。

	A	B	C	D	E
1	2019年3月图书销售合计				
2	书店名 图书类型	八一书店	新华书店	草原书店	学子书店
3	法律	300	310	260	270
4	艺术	260	320	290	280
5	化学	220	340	330	276
6	物理	270	280	270	297
7	大数据	290	380	230	310
8	云计算	310	400	250	315

图 6-11　图书销售表

（2）操作要点分析

此表中的字体、对齐方式、合并单元格、表头等设置，在“设置单元格”格式对话框和“开始”选项卡中完成。

（3）操作步骤

① 设置标题文字。选中有标题的 A1 单元格，右击，在弹出的快捷菜单中选择“设置单元格格式”命令，打开“设置单元格格式”对话框，选择“字体”选项卡，将字体设置为“宋体”，将字号设置为 16，将字形设置为“粗体”，最后单击“确定”按钮，如图 6-12 所示。

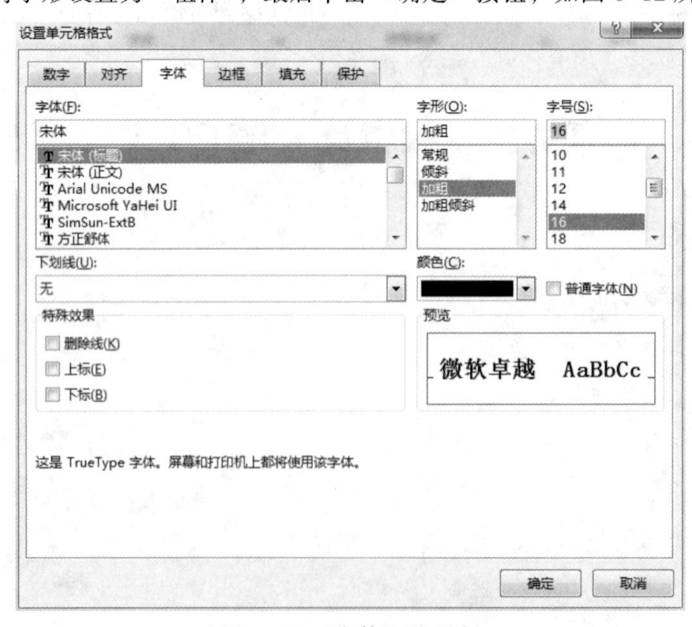

图 6-12　“字体”选项卡

② 设置标题的对齐方式。选中有标题的 A1 单元格，同时按住鼠标左键向右拖动 4 个单元格，单击“开始”选项卡，在“对齐方式”组选择“垂直居中”及“合并后居中”，如图 6–13 所示。

	A	B	C	D	E	F	G
1	2019年3月图书销售合计						
2	书店名 图书类型	八一书店	新华书店	草原书店	学子书店		
3	法律	300	310	260	270		
4	艺术	260	320	290	280		
5	化学	220	340	330	276		
6	物理	270	280	270	297		
7	大数据	290	380	230	310		
8	云计算	310	400	250	315		

图 6–13 “对齐方式”组

③ 设置斜线表头。选中斜线表头所在 A2 单元格，右击，在弹出的快捷菜单中选择“设置单元格格式”命令，打开“设置单元格格式”对话框，选择“边框”选项卡，单击“边框”区域中的斜线图标，最后单击“确定”按钮，如图 6–14 所示。

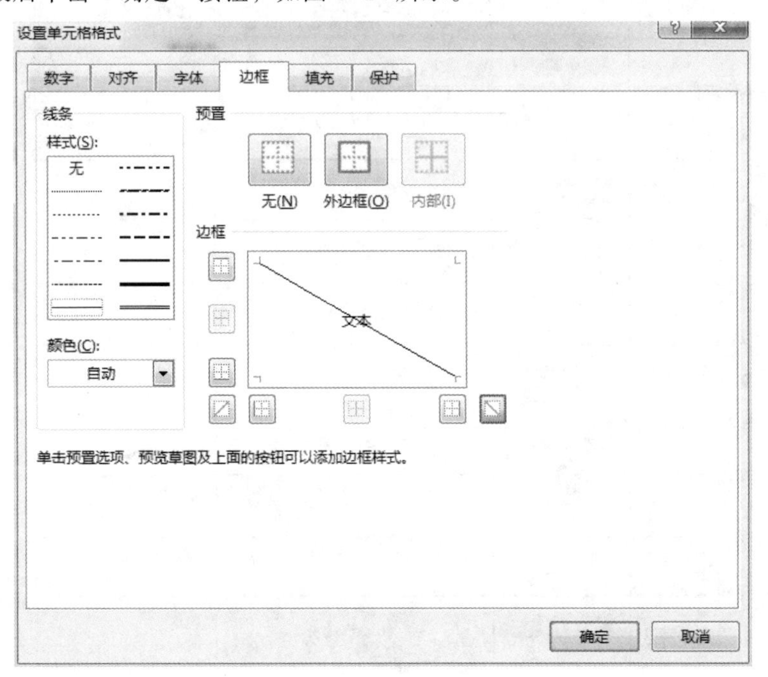

图 6–14 “边框”选项卡

④ 设置表体。拖动选中表体所在单元格，右击，在弹出的快捷菜单中选择“设置单元格格式”命令，打开“设置单元格格式”对话框，选择“字体”选项卡，将字体设置为“宋体”，将字

号设置为 11，再选择“边框”选项卡，样式中选择实线，并单击“外边框”和“内部”，最后单击“确定”按钮。表体对齐方式与标题对齐方式设置相同。

2．设置多个斜线表头

定位后，选择“插入”选项卡“插图”组“形状”控件组中的“直线”按钮，然后按住 Alt 键拖放创建所需斜线即可，如图 6-15 所示。

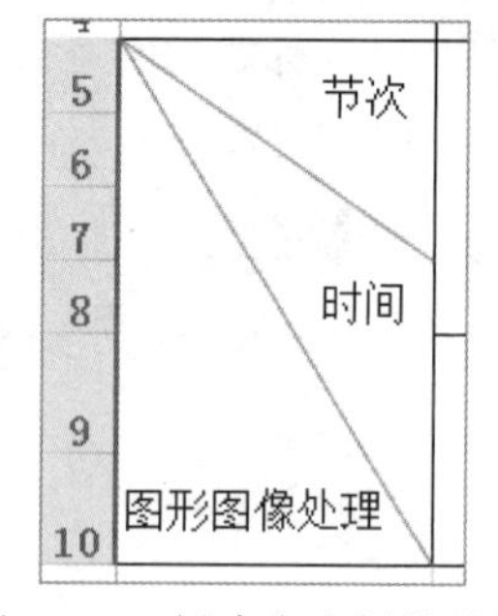

图 6-15　创建多个斜线效果

3．电脑配置单

（1）任务提出

创建图 6-16 所示的电脑配置单。将标题设置为艺术字，有映射效果，其他样式自己配置。设置标题文字对齐方式：垂直居中对齐，合并标题所在单元格。表第一行设置底纹：蓝色。设置表体文字格式：字体：宋体，字号：12 号。表体对齐方式和边框设置与图 6-16 所示保持一致。表中相关的图片和形状可以换为相似图片。

电脑配置单

配件	产品图片	详细说明	数量	单价
CPU		酷睿四核	1	¥800.0
主板		技嘉GA-870-UD3P主	1	¥989.0
内存		金士顿内存2G	1	¥199.0
显卡		PCI-E显卡	1	¥1,400.0
硬盘		三星500G	1	¥399.0
光驱		索尼AD-7260S 24X串口 DVD刻录机	1	¥169.0
显示器		杰威宽屏高清液晶显示器	1	¥1,299.0
机箱		酷冷至尊（CoolerMaster）无尘式	1	¥299.0
鼠标		罗技MX518游戏鼠标，13版新款	1	¥299.0
键盘		罗技G110游戏键盘	1	¥399.0

图 6-16　电脑配置单

（2）操作要点分析

此表中的字体、对齐方式、合并单元格、表头等设置，在“设置单元格格式”对话框和“开始”选项卡中完成。

（3）操作步骤

① 将标题设置为艺术字。选中标题所在 A1 单元格，单击“插入”选项卡，在“文本”组选择“艺术字”，创建一个名为“电脑配置单”的艺术字，如图 6-17 所示。

图 6-17　创建艺术字

② 设置标题的对齐方式。选中有标题的 A1 单元格，同时按住鼠标左键向右拖动 4 个单元格，单击“开始”选项卡，在“对齐方式”组选择“垂直居中”及“合并后居中”。

③ 设置表第一行底纹。选中表第一行 A2 单元格到 E2 单元格，右击，在弹出的快捷菜单中“设置单元格格式”命令，打开“设置单元格格式”对话框，选择“填充”选项卡，选择背景色为蓝色，最后单击“确定”按钮，效果如图 6-18 所示。

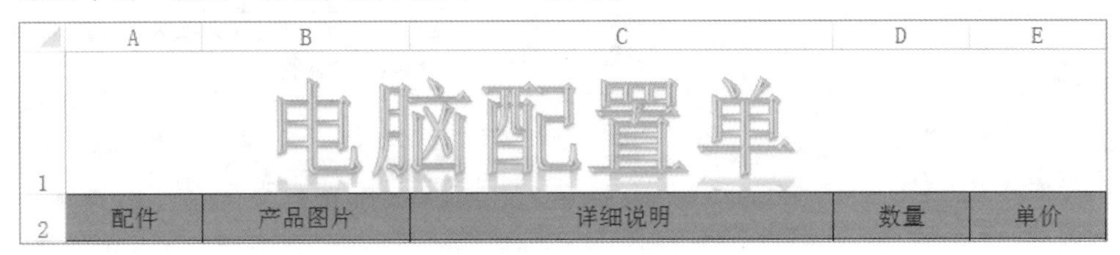

图 6-18　设置效果

④ 设置表体。拖动选中表体所在单元格，右击，在弹出的快捷菜单中选择“设置单元格格式”命令，打开“设置单元格格式”对话框，选择“字体”选项卡，将字体设置为“宋体”，将字号设置为 12，再选择“边框”选项卡，样式选择实线，并单击“外边框”和“内部”，最后单击“确定”按钮。表体对齐方式与标题对齐方式设置相同。

任务四　使用公式和函数

任务技能目标

- 掌握公式的应用及常用函数的使用
- 了解公式及公式中的运算符
- 了解函数及常用函数类型
- 理解单元格引用

任务实施

1. 学期成绩统计分析

（1）任务提出

学期成绩统计表如图 6-19 所示。计算每一位同学的专业课均分、学期成绩（学期成绩=专业课均分*70%+综合成绩*30%），然后统计本班同学不同专业课的课程平均成绩及全班同学的学期成绩及格率、优秀率并给出成绩等级（学期成绩在 90～100 分之间为“优秀”，80～89 分之间为“良好”，70～79 分之间为“中等”，60～69 分之间为“及格”，60 分以下为“不及格”）。

	A	B	C	D	E	F	G	H	I
1									
2	学号	姓名	组网技术	计算机高级语言	服务器配置	专业课均分	综合成绩	学期成绩	成绩等级
3	20180901	刘军	96	88	89		96		
4	20180902	朱同飞	82	73	74		84		
5	20180903	江闪闪	84	81	85		90		
6	20180904	何勇	90	99	96		92		
7	20180905	李立五	45	55	59		60		
8	20180906	李丽	87	88	88		89		
9	20180907	张三	77	75	79		70		
10	20180908	李司	75	66	62		69		
11	20180909	王五	81	85	95		89		
12	20180910	李娜	73	98	78		88		
13	20180911	杨志	60	62	69		68		
14	20180912	黄卫东	77	88	85		70		
15	课程平均成绩								
16	学期成绩及格率								
17	学期成绩优秀率								
18									

图 6-19　学期成绩统计表

（2）操作要点分析

此表中的课程平均成绩、学期成绩及格率和学期成绩优秀率、成绩等级等用函数处理，而专业课均分、学期成绩两项用公式处理。

（3） 操作步骤

① 计算专业课均分。先定位到刘军“专业课均分”所在单元格 F3，然后直接输入“=(C3+D3+E3)/3”，按 Enter 键即可完成计算刘军的“专业课均分”。再一次选择该单元格，向下拖动填充柄完成其他同学的“专业课均分”计算，如图 6-20 所示。

② 计算学期成绩。先定位到刘军“学期成绩”所在单元格 H3，然后直接输入“=F3*70%+G3*30%”，按 Enter 键，完成计算刘军的“学期成绩”。再一次选择该单元格，向下拖动填充柄完成其他同学的“学期成绩”计算，如图 6-21 所示。

F3　fx　=(C3+D3+E3)/3

	A	B	C	D	E	F	G	H	I
1									
2	学号	姓名	组网技术	计算机高级语言	服务器配置	专业课均分	综合成绩	学期成绩	成绩等级
3	20180901	刘军	96	88	89	91	96		
4	20180902	朱同飞	82	73	74	76	84		
5	20180903	江闪闪	84	81	85	83	90		
6	20180904	何勇	90	99	96	95	92		
7	20180905	李立五	45	55	59	53	60		
8	20180906	李丽	87	88	88	88	89		
9	20180907	张三	77	75	79	77	70		
10	20180908	李司	75	66	62	68	69		
11	20180909	王五	81	85	95	87	89		
12	20180910	李娜	73	98	78	83	88		
13	20180911	杨志	60	62	69	64	68		
14	20180912	黄卫东	77	88	85	83	70		
15	课程平均成绩								
16	学期成绩及格率								
17	学期成绩优秀率								

图 6-20　专业课均分计算结果

H3 =F3*70%+G3*30%

学号	姓名	组网技术	计算机高级语言	服务器配置	专业课均分	综合成绩	学期成绩	成绩等级
20180901	刘军	96	88	89	91	96	93	
20180902	朱同飞	82	73	74	76	84	79	
20180903	江闪闪	84	81	85	83	90	85	
20180904	何勇	90	99	96	95	92	94	
20180905	李立五	45	55	59	53	60	55	
20180906	李丽	87	88	88	88	89	88	
20180907	张三	77	75	79	77	70	75	
20180908	李司	75	66	62	68	69	68	
20180909	王五	81	85	95	87	89	88	
20180910	李娜	73	98	78	83	88	85	
20180911	杨志	60	62	69	64	68	65	
20180912	黄卫东	77	88	85	83	70	79	
课程平均成绩								
学期成绩及格率								
学期成绩优秀率								

图 6-21 学期成绩计算结果

③ 计算课程平均成绩。定位到 C15 单元格，选择“开始”选项卡“求和函数”下拉列表中的“平均值”，如图 6-22 所示。此时表格效果如图 6-23 所示，按 Enter 键确定即可。

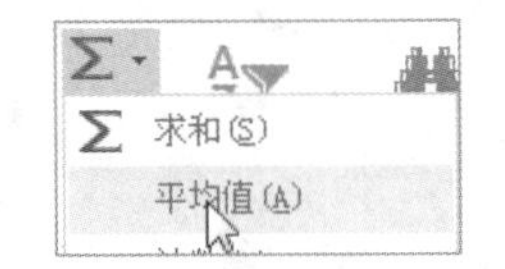

图 6-22 选择“平均值”

SUM =AVERAGE(C3:C14)

学号	姓名	组网技术	计算机高级语言	服务器配置	专业课均分
20180901	刘军	96	88	89	91
20180902	朱同飞	82	73	74	76
20180903	江闪闪	84	81	85	83
20180904	何勇	90	99	96	95
20180905	李立五	45	55	59	53
20180906	李丽	87	88	88	88
20180907	张三	77	75	79	77
20180908	李司	75	66	62	68
20180909	王五	81	85	95	87
20180910	李娜	73	98	78	83
20180911	杨志	60	62	69	64
20180912	黄卫东	77	88	85	83
课程平		=AVERAGE(C3:C14)			

图 6-23 计算平均值

再一次选择该单元格（C15），向右拖动填充柄处即可完成其他同学的“学期成绩”计算，如图 6-24 所示。

学号	姓名	组网技术	计算机高级语言	服务器配置	专业课均分	综合成绩	学期成绩	成绩等级
20180901	刘军	96	88	89		96		
20180902	朱同飞	82	73	74		84		
20180903	江闪闪	84	81	85		90		
20180904	何勇	90	99	96		92		
20180905	李立五	45	55	59		60		
20180906	李丽	87	88	88		89		
20180907	张三	77	75	79		70		
20180908	李司	75	66	62		69		
20180909	王五	81	85	95		89		
20180910	李娜	73	98	78		88		
20180911	杨志	60	62	69		68		
20180912	黄卫东	77	88	85		70		
课程平均成绩								
学期成绩及格率								
学期成绩优秀率								

图 6-24 学期成绩计算结果

④ 计算学期成绩及格率和学期成绩优秀率。在 Excel 函数中要想解决及格率及优秀率等问题，可用函数 COUNTIF。

定位到 H16 单元格中，输入“=COUNTIF(h3:h14,">=60")/12”后直接按 Enter 键，将该单元格属性设置为“百分比”且“小数”为 0，即可完成计算及格率问题，如图 6-25 和图 6-26 所示。

H16 =COUNTIF(H3:H14,">=60")/12

	A	B	C	D	E	F	G	H
1								
2	学号	姓名	组网技术	计算机高级语言	服务器配置	专业课均分	综合成绩	学期成绩
3	20180901	刘军	96	88	89	91	96	93
4	20180902	朱同飞	82	73	74	76	84	79
5	20180903	江闪闪	84	81	85	83	90	85
6	20180904	何勇	90	99	96	95	92	94
7	20180905	李立五	45	55	59	53	60	55
8	20180906	李丽	87	88	88	88	89	88
9	20180907	张三	77	75	79	77	70	75
10	20180908	李司	75	66	62	68	69	68
11	20180909	王五	81	85	95	87	89	88
12	20180910	李娜	73	98	78	83	88	85
13	20180911	杨志	60	62	69	64	68	65
14	20180912	黄卫东	77	88	85	83	70	79
15	课程平均成绩		77	80	80			
16	学期成绩及格率							92%

图 6-25　学期成绩及格率计算结果

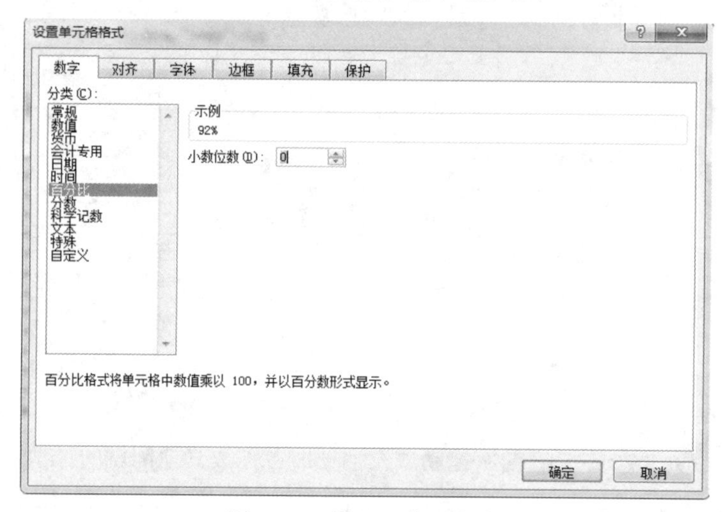

图 6-26　设置百分比格式

用同样的方法可以计算出学期成绩优秀率，即定位到 H17 单元格中输入“=COUNTIF(h3:h14,">=90")/12”后直接按 Enter 键，并将该单元格属性改为“百分比”且“小数”为 0，完成计算学期成绩优秀率问题。

⑤ 显示学生成绩等级。在 Excel 函数中要想在“成绩等级”处显示优秀、良好、中等、及格及不及格，可用函数 IF。

定位到 I3 单元格中，输入“=IF(H3>=90,"优秀",IF(H3>=80,"良好",IF(H3>=70,"中等",IF(H3>=60,"及格","不及格"))))”后直接按 Enter 键。再一次选择该单元格（I3），向下拖动填充柄即可完成其他同学的“学期等级”计算，如图 6-27 所示。

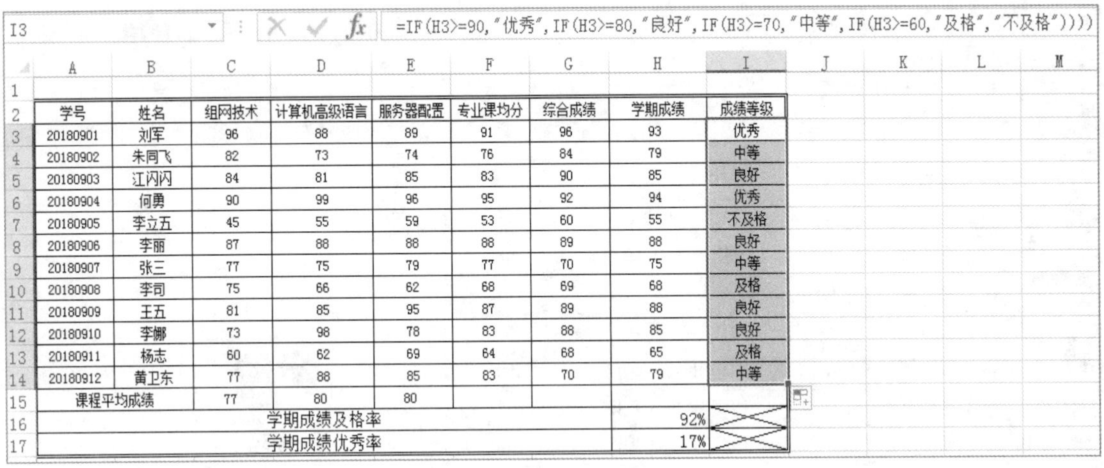

I3　=IF(H3>=90,"优秀",IF(H3>=80,"良好",IF(H3>=70,"中等",IF(H3>=60,"及格","不及格"))))

学号	姓名	组网技术	计算机高级语言	服务器配置	专业课均分	综合成绩	学期成绩	成绩等级
20180901	刘军	96	88	89	91	96	93	优秀
20180902	朱同飞	82	73	74	76	84	79	中等
20180903	江闪闪	84	81	85	83	90	85	良好
20180904	何勇	90	99	96	95	92	94	优秀
20180905	李立五	45	55	59	53	60	55	不及格
20180906	李丽	87	88	88	88	89	88	良好
20180907	张三	77	75	79	77	70	75	中等
20180908	李司	75	66	62	68	69	68	及格
20180909	王五	81	85	95	87	89	88	良好
20180910	李娜	73	98	78	83	88	85	良好
20180911	杨志	60	62	69	64	68	65	及格
20180912	黄卫东	77	88	85	83	70	79	中等
课程平均成绩		77	80	80				
学期成绩及格率							92%	
学期成绩优秀率							17%	

图 6-27　成绩等级计算结果

任务五　管理工作表数据

任务技能目标

- 掌握数据排序
- 掌握数据筛选
- 了解分类汇总

任务实施

1. 任务提出

工作表数据如图 6-28 所示。对工作表进行如下操作：分别在单元格 H2 和 I2 中填写计算总分和平均分的公式，用公式复制的方法求出各学生的总分和平均分。根据总分降序排列。筛选出平均分在 75 分以上且“性别”为“女”的同学。按“性别”对“平均分”进行分类汇总。

2. 操作要点分析

此表中在进行筛选操作时要用到高级筛选。在进行分类汇总操作时，之前必须先对数据进行排序，以使得数据中拥有同一类关键字的记录集中在一起，然后再对记录进行分类汇总操作。

3. 操作步骤

① 求总分和平均分。在单元格 H2 和 I2 中填写计算总分和平均分的公式，用自动填充的方式计算出其他学生的总分和平均分。

② 按总分降序排列。将表中所有内容选中（包括表头），单击“数据”选项卡“排序和筛选”组中的“排序”按钮，如图 6-29 所示。打开“排序”对话框，设置“主要关键字”为“总分”“降序”，如图 6-30 所示。设置完成后，单击“确定”按钮，结果如图 6-31 所示。

	A	B	C	D	E	F	G	H	I
1	学号	姓名	性别	出生年月日	课程一	课程二	课程三	平均分	总分
2	1	王春兰	女	1980 年 8 月 9 日	80	77	65		
3	2	王小兰	女	1978 年 7 月 6 日	67	86	90		
4	3	王国立	男	1980 年 8 月 1 日	43	67	78		
5	4	李萍	女	1980 年 9 月 1 日	79	76	85		
6	5	李刚强	男	1981 年 1 月 12 日	98	93	88		
7	6	陈国宝	女	1982 年 5 月 21 日	71	75	84		
8	7	黄河	男	1979 年 5 月 4 日	57	78	67		
9	8	白立国	男	1980 年 8 月 5 日	60	69	65		
10	9	陈桂芬	女	1980 年 8 月 8 日	87	82	76		
11	10	周恩恩	女	1980 年 9 月 9 日	90	86	76		
12	11	黄大力	男	1992 年 9 月 18 日	77	83	70		
13	12	薛婷婷	女	1983 年 9 月 24 日	69	78	65		
14	13	李涛	男	1980 年 5 月 7 日	63	73	56		
15	14	程维娜	女	1980 年 8 月 16 日	79	89	69		
16	15	张杨	男	1981 年 7 月 21 日	84	90	79		
17	16	杨芳	女	1984 年 6 月 25 日	93	91	88		
18	17	杨洋	男	1982 年 7 月 23 日	65	78	82		
19	18	章壮	男	1981 年 5 月 16 日	70	75	80		
20	19	张大为	男	1982 年 11 月 6 日	56	72	69		
21	20	庄大丽	女	1981 年 10 月 9 日	81	59	75		

图 6-28　工作表数据

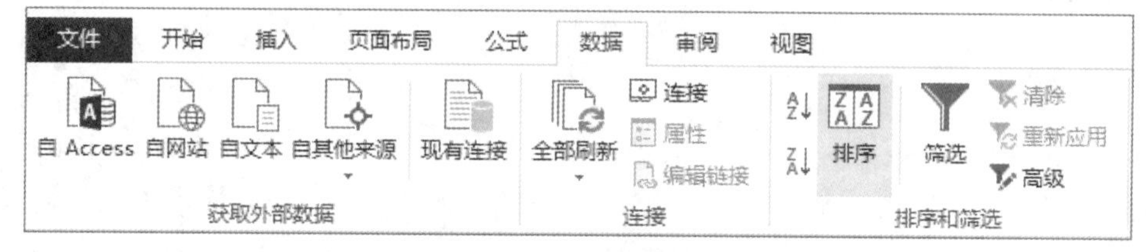

图 6-29　单击“排序”按钮

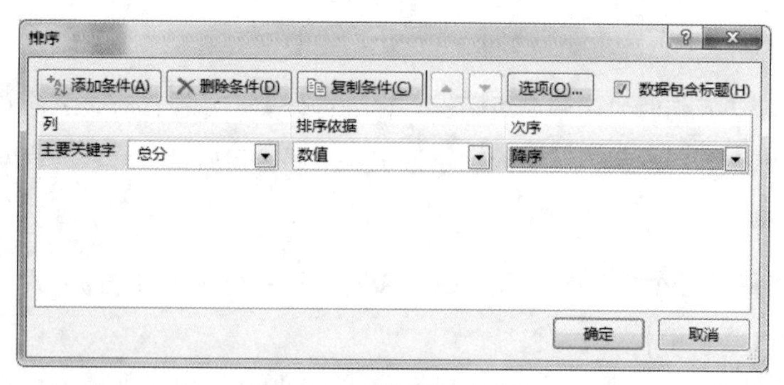

图 6-30　“排序”对话框

	A	B	C	D	E	F	G	H	I
1	学号	姓名	性别	出生年月日	课程一	课程二	课程三	平均分	总分
2	5	李刚强	男	1981年1月12日	98	93	88	93.0	279
3	16	杨芳	女	1984年6月25日	93	91	88	90.7	272
4	15	张杨	男	1981年7月21日	84	90	79	84.3	253
5	10	周恩恩	女	1980年9月9日	90	86	76	84.0	252
6	9	陈桂芬	女	1980年8月8日	87	82	76	81.7	245
7	2	王小兰	女	1978年7月6日	67	86	90	81.0	243
8	4	李萍	女	1980年9月1日	79	76	85	80.0	240
9	14	程维娜	女	1980年8月16日	79	89	69	79.0	237
10	6	陈国宝	女	1982年5月21日	71	75	84	76.7	230
11	11	黄大力	男	1992年9月18日	77	83	70	76.7	230
12	17	杨洋	男	1982年7月23日	65	78	82	75.0	225
13	18	章壮	男	1981年5月16日	70	75	80	75.0	225
14	1	王春兰	女	1980年8月9日	80	77	65	74.0	222
15	20	庄大丽	女	1981年10月9日	81	59	75	71.7	215
16	12	薛婷婷	女	1983年9月24日	69	78	65	70.7	212
17	7	黄河	男	1979年5月4日	57	78	67	67.3	202
18	19	张大为	男	1982年11月6日	56	72	69	65.7	197
19	8	白立国	男	1980年8月5日	60	69	65	64.7	194
20	13	李涛	男	1980年5月7日	63	73	56	64.0	192
21	3	王国立	男	1980年8月1日	43	67	78	62.7	188

图 6-31　排序结果

③ 筛选。将表第一行全部选中，单击“数据”选项卡“排序和筛选”组的“筛选”按钮，显示筛选下拉按钮，如图 6-32 所示。单击“平均分”单元格的下拉按钮，选择“数字筛选”→“大于”命令，如图 6-33 所示。打开“自定义自动筛选方式”对话框，在“大于”文本框的右侧文本框中输入 75，最后单击“确定”按钮，如图 6-34 所示。筛选结果如图 6-35 所示。

	A	B	C	D	E	F	G	H	I
1	学号	姓名	性别	出生年月日	课程一	课程二	课程三	平均分	总分
2	5	李刚强	男	1981年1月12日	98	93	88	93.0	279
3	16	杨芳	女	1984年6月25日	93	91	88	90.7	272
4	15	张杨	男	1981年7月21日	84	90	79	84.3	253
5	10	周恩恩	女	1980年9月9日	90	86	76	84.0	252
6	9	陈桂芬	女	1980年8月8日	87	82	76	81.7	245
7	2	王小兰	女	1978年7月6日	67	86	90	81.0	243
8	4	李萍	女	1980年9月1日	79	76	85	80.0	240
9	14	程维娜	女	1980年8月16日	79	89	69	79.0	237
10	6	陈国宝	女	1982年5月21日	71	75	84	76.7	230
11	11	黄大力	男	1992年9月18日	77	83	70	76.7	230

图 6-32　筛选下拉按钮

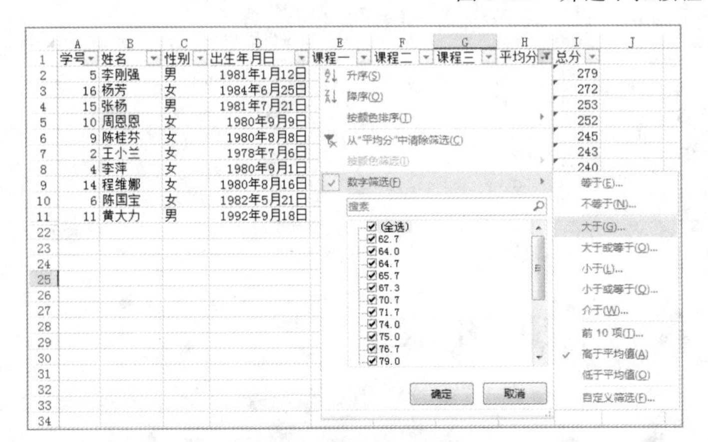

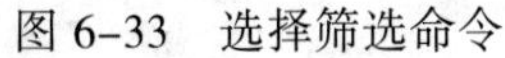

图 6-33　选择筛选命令

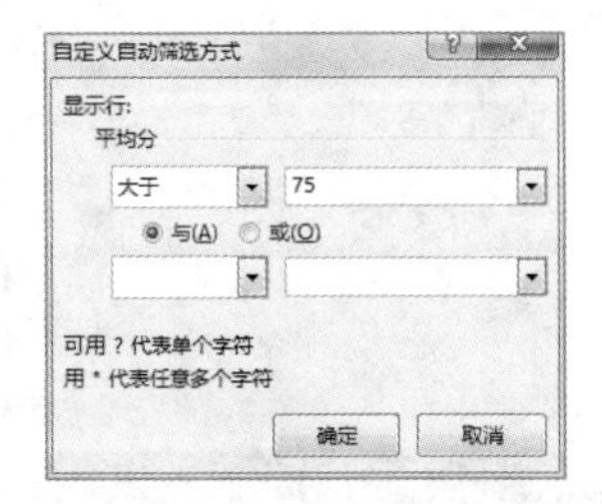

图 6-34　“自定义自动筛选方式”对话框

④ 汇总。先按平均分排序，再选中表中每一个单元格，单击“数据”选项卡“分级显示”组中的“分类汇总”选项，打开“分类汇总”的对话框，在“分类字段”下拉列表框中选择“性别”，在“选定汇总项”列表框中选择“平均分”，如图 6-36 所示。最后单击“确定”按钮。分类汇总结果如图 6-37 所示。

	A	B	C	D	E	F	G	H	I
1	学号	姓名	性别	出生年月日	课程一	课程二	课程三	平均分	总分
2	5	李刚强	男	1981年1月12日	98	93	88	93.0	279
3	16	杨芳	女	1984年6月25日	93	91	88	90.7	272
4	15	张杨	男	1981年7月21日	84	90	79	84.3	253
5	10	周恩恩	女	1980年9月9日	90	86	76	84.0	252
6	9	陈桂芬	女	1980年8月8日	87	82	76	81.7	245
7	2	王小兰	女	1978年7月6日	67	86	90	81.0	243
8	4	李萍	女	1980年9月1日	79	76	85	80.0	240
9	14	程维娜	女	1980年8月16日	79	89	69	79.0	237
10	6	陈国宝	女	1982年5月21日	71	75	84	76.7	230
11	11	黄大力	男	1992年9月18日	77	83	70	76.7	230

图 6-35 筛选结果

分类汇总

分类字段(A):

性别

汇总方式(U):

计数

选定汇总项(D):

出生年月日

课程一

课程二

课程三

☑ 平均分

总分

替换当前分类汇总(C)

每组数据分页(P)

汇总结果显示在数据下方(S)

全部删除(R) 确定 取消

图 6-36 “分类汇总”对话框

	A	B	C	D	E	F	G	H	I
1	学号	姓名	性别	出生年月日	课程一	课程二	课程三	平均分	总分
2			**总计数**					20	
3			**男 计数**					5	
4	3	王国立	男	1980年8月1日	43	67	78	62.7	188
5	13	李涛	男	1980年5月7日	63	73	56	64.0	192
6	8	白立国	男	1980年8月5日	60	69	65	64.7	194
7	19	张大为	男	1982年11月6日	56	72	69	65.7	197
8	7	黄河	男	1979年5月4日	57	78	67	67.3	202
9			**女 计数**					3	
10	12	薛婷婷	女	1983年9月24日	69	78	65	70.7	212
11	20	庄大丽	女	1981年10月9日	81	59	75	71.7	215
12	1	王春兰	女	1980年8月9日	80	77	65	74.0	222
13			**男 计数**					2	
14	17	杨洋	男	1982年7月23日	65	78	82	75.0	225
15	18	章壮	男	1981年5月16日	70	75	80	75.0	225
16			**女 计数**					1	
17	6	陈国宝	女	1982年5月21日	71	75	84	76.7	230
18			**男 计数**					1	
19	11	黄大力	男	1992年9月18日	77	83	70	76.7	230
20			**女 计数**					5	
21	14	程维娜	女	1980年8月16日	79	89	69	79.0	237
22	4	李萍	女	1980年9月1日	79	76	85	80.0	240
23	2	王小兰	女	1978年7月6日	67	86	90	81.0	243
24	9	陈桂芬	女	1980年8月8日	87	82	76	81.7	245
25	10	周恩恩	女	1980年9月9日	90	86	76	84.0	252
26			**男 计数**					1	
27	15	张杨	男	1981年7月21日	84	90	79	84.3	253
28			**女 计数**					1	
29	16	杨芳	女	1984年6月25日	93	91	88	90.7	272
30			**男 计数**					1	
31	5	李刚强	男	1981年1月12日	98	93	88	93.0	279

图 6-37 分类汇总结果

任务六 使 用 图 表

任务技能目标

- ✍ 了解图表的种类
- ✍ 掌握图表的创建、编辑
- ✍ 掌握图表的美化

任务实施

1. 任务提出

用公式求出助教、讲师、副教授、教授的总人数。将教务处的职称人数生成饼图，要求显示图例、标题为教务处职称人数。职称登记表如表 6-2 所示。

表 6-2　职称登记表

单　位	助　教	讲　师	副　教　授	教　授
教务处	5	12	15	3
学生科	8	14	3	1
物理系	3	15	12	10
化学系	4	10	13	5
数学系	5	6	15	8
文学系	6	6	16	12
合计				

2. 操作要点分析

创建图表以后，要认识图表，即了解图表的基本组成元素及数据之间的对应关系。

3. 操作步骤

① 求合计。利用公式完成助教的合计计算，再用自动填充功能完成其他列的合计计算。

② 生成饼图。选择“助教”单元格到“教授”单元格和下面“教务处”单元格所在行对应位置，如图 6-38 所示。单击“插入”选项卡“图表”组中的 图标，如图 6-39 所示。在打开的下拉列表中选择“饼图”，如图 6-40 所示。单击“图标工具-设计”选项卡“图标布局”组中的“快速布局”，在打开的下拉列表中选择“布局 6”，如图 6-41 所示。双击“图表标题”，将标题修改为“教务处职称人数”，如图 6-42 所示。

	A	B	C	D	E
1	单位	助教	讲师	副教授	教授
2	教务处	5	12	15	3
3	学生科	8	14	3	1
4	物理系	3	15	12	10
5	化学系	4	10	13	5
6	数学系	5	6	15	8
7	文学系	6	6	16	12
8	合计	31	63	74	39

图 6-38　选择单元格区域

图 6-39　插入图标

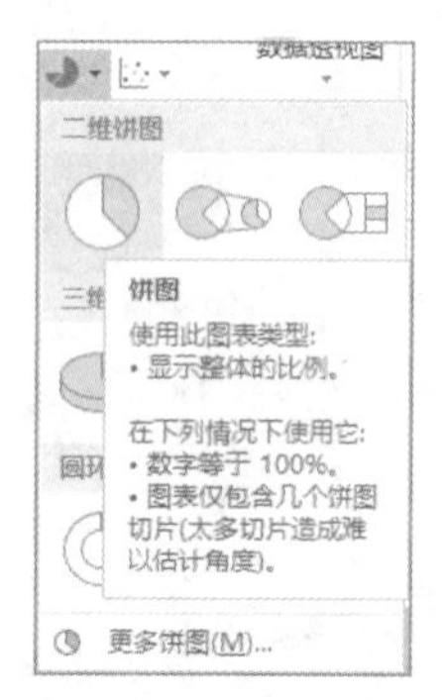

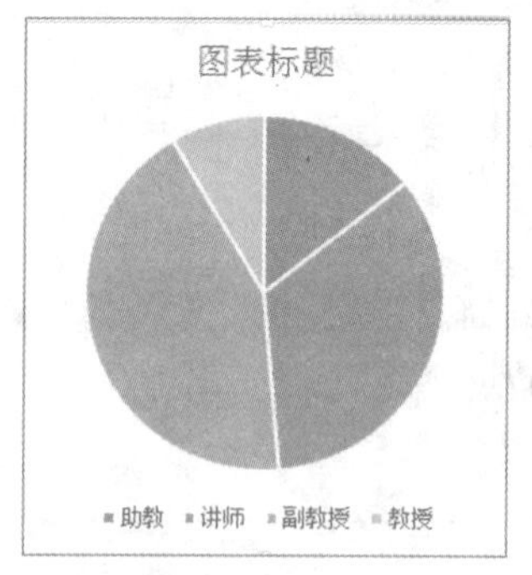

图 6-40 选择饼图

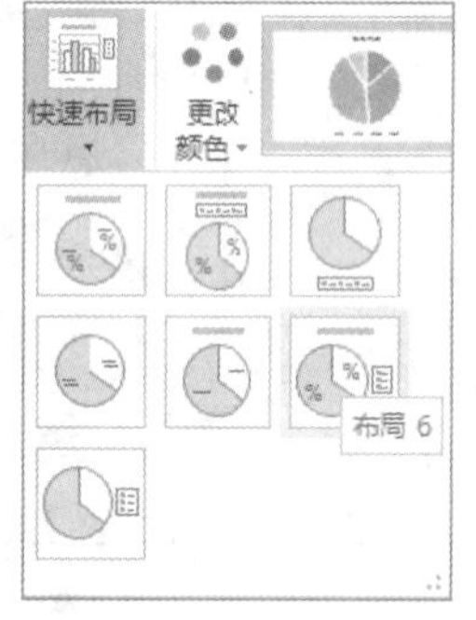

图 6-41 选择布局

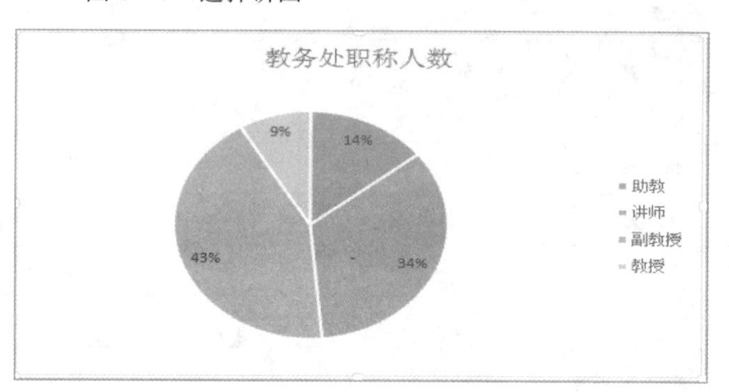

图 6-42 图表效果

任务七 完成综合案例

任务技能目标

✍ 综合运用 Excel 功能

任务实施

1. 了解 Excel 中的公式功能

选择“文件”→“新建”命令，输入“公式”，单击搜索按钮，如图 6-43 所示。

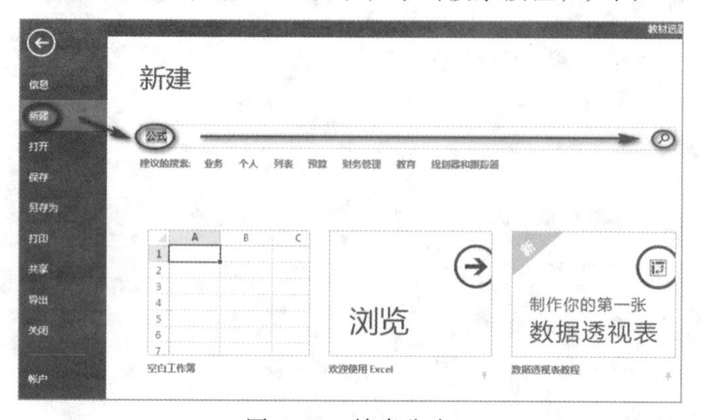

图 6-43 搜索公式

单击“公式教程”，如图 6-44 所示。

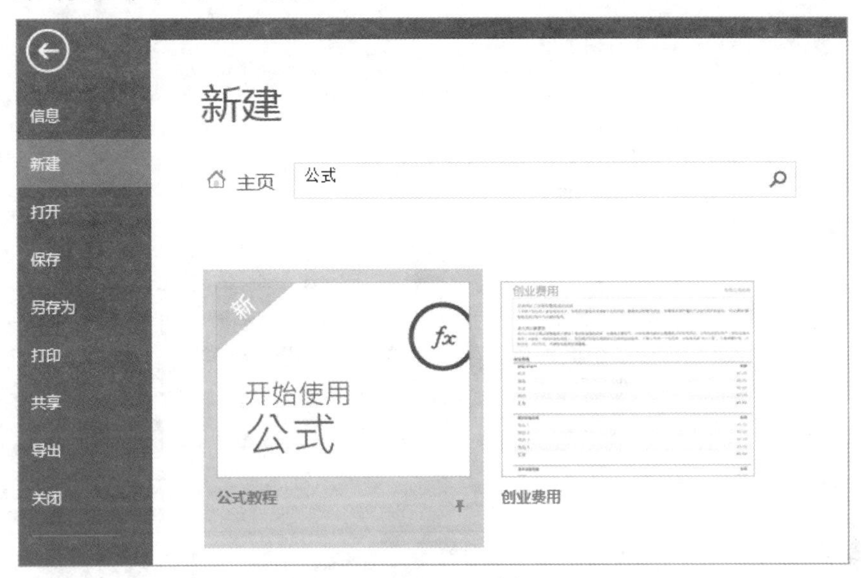

图 6-44 选择“公式教程”

单击“创建”按钮，如图 6-45 所示。

图 6-45 创建公式

2. 在 Excel 中设置每一页表格显示表格标题内容

单击“页面布局”选项卡“页面设置”组中的“打印标题”按钮，打开“页面设置”对话框，在“顶端标题行”处给定标题范围，单击“确定”按钮，如图 6-46 所示。

3. 在 Excel 中输入✓ ✗ ☑ ☒等符号

定位或选定单元格范围，从“字体”列表框中选择 Wingdings2 字体，然后在大写状态下分别输入 P、O、R、Q 即可，如图 6-47 和图 6-48 所示。

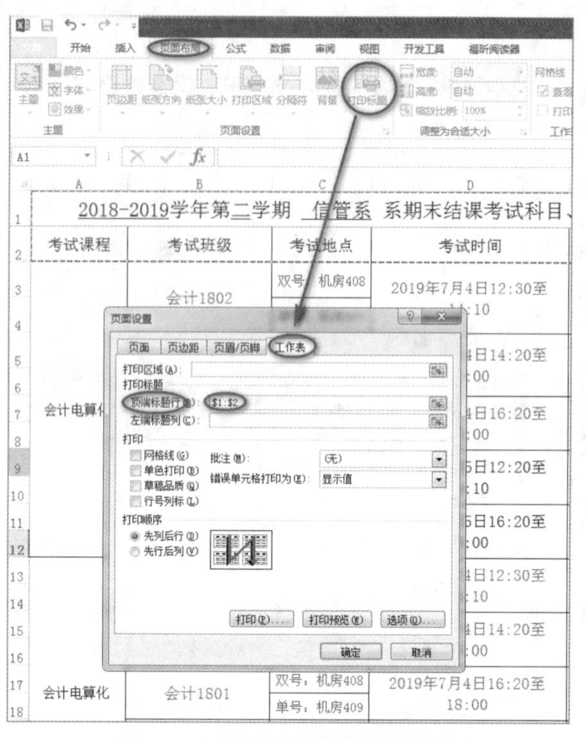

图 6-46 设置显示表格标题内容

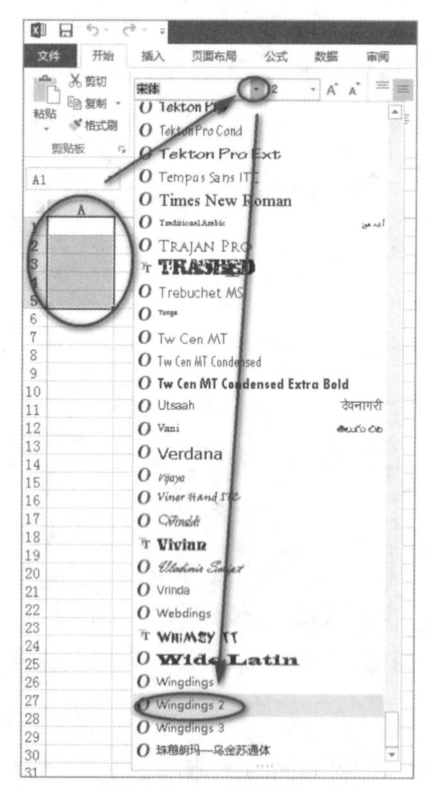

图 6-47 选择字体

✓	输入大写P
×	输入大写O
☑	输入大写R
☒	输入大写Q

图 6-48 输入符号

阶 段 测 试

1. 单选题

（1）Excel 2013 中，选定多个不连续的行所用的快捷键是（　　）。

A. Shift　　B. Ctrl　　C. Alt　　D. Shift+Ctrl

（2）Excel 2013 中，“排序”对话框中的“升序”和“降序”指的是（　　）。

A. 数据的大小　　B. 排列次序　　C. 单元格的数目　　D. 以上都不对

（3）Excel 2013 中，若在工作表中插入一列，则一般插在当前列的（　　）。

A. 左侧　　B. 上方　　C. 右侧　　D. 下方

（4）Excel 2013 中，使用“重命名”命令（　　）。

A. 只改变工作表的名称　　B. 只改变它的内容

C. 既改变名称又改变内容　　D. 既不改变名称又不改变内容

（5）Excel 2013 中，一个完整的函数包括（　　）。

A. “=”和函数名　　B. 函数名和变量

C. “=”和变量　　D. “=”、函数名和变量

（6）Excel 2013 中，在单元格中输入文字时，默认的对齐方式是（　　）。

A. 左对齐　　B. 右对齐　　C. 居中对齐　　D. 两端对齐

（7）Excel 中，不属于“单元格格式”对话框中“数字”选项卡中内容的是（　　）。

A. 字体　　B. 货币　　C. 日期　　D. 自定义

（8）Excel 中分类汇总的默认汇总方式是（　　）。

A. 求最大值　　B. 求平均　　C. 求和　　D. 求最小值

（9）Excel 中向单元格输入“3/5”，Excel 会认为是（　　）。

A. 分数 3/5　　B. 日期 3 月 5 日　　C. 小数 3. 5　　D. 错误数据

（10）Office 是（　　）公司开发的软件。

A. WPS　　B. Microsoft　　C. Adobe　　D. IBM

（11）如果 Excel 某单元格显示为#DIV/0!，则表示（　　）。

A. 除数为零　　B. 格式错误　　C. 行高不够　　D. 列宽不够

（12）如果删除的单元格是其他单元格的公式所引用的，那么这些公式将会显示（　　）。

A. #######　　B. #REF!　　C. #VALUE!　　D. #NUM

（13）要在 Excel 输入分数形式“1/3”，下列方法正确的是（　　）。

A. 直接输入 1/3

B. 先输入单引号，再输入 1/3

C. 先输入 0，然后输入空格，再输入 1/3

D. 先输入双引号，再输入 1/3

（14）以下不属于 Excel 中算术运算符的是（　　）。

A. /　　B. %　　C. ^　　D. <>

（15）以下不属于 Excel 填充方式的是（　　）。

A. 等差填充　　B. 等比填充　　C. 排序填充　　D. 日期填充

（16）已知 Excel 某工作表中的 D1 单元格等于 1，D2 单元格等于 2，D3 单元格等于 3，D4 单元格等于 4，D5 单元格等于 5，D6 单元格等于 6，则 SUM(D1:D3,D6)的结果是（　　）。

A. 10　　B. 6　　C. 12　　D. 21

（17）有关 Excel 2013 打印以下说法错误的是（　　）。

A. 可以打印工作表　　B. 可以打印图表

C. 可以打印图形　　D. 不可以进行任何打印

（18）在 Excel 数据透视表的数据区域，默认的字段汇总方式是（　　）。

A. 平均值　　B. 乘积　　C. 求和　　D. 最大值

（19）在 Excel 中函数 MIN(10,7,12,0)的返回值是（　　）。

A. 10　　B. 7　　C. 12　　D. 0

（20）在 Excel 中跟踪超链接的方式是（　　）。

A. Ctrl+鼠标单击　　B. Shift+鼠标单击

C. 鼠标单击　　D. 鼠标双击

（21）在 Excel 2013 中打开“单元格格式”的快捷键是（　　）。

A. Ctrl+Shift+E　　B. Ctrl+Shift+F　　C. Ctrl+Shift+G　　D. Ctrl+Shift+H

（22）下列函数能对数据进行绝对值运算的是（　　）。

A. ABS　　B. ABX　　C. EXP　　D. INT

（23）给工作表设置背景，可以通过（　　）选项卡完成。

A. 开始　　B. 视图　　C. 页面布局　　D. 插入

（24）以下关于 Excel 的缩放比例，说法正确的是（　　）。

A. 最小值 10%，最大值 500%　　B. 最小值 5%，最大值 500%

C. 最小值 10%，最大值 400%　　D. 最小值 5%，最大值 400%

（25）以下一定会导致“设置单元格格式”对话框只有“字体”一个选项卡的情况是（　　）。

A. 安装了精简版的 Excel　　B. Excel 中毒了

C. 单元格正处于编辑状态　　D. Excel 运行出错了，重启即可解决

（26）在 Excel 中，若要对 A1 至 A4 单元格内的 4 个数字求平均值，不能采用的公式或函数是（　　）。

A. (A1 : A4)/4　　B. SUM(A1 : A4)/4

C. (A1 + A2 + A3 + A4)/4　　D. AVERAGE(A1 : A4)

（27）Excel 2013 文件的扩展名是（　　）。

A. .doc　　B. .xls　　C. .ppt　　D. .xlsx

（28）默认情况下，每个工作簿包含（ ）个工作表。

A. 1　　B. 2　　C. 3　　D. 4

（29）在 Excel 2013 中，每个工作簿内最多可以有（ ）个工作表。

A. 12　　B. 64　　C. 256　　D. 仅受内存限制

（30）连续选择相邻工作表时，应该按住（ ）键。

A. Enter　　B. Shift　　C. Alt　　D. Ctrl

（31）要在 Excel 工作簿中同时选择多个不相邻的工作表，可以在按住（ ）键的同时依次单击各个工作表的标签。

A. Shift　　B. Ctrl　　C. Alt　　D. Caps Lock

（32）Excel 文件保存的快捷键是（ ）。

A. Ctrl + S　　B. Ctrl + A　　C. Ctrl + N　　D. Ctrl + Z

（33）在 Excel 2013 中，向单元格输入内容后，如果想将光标定位在下一列所在单元格，应按（ ）键。

A. Enter　　B. Tab　　C. Alt+Enter　　D. Alt+Tab

（34）关于 Excel 2013 下面描述正确的是（ ）。

A. 数据库管理软件　　B. 电子数据表格软件

C. 文字处理软件　　D. 幻灯片制作软件

（35）Excel 2013 的基本数据单元是（ ）。

A. 工作簿　　B. 单元格　　C. 工作表　　D. 数据值

2. 多选题

（1）Excel 中关于筛选后隐藏起来的记录的叙述，下面正确的是（ ）。

A. 不打印　　B. 不显示　　C. 永远丢失　　D. 可以恢复

（2）以下关于管理 Excel 表格正确的表述是（ ）。

A. 可以插入行　　B. 可以插入列

C. 可以插入行，但不可以插入列　　D. 可以插入列，但不可以插入行

（3）以下属于 Excel 中单元格数据类型有（ ）。

A. 文本　　B. 数值　　C. 逻辑值　　D. 出错值

（4）在 Excel 2013 中，Delete 和“全部清除”命令的区别在于（ ）。

A. Delete 删除单元格的内容、格式和批注

B. Delete 仅能删除单元格的内容

C. 清除命令可删除单元格的内容、格式或批注

D. 清除命令仅能删除单元格的内容

（5）在 Excel 2010 中，单元格地址引用的方式有（ ）。

A. 相对引用　　B. 绝对引用　　C. 混合引用　　D. 三维引用

（6）在 Excel 费用明细表中，列标题为“日期”“部门”“姓名”“报销金额”等，欲按部门统计报销金额，可通过（　　）实现。

A. 高级筛选　　B. 分类汇总

C. 用 SUMIF 函数计算　　D. 用数据透视表计算汇总

（7）在 Excel 单元格中将数字作为文本输入，下列方法正确的是（　　）。

A. 先输入单引号，再输入数字

B. 直接输入数字

C. 先设置单元格格式为“文本”，再输入数字

D. 先输入“=”，再输入双引号和数字

（8）在 Excel 中，下面可用来设置和修改图表的操作有（　　）。

A. 改变分类轴中的文字内容　　B. 改变系列图标的类型及颜色

C. 改变背景墙的颜色　　D. 改变系列类型

（9）在 Excel 中，序列包括（　　）。

A. 等差序列　　B. 等比序列　　C. 日期序列　　D. 自动填充序列

（10）在 Excel 中，移动和复制工作表的操作中，下面正确的是（　　）。

A. 工作表能移动到其他工作簿中　　B. 工作表不能复制到其他工作簿中

C. 工作表不能移动到其他工作簿中　　D. 工作表能复制到其他工作簿中

（11）下列属于 Excel 图表类型的有（　　）。

A. 饼图　　B. XY 散点图　　C. 曲面图　　D. 圆环图

（12）在 Excel 2013 中要输入身份证号，应（　　）。

A. 直接输入

B. 先输入单引号，再输入身份证号

C. 先输入冒号，再输入身份证号

D. 先将单元格格式转换成文本，再直接输入身份证号

（13）Excel 2013 中，能将选定列隐藏的操作是（　　）。

A. 右击选择隐藏

B. 将列标题之间的分隔线向左拖动，直至该列变窄看不见为止

C. 在“列宽”对话框中设置列宽为 0

D. 以上选项不完全正确

（14）在 Excel 2010 中，获取外部数据的来源有（　　）。

A. 来自 Access 的数据　　B. 来自网站的数据

C. 来自文本文件的数据　　D. 来自 SQL Server 的数据

（15）下列选项中，要给工作表重命名，正确的操作是（　　）。

A. 按 F2 键　　B. 右击工作表标签，选择“重命名”命令

C. 双击工作表标签　　D. 先单击选定要改名的工作表，再单击它的名字

3. 判断题

（1）在 Excel 2013 中自动分页符是无法删除的，但可以改变位置。 （ ）

（2）创建数据透视表时默认情况下是创建在新工作表中。 （ ）

（3）在进行分类汇总时一定要先排序。 （ ）

（4）分类汇总进行删除后，可将数据撤销到原始状态。 （ ）

（5）Excel 允许用户根据自己的习惯自己定义排序的次序。 （ ）

（6）Excel 中不可以对数据进行排序。 （ ）

（7）如果用户希望对 Excel 数据的修改，用户可以在 Word 中修改。 （ ）

（8）移动 Excel 中数据也可以像在 Word 中一样将鼠标指针放在选定的内容上拖动即可。

（ ）

（9）在 Excel 2013 中按 Ctrl+Enter 组合键能在所选的多个单元格中输入相同的数据。 （ ）

（10）在 Excel 2013 中，单元格中只能显示公式计算结果，而不能显示输入的公式。 （ ）

（11）在 Excel 2013 工作簿中默认拥有三个工作表。 （ ）

（12）在 Excel 2013 中，文本数据在单元格内自动左对齐。 （ ）

（13）在 Excel 2013 中，用来存储并处理工作表数据的是单元格。 （ ）

（14）在 Excel 2013 中，当公式中出现被零除的现象时，产生的错误值是#DIV/0!。 （ ）

（15）在 Excel 2013 编辑过程中，单元格地址在不同的环境中会有所变化。 （ ）

（16）在 Excel 2013 中，要显示公式与单元格之间的关系，可以通过“公式”选项卡的“公式审核”组中的有关功能来实现。 （ ）

（17）在 Excel 2013 中进行高级筛选时，可以利用“数据”选项卡中的“排序和筛选”组内的“筛选”命令。 （ ）

（18）Excel 2013 中工作表的名称可以与工作簿的名称相同。 （ ）

（19）Excel 2013 具备数据库管理功能。 （ ）

（20）在 Excel 2013 中的高级筛选通常需要在工作表中设置条件区域。 （ ）

4. 填空题

（1）在 Excel 2013 中，如果单元格中的数据显示为“######”，则表明________不够。

（2）Excel 2013 中的工作簿其实就是一个 Excel 文件，可以理解成一个“笔记本”，笔记本中的每一页在 Excel 工作簿中称为________，而________相当于笔记本内每一页中每一格子。

（3）Excel 2013 中的数据有________和________两种，其中要想输入 00080 数字显示在单元格中，则先输入________，再输入________的数字。

（4）在 Excel 2013 中的工作表的 E6 单元格中的公式为“=B$6+$C$6”，则该公式地址引用方式是________。

项目七 PowerPoint 2013 演示文稿制作软件

能力目标

- 任务一 认识 PowerPoint 2013
- 任务二 编辑演示文稿
- 任务三 为幻灯片中的对象设置动画
- 任务四 放映和打包演示文稿

知识目标

- 掌握利用 PowerPoint 2013 创建演示文稿的基本过程
- 掌握演示文稿中文本的编辑和格式化
- 掌握动画效果的设置
- 理解超链接的概念
- 掌握演示文稿中超链接的应用

任务一 认识 PowerPoint 2013

任务技能目标

- 掌握演示文稿的组成
- 掌握创建演示文稿的方法
- 了解 PowerPoint 2013 的工作界面
- 了解演示文稿的制作原则
- 掌握演示文稿的主题和背景设置
- 掌握演示文稿中输入文本并设置格式

任务实施

1. 演示文稿的组成

演示文稿由一张或若干张幻灯片组成，每张幻灯片一般包括两部分内容：幻灯片标题和若干文本条目。

2. 制作演示文稿的原则

制作演示文稿的原则是主题鲜明，文字简练，结构清晰，逻辑性强；和谐醒目，美观大方；生动活泼，引人入胜；最核心的原则是内容醒目。

3. 演示文稿的制作方式

演示文稿的制作方式有根据内容提示向导进行制作、设计模板和空白演示文稿。

4. 演示文稿的视图类型

演示文稿的视图类型有普通视图、大纲视图、幻灯片浏览视图、备注页视图和阅读视图等 5 种。

5. 演示文稿中文本的输入

在演示文稿中，可以使用占位符或文本框在幻灯片中输入文本。

6. 创建主题为“现代远程教育”的演示文稿

（1）任务提出及效果图

创建如图 7–1～图 7–5 所示的现代远程教育演示文稿。

图 7–1　现代远程教育标题

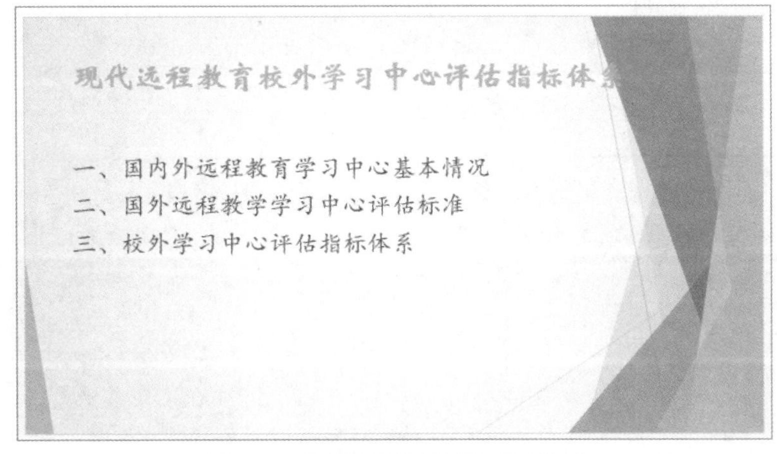

图 7–2　现代远程教育评估指标体系

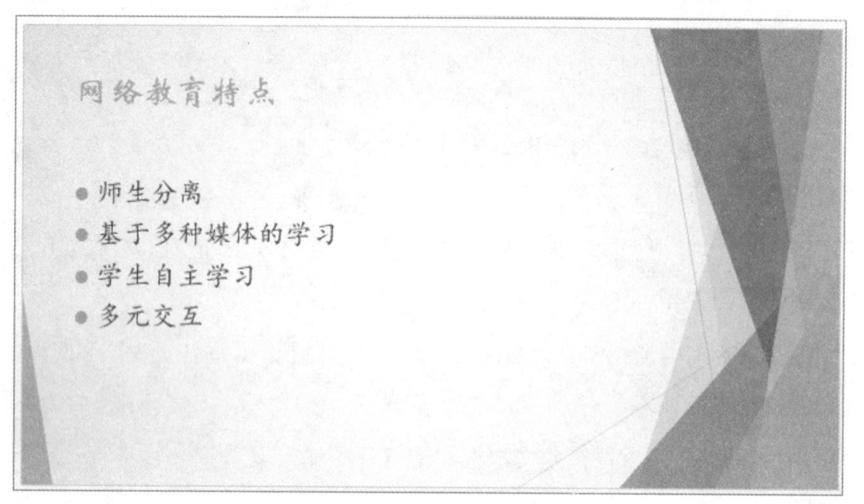

图 7-3　网络教育特点

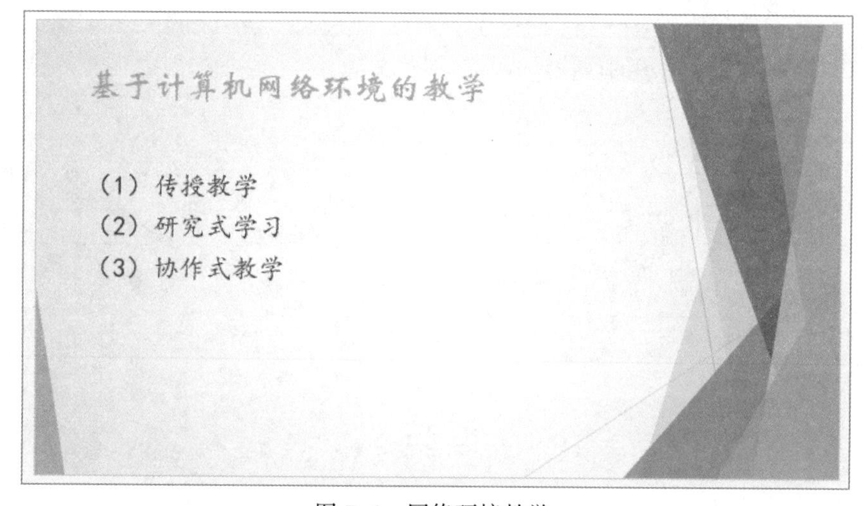

图 7-4　网络环境教学

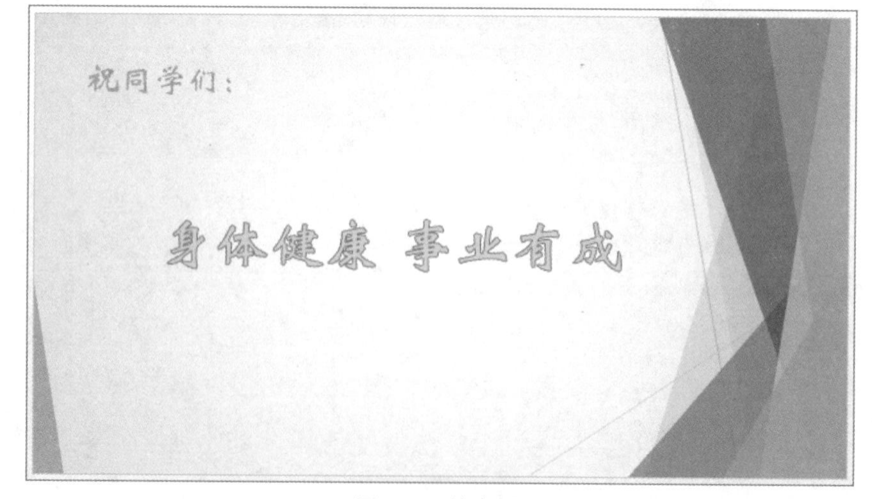

图 7-5　结束页

（2）操作要点分析

幻灯片主题的选择、新增幻灯片、占位符的使用、艺术字的应用等。

（3）操作步骤

① 新建幻灯片。选择“文件”→“新建”→“空白演示文稿”，如图 7–6 所示。

单击“开始”选项卡“幻灯片”组中的“新建幻灯片”按钮，插入 5 张幻灯片，如图 7–7 所示。

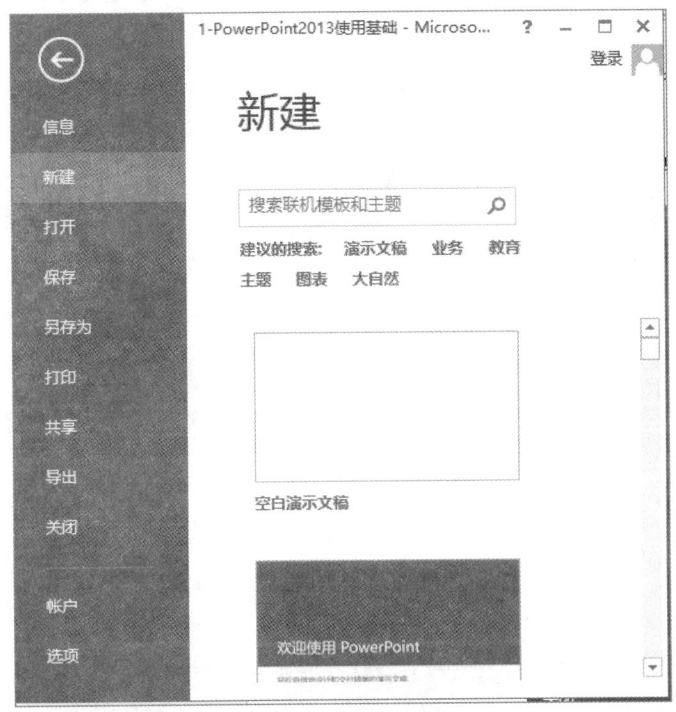

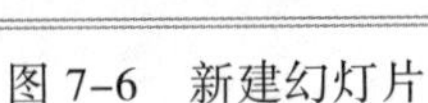
图 7–6　新建幻灯片

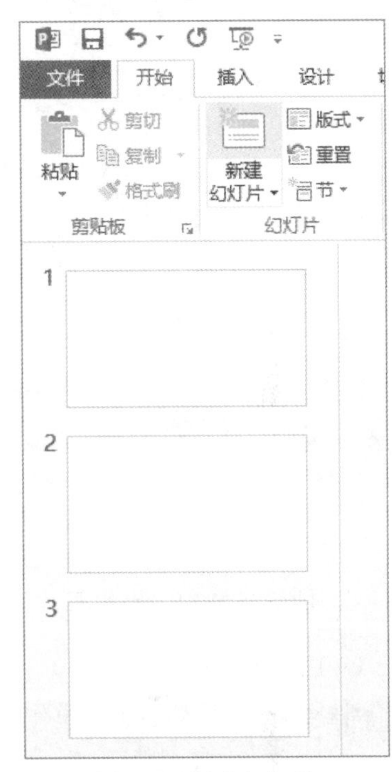

图 7–7　插入幻灯片

② 主题选择。选择“设计”选项卡“主题”组中的“平面”主题，如图 7–8 所示。

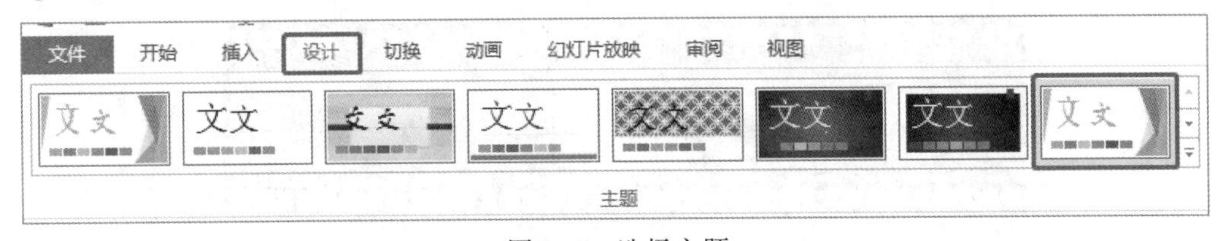

图 7–8　选择主题

③ 编辑标题页。选中第一张幻灯片，在占位符中输入图 7–1 所示的文字内容。将正标题设置为：华文新魏，66 号；副标题设置为：华文新魏，28 号。

④ 编辑内容页。选中第 2～4 张幻灯片，在占位符中输入图 7–2～图 7–4 所示的文字内容，然后将标题设置为华文新魏、40 号，加粗字体，将内容设置为楷体、32 号。

⑤ 编辑结束页。选中第 5 张幻灯片，在标题栏中输入图 7–5 所示的文字，字体设置为华文新魏、40 号，加粗字体。然后插入艺术字，艺术字内容如图 7–5 所示。为艺术字设置“发光”效果，如图 7–9 所示。

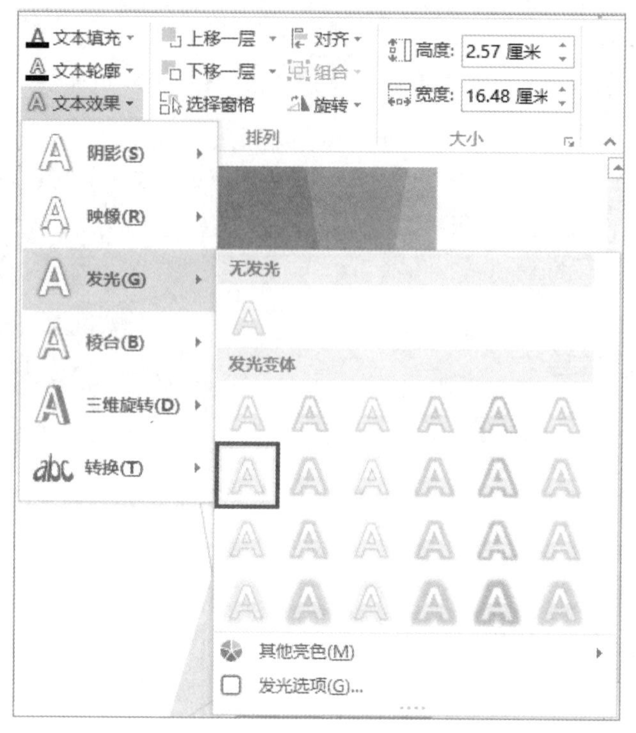

图 7-9　艺术字效果

7. 创建主题为“电影胶片”的演示文稿

（1）任务提出及效果图

张老师给同学们留了一道作业：用 PowerPoint 制作一幅电影胶片海报，效果如图 7-10 所示。

图 7-10　电影胶片海报效果

（2）操作要点分析

幻灯片背景设置；在幻灯片中插入图片；插入形状；设置图片和形状的格式；插入音频。

（3）操作步骤

① 背景设置。新建幻灯片，选择“设计”选项卡“变体”组中的“下拉三角”中“背景样式”→“样式 10”进行背景填充，如图 7-11 所示。

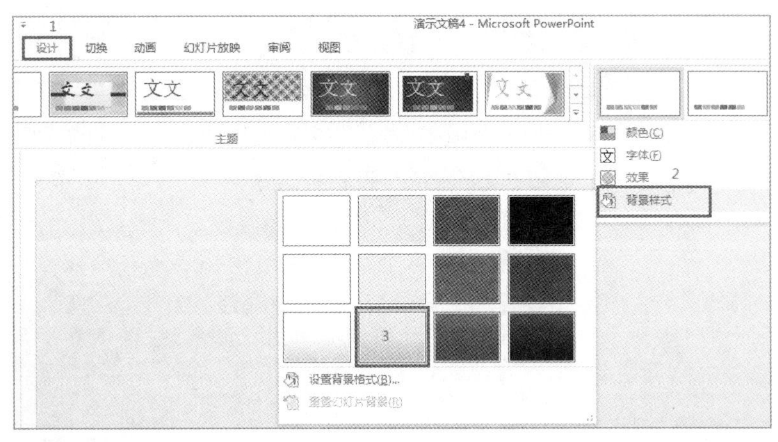

图 7-11 选择背景

② 插入形状并设置格式。将幻灯片中的占位符删除。选择“插入”选项卡“形状”下拉列表中的“矩形”，如图 7-12 所示，在幻灯片上绘制一个矩形。

图 7-12 插入矩形

选中插入的矩形，选择“绘图工具”→“格式”选项卡，将矩形的形状填充和形状轮廓均设置为黑色，设置矩形高度为 8.18 厘米，宽度为 33.8 厘米，如图 7-13 所示。

图 7-13 设置矩形格式

在幻灯片中继续插入一个小矩形，设置该矩形的形状填充和形状轮廓均为白色，高度为 0.75 厘米，宽度为 0.5 厘米。复制白色矩形，并进行排列。胶片效果如图 7-14 所示。

图 7-14 胶片效果

③ 插入图片并设置格式。插入图片，可自选图片，也可使用给定素材。单击“插入”选项卡中的“图片”按钮，打开“插入图片”对话框，选中想要的图片插入即可。在幻灯片中单击已经插入的图片，单击“图片工具”选项卡中的“格式”按钮，将图片大小设置为高度 4.08 厘米，宽度 5.44 厘米，柔化边缘 2 磅，如图 7–15 所示。设置效果如图 7–16 所示。依次插入其他图片，效果设置相同。

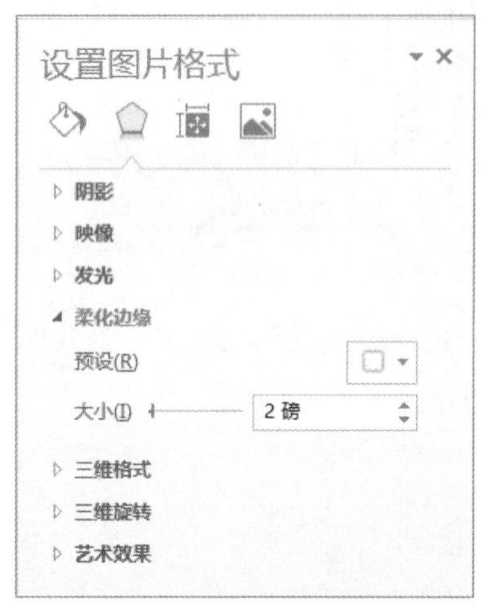

（a）设置图片效果

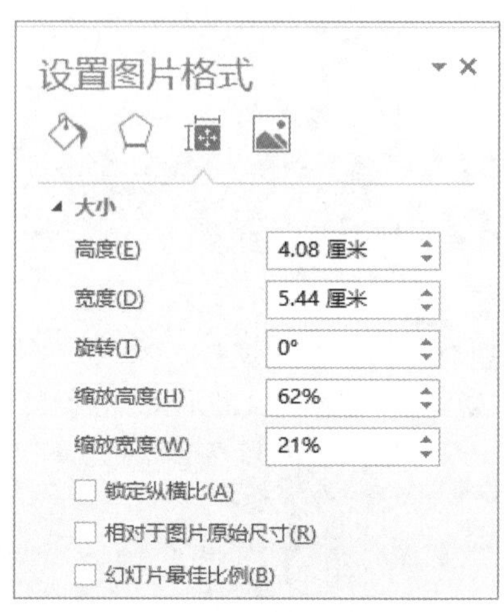

（b）设置图片大小

图 7–15　设置图片

④ 插入音频。单击“插入”选项卡“媒体”组中的“音频”按钮，打开“插入音频”对话框，选择要插入的音频文件插入即可。

电影胶片演示文稿效果设置完成，最终效果如图 7–10 所示。

8. 创建主题为“寓言故事”的演示文稿

（1）任务提出及效果图

张老师给同学们留了一道作业：用 PowerPoint 制作一个寓言故事演示文稿，效果如图 7–17～图 7–19 所示。

图 7–16　插入图片后的效果

图 7–17　寓言故事第一页

图 7-18 寓言故事第二页

图 7-19 寓言故事寓意

（2）操作要点分析

幻灯片主题的选择、新建幻灯片、插入图片或剪贴画、插入文本框、插入形状等。

（3）操作步骤

① 背景设置。新建一张幻灯片，选择"设计"选项卡"变体"组中"下拉三角"下拉列表中的"背景样式""样式 10"进行背景填充。

② 插入形状并设置格式。将幻灯片中的占位符删除。单击"插入"选项卡"形状"组中的"矩形"按钮，在幻灯片上绘制一个矩形。将矩形的形状填充和形状轮廓均设置为绿色，设置矩形

高度为 1.49 厘米，宽度为 3.52 厘米。

③ 复制幻灯片。选择第一张幻灯片，按 Ctrl+C 组合键，然后按 Ctrl+V 组合键，复制两次。

④ 标题页设计。再次选中第一张幻灯片，单击“插入”选项卡“文本框”下拉列表中的“横排文本框”，如图 7–20 所示。

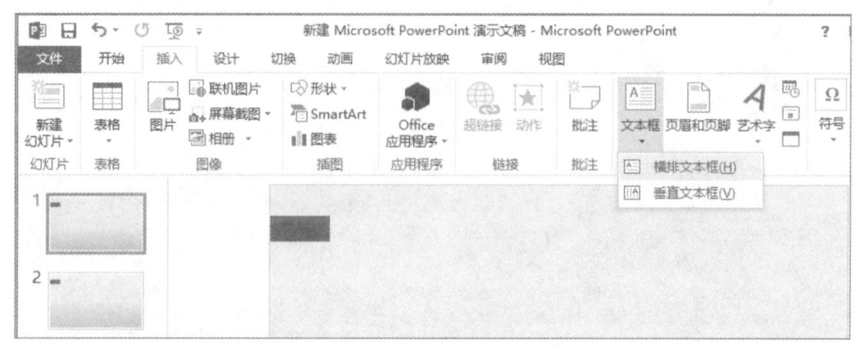

图 7–20 插入横排文本框

在文本框中输入文字：寓言故事。

选中文本框中文字，将字体设置为“华文行楷”，字号 28，粗体字，字体颜色为紫色。调整文本框的位置。

再次插入一个横排文本框，输入文字内容：嗯…我们正处在一个变革的时代……。

选中文本框中文字，将字体设置为“隶书”，字号 26，粗体字，字体颜色为绿色。为文本框中的文字添加项目符号。单击“开始”选项卡“段落”组中的“项目符号”按钮，如图 7–21 所示。调整文本框的位置。

图 7–21 插入项目符号

⑤ 内容页设计。

选中第二页幻灯片，分别插入 5 个横排文本框，在其中输入文字内容如下：

一只乌鸦坐在树上，整天无所事事。

一只小兔子看见乌鸦，就问：“我能像你一样整天坐在那里，什么事也不干吗？”乌鸦答道：“当然啦，为什么不呢？”

于是，兔子便坐在树下，开始休息。

突然，一只狐狸出现了。

狐狸跳向兔子……并把它给吃了。

将文本框中的文字字体设置为“隶书”，字号 26，粗体字，字体颜色为黑色。

单击“插入”选项卡“图像”组中的“图片”按钮，打开“插入图片”对话框，如图 7–22 和图 7–23 所示，选中图片，单击“插入”按钮。

图 7–22 插入图片

图 7–23 “插入图片”对话框

也可以直接插入联机图片，单击“插入”选项卡“图像”组中的“联机图片”按钮，打开图 7–24 所示的对话框，输入要查找的图片，搜索并插入即可。

图 7–24 插入联机图片

⑥ 尾页设计。选中第 3 页幻灯片，插入 2 个横排文本框，在第一个文本框中输入“这个故事的寓意是……”，将文本框中字体设置为“隶书”，字号 26，粗体字，字体颜色为黑色。选中第二个文本框，输入文字“要想坐在那里什么也不干，你必须坐（做）得非常非常高。”设置形状轮廓，如图 7–25 所示。颜色为红色，宽度 4.5 磅，复合线型。

9. 使用演示文稿设计封面

（1）任务提出及效果图

张老师给同学们留了一道作业：用 PowerPoint 给学院制作一张宣传海报，效果如图 7–26 所示。

（2）操作要点分析

幻灯片背景设置；在幻灯片中插入图片；插入形状；设置图片和形状的格式。

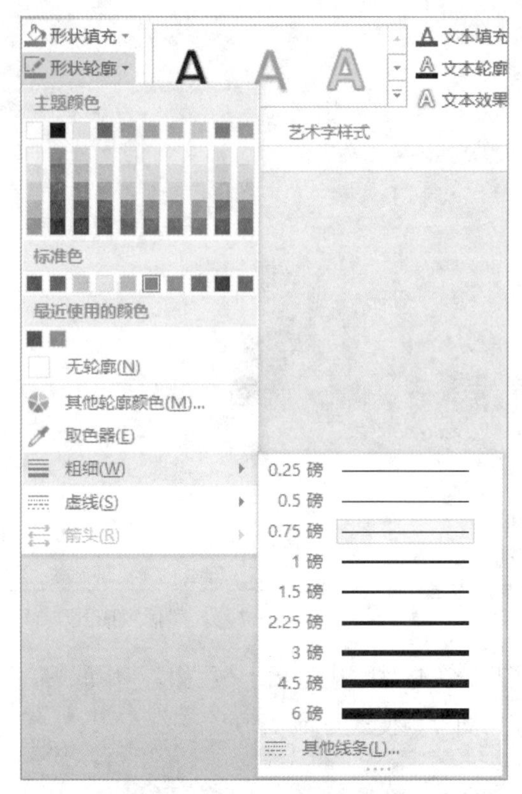

图 7-25 文本框形状轮廓设置

图 7-26 学院宣传海报

（3）操作步骤

① 背景设置。新建 1 张幻灯片，选择“设计”选项卡“变体”组中“下拉三角”下拉列表中的“背景样式”→“样式 2”进行背景填充。

② 插入形状并设置格式。将幻灯片中的占位符删除。选择“插入”选项卡“形状”组中的“矩形”，在幻灯片上绘制一个矩形。将矩形的形状填充和形状轮廓均设置为黄色，设置矩形高度为 4 厘米，宽度为 17.5 厘米。

继续插入 3 个小矩形，其大小分别为高 2.8 厘米、宽为 4.8 厘米，高 0.8 厘米、宽 8.9 厘米和高 2.8 厘米、宽 4.8 厘米，形状填充和形状轮廓均设置为黄色。

插入一个圆角矩形，高度为 2.02 厘米，宽度为 2.02 厘米，形状填充和形状轮廓均设置为黄色。选中圆角矩形并右击，在弹出的快捷菜单中选择“编辑文字”命令，如图 7-27 所示，输入“骨干院校”。将圆角矩形中字体设置为“方正兰亭黑体”，字号“18”，颜色为白色。

③ 插入文本框。在幻灯片中插入横排文本框，在文本框中输入“整合资源，打造一流高职院校”，将文本框中字体设置为“方正兰亭黑体”，字号 32，粗体字，字体颜色为白色。

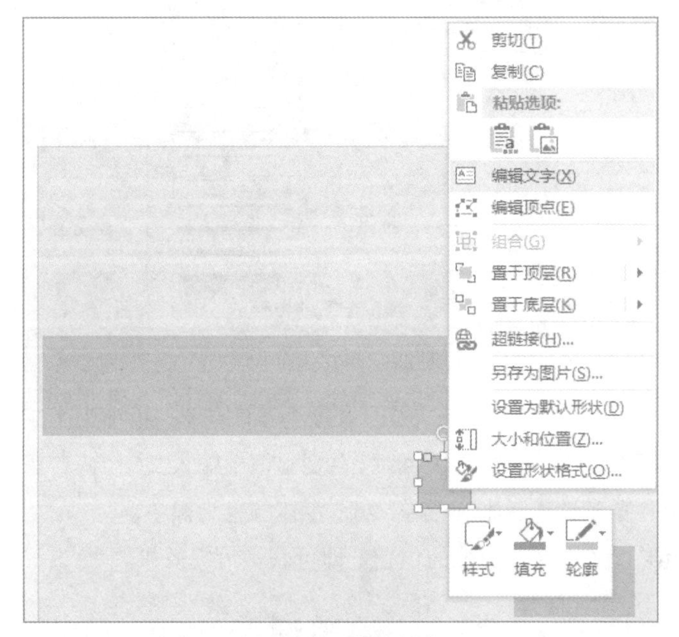

图 7-27 编辑文字

选中文本框，按住 Ctrl 键选中矩形框，右击，在弹出的快捷菜单中选择“组合”→“组合”命令，如图 7-28 所示，将矩形和文本框组合在一起。

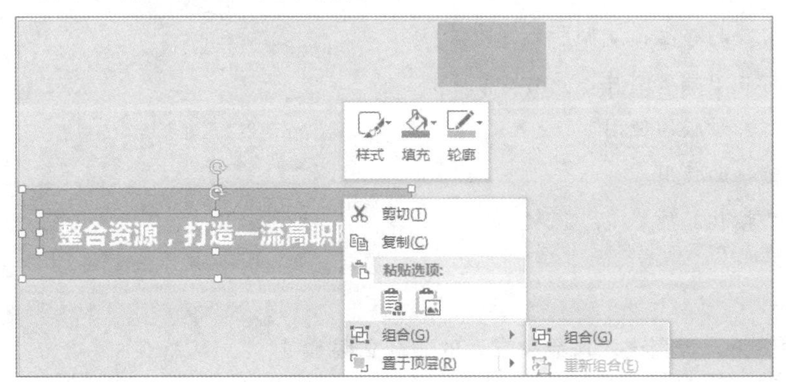

图 7-28 组合图形

④ 插入图片并设置格式。在幻灯片中插入 5 张图片，将图片的大小均设置为 4 厘米 × 6.66 厘米，取消选中“锁定纵横比”复选框。选中图片，选择“图片工具-格式”选项卡中的“图片

边框”下拉按钮，打开下拉列表，在“粗细”中选择“3 磅”，颜色选择黄色，如图 7-29 所示。所有图片均做此设置。

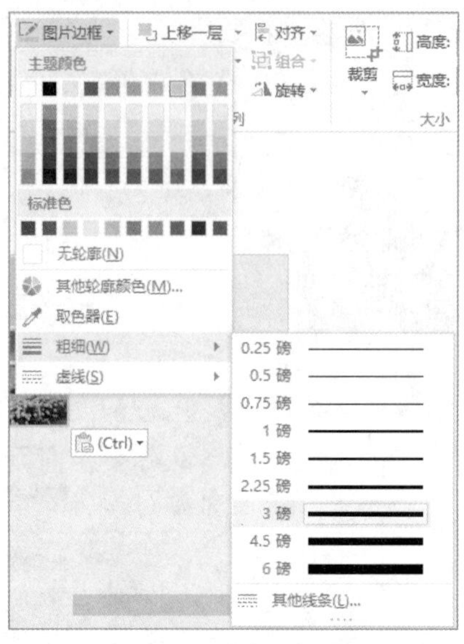

图 7-29　图片边框设置

⑤ 插入直线。在幻灯片中插入一条直线，长度为 1.8 厘米，粗细为 1.5 磅。

⑥ 插入文本框。再次插入一个横排文本框，在文本框中输入文字内容“职教集团 NMGJDXY”，文本框中字体设置为“方正兰亭黑体”，字号 20，字体颜色为黑色。

调整幻灯片中矩形、文本框、图片的位置，即可获得最终效果。

任务二　编辑演示文稿

任务技能目标

- 掌握幻灯片的移动、复制和删除方法
- 掌握幻灯片中插入图片、声音等元素
- 掌握幻灯片母版的使用
- 掌握超链接的使用
- 掌握动作按钮的使用

任务实施

1. 创建主题为“梵高艺术作品欣赏”的演示文稿

（1）任务提出及效果图

王老师给同学们留了一道作业：用 PowerPoint 制作“梵高艺术作品欣赏”演示文稿，效果如图 7-30 ~ 图 7-34 所示。

图 7-30　标题页

堪称梵高化身的《向日葵》仅由绚丽的黄色色系组合。梵高认为黄色代表太阳的颜色，阳光又象征爱情，因此具有特殊意义。他以《向日葵》中的各种花姿来表达自我，有时甚至将自己比拟为向日葵。

梵高写给弟弟的信中多次谈到《向日葵》的系列作品。其中说明有12株和14株的两种构图。

图 7-31　向日葵页

《乌鸦群飞的麦田》

在这幅画上仍然有着人们熟悉的他那特有的金黄色，但它却充满不安和阴郁感，乌云密布的沉沉蓝天，死死压住金黄色的麦田，沉重得叫人透不过气来，空气似乎也凝固了，一群凌乱低飞的乌鸦、波动起伏的地平线和狂暴跳动的激荡笔触更增加了压迫感、反抗感和不安感。

图 7-32　乌鸦群飞的麦田页

梵高所画的月亮及星群都具有眩人的光彩闪耀在天空。他用极鲜艳的线条，使月亮及每一个星星旋转着，连接着，表示它们正在横过银河。这幅画中呈现两种线条风格，一是弯曲的长线，二是破碎的短线。二者交互运用，使画面呈现出眩目的奇幻景象。
《星月夜》

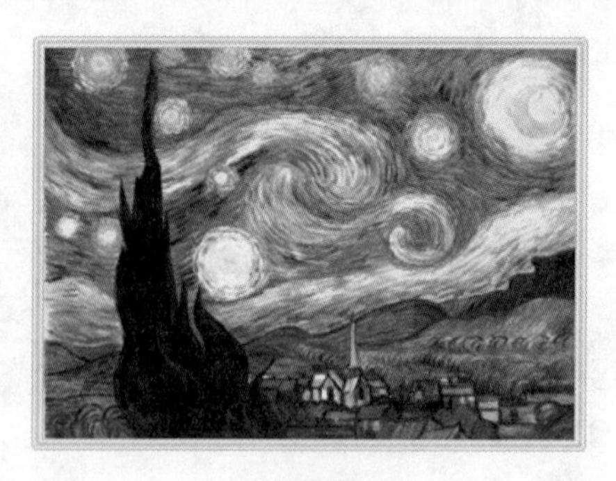

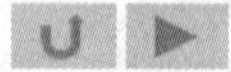

图 7-33　星月夜页

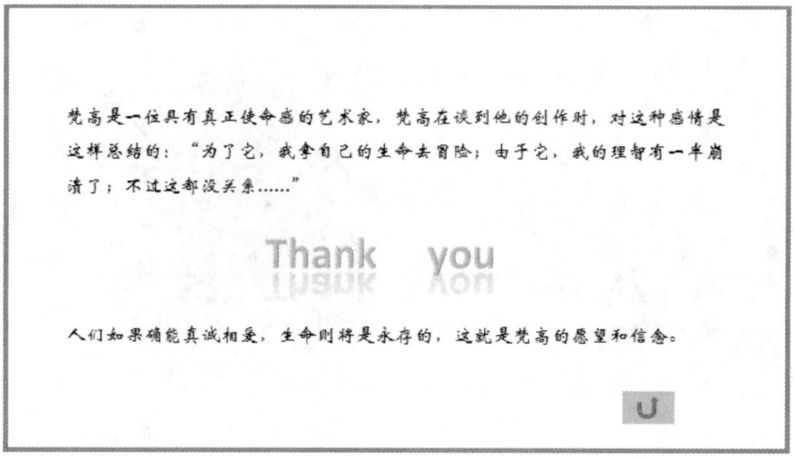

梵高是一位具有真正使命感的艺术家，梵高在谈到他的创作时，对这种感情是这样总结的："为了它，我拿自己的生命去冒险；由于它，我的理智有一半崩溃了；不过这都没关系……"
Thank you
人们如果确能真诚相爱，生命则将是永存的，这就是梵高的愿望和信念。

图 7-34　尾页

（2）操作要点分析

幻灯片模板的应用；超链接的设置；动作按钮的使用；插入音频文件等。

（3）操作步骤

① 在幻灯片母版设计中设置背景。

新建一组幻灯片，单击"视图"选项卡"母版视图"组中的"幻灯片母版"按钮，如图 7-35 所示。进入幻灯片母版编辑窗口，如图 7-36 所示。

在"幻灯片母版"选项卡中选择"背景样式"选项，选择预先下载的图片作为背景。设置完毕后单击"关闭母版视图"按钮。

动画
幻灯片放映
审阅
视图
幻灯片母版
讲义母版
备注母版
标尺
网格线
参考线
母版视图
显示

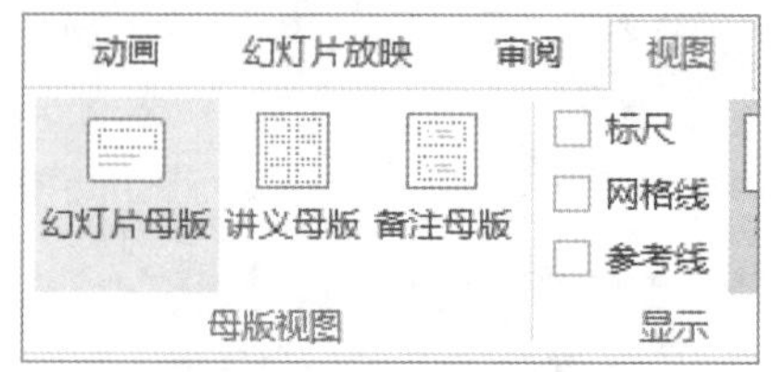

图 7-35　幻灯片母版

② 在母版视图中添加动作按钮。

打开母版视图，选中内容页幻灯片，选择"插入"选项卡"形状"组的"动作按钮"下拉列表中的返回按钮，如图 7-37（a）所示。

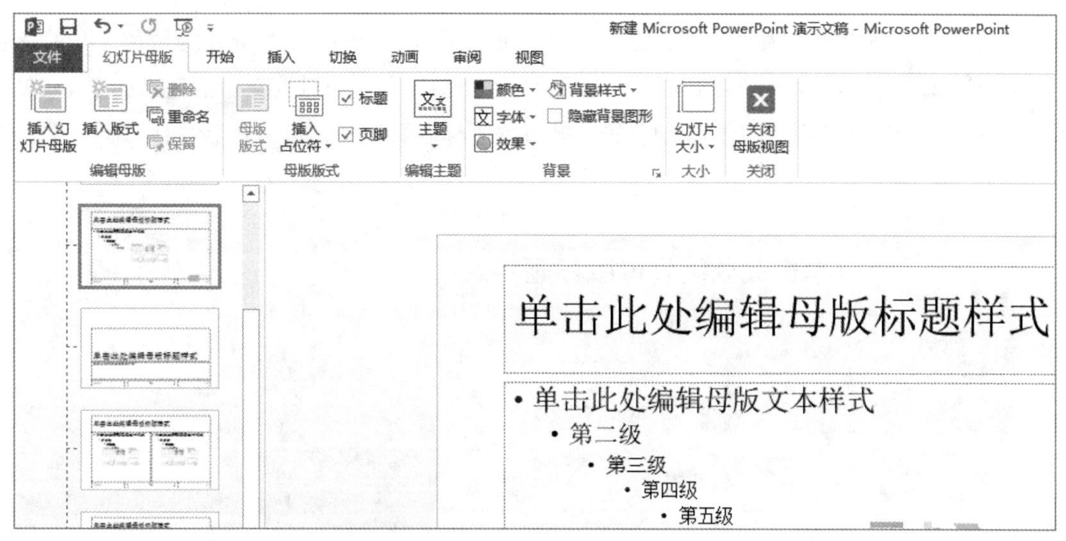

图 7-36　幻灯片母版编辑窗口

选中前进动作按钮，在幻灯片上进行绘制，结束后打开“操作设置”对话框，选择超链接到“第一张幻灯片”，如图 7-37（b）所示。

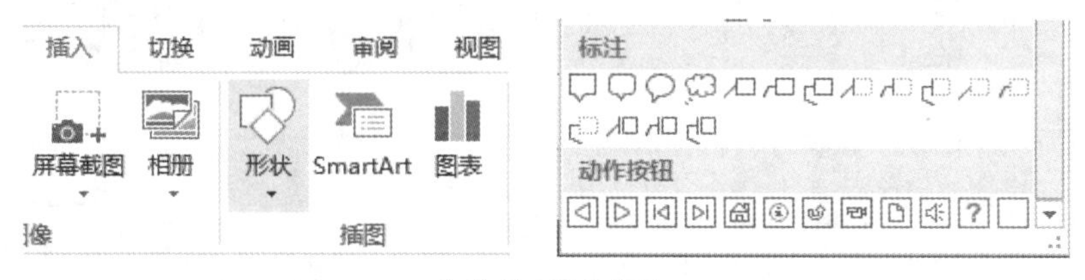

（a）插入动作按钮

（b）设置动作

图 7-37　添加动作按钮

设置动作按钮的格式，大小为 1.4 厘米 × 2.2 厘米，形状轮廓和形状填充均为黄色。设置完毕的动作按钮在母版上显示如图 7-38 所示，关闭幻灯片母版。母版设计完毕后的效果如图 7-39 所示。在每一张幻灯片上都使用了相同的背景，并且除了标题页以外，每一页上都有了返回首页的动作按钮。

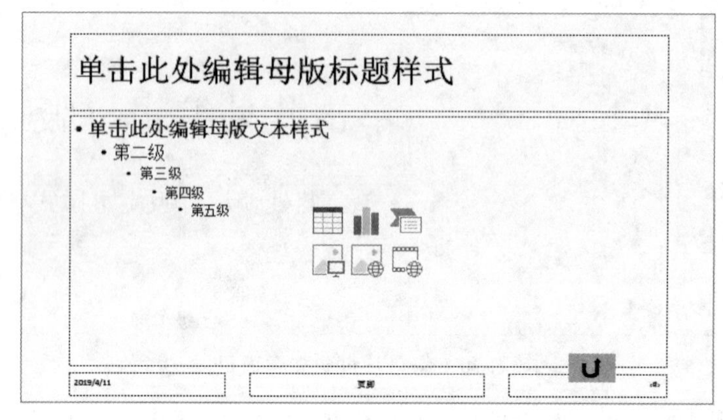

图 7-38　母版上的动作按钮

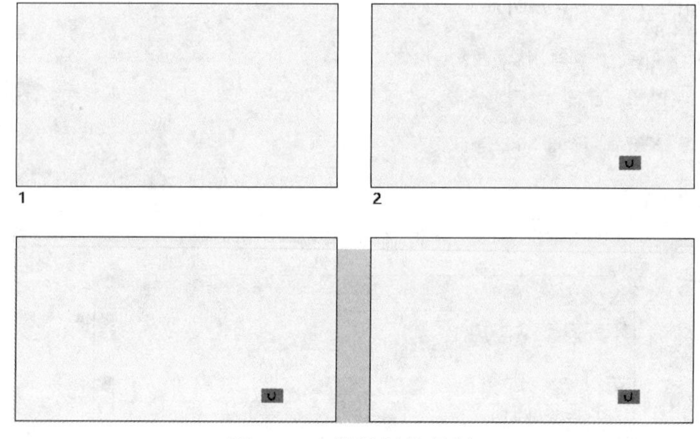

图 7-39　设计好的母版

③ 标题页设计。

选中第一张幻灯片，分别插入“自由女神像”和“梵高自画像”两张图片，放到合适的位置。梵高自画像图片加上黄色边框，线型为“三线”，宽度为 10.25 磅。

插入形状中的矩形，将矩形的形状填充和形状轮廓均设置为黄色，设置矩形大小为 19.1 厘米 × 3.1 厘米。

插入竖排文本框，放置在矩形中央，输入文字“梵高艺术作品欣赏”，将字体设置为黑体、32 号、红色。

插入一个横排文本框，输入文字内容“《向日葵》”“《乌鸦群飞的麦田》《星月夜》”，各占一行。设置字体为微软雅黑、24 号、黑色。

插入音频。

④ 内容页设计。

第 2 页中的文字内容如下：

堪称梵高化身的《向日葵》仅由绚丽的黄色色系组合。梵高认为黄色代表太阳的颜色，阳光又象征爱情，因此具有特殊意义。他以《向日葵》中的各种花姿来表达自我，有时甚至将自己比拟为向日葵。梵高写给弟弟的信中多次谈到《向日葵》的系列作品。其中说明有 12 株和 14 株的两种构图。

第 3 页中的文字内容如下：

在这幅画上仍然有着人们熟悉的他那特有的金黄色，但它却充满不安和阴郁感，乌云密布的沉沉蓝天，死死压住金黄色的麦田，沉重得叫人透不过气来，空气似乎也凝固了，一群凌乱低飞的乌鸦、波动起伏的地平线和狂暴跳动的激荡笔触更增加了压迫感、反抗感和不安感。

第 4 页中的文字内容如下：

梵高所画的月亮及星群都具有眩人的光彩闪耀在天空。他用极鲜艳的线条，使月亮及每一个星星旋转着，连接着，表示它们正在横过银河。这幅画中呈现两种线条风格，一是弯曲的长线，二是破碎的短线。二者交互运用，使画面呈现出眩目的奇幻景象。

如效果图所示，在第 2、3、4 页中分别插入图片和文本框，图片格式均为黄色边框，线型为“三线”，线条宽度为 10.25 磅。文本框中输入上述文字，文字均为华文新魏、24 号。

⑤ 尾页设计。

第 5 页中的文字内容如下：

梵高是一位具有真正使命感的艺术家，梵高在谈到他的创作时，对这种感情是这样总结的：“为了它，我拿自己的生命去冒险；由于它，我的理智有一半崩溃了；不过这都没关系……”

人们如果确能真诚相爱，生命则将是永存的，这就是梵高的愿望和信念。

插入两个文本框，将上述文字内容放到文本框中。文字均为华文新魏、24 号。

插入艺术字，内容为 thank you。为艺术字设置“映像”和“发光”效果，如图 7-40 和图 7-41 所示。

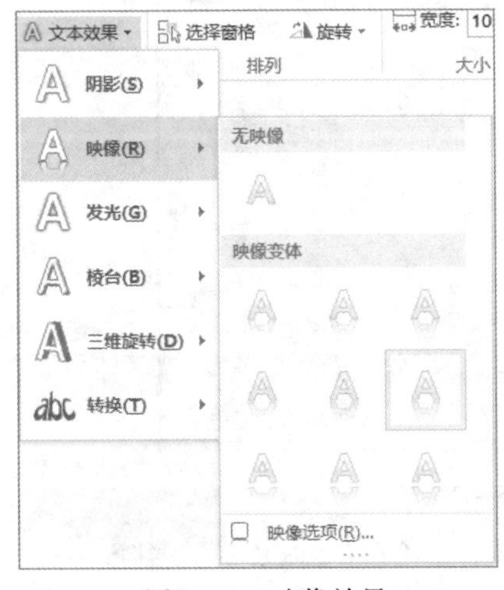

图 7-40　映像效果

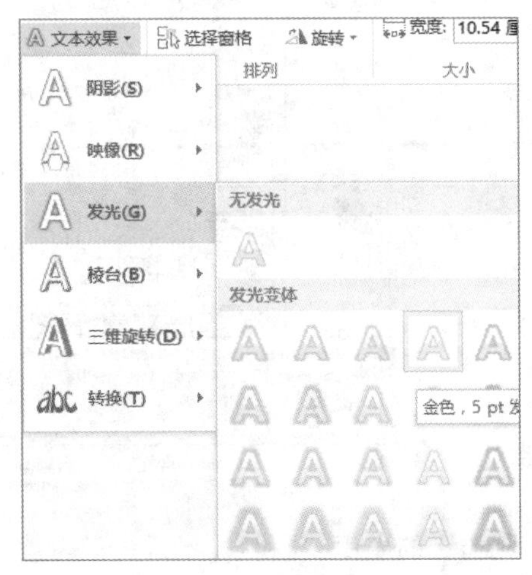

图 7-41　发光效果

⑥ 编辑超链接。

选中第一张幻灯片上的“《向日葵》”，右击，在弹出的快捷菜单中选择“超链接”命令，如图 7–42 所示。

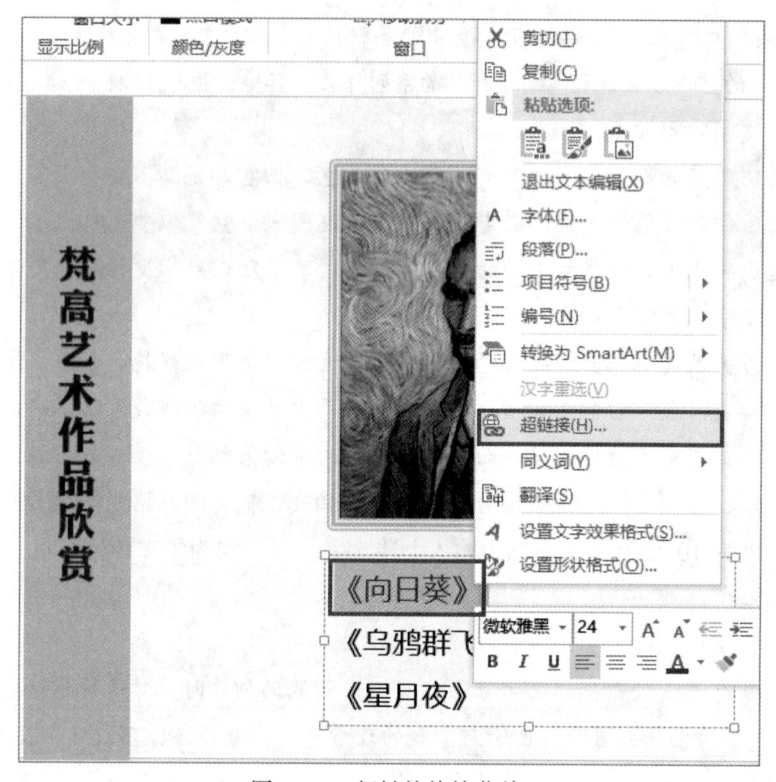

图 7–42 超链接快捷菜单

打开“插入超链接”对话框，在“链接到”选择“本文档中的位置”，在“请选择文档中的位置”中选择第 2 张幻灯片，如图 7–43 所示，最后单击“确定”按钮即可。

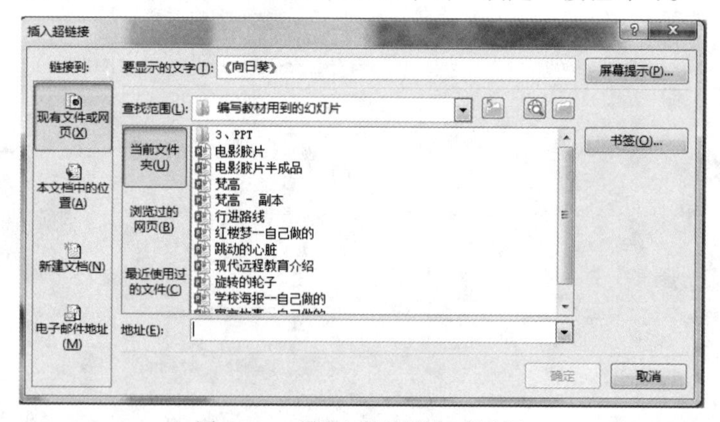

图 7–43 “插入超链接”对话框

“《乌鸦群飞的麦田》”和“《星月夜》”设置超链接的方法和“《向日葵》”基本一致，在“请选择文档中的位置”中分别选到第 3 张和第 4 张幻灯片即可。

⑦ 插入动作按钮。

选中第 2 张幻灯片，插入图 7-44（a）所示的前进动作按钮，进行图 7-44（b）所示的设置。然后将动作按钮选中，分别复制到第 3、4、5 张幻灯片上。

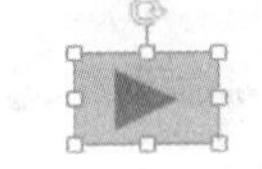

（a）前进动作按钮　　　　（b）“操作设置”对话框

图 7-44　前进动作按钮设置

2. 创建主题为“红楼梦金陵十二钗”的演示文稿

（1）任务提出及效果图

王老师给同学们留了一道作业：用 PowerPoint 制作一组介绍金陵十二钗的演示文稿，效果如图 7-45～图 7-48 所示。

图 7-45　红楼梦标题页

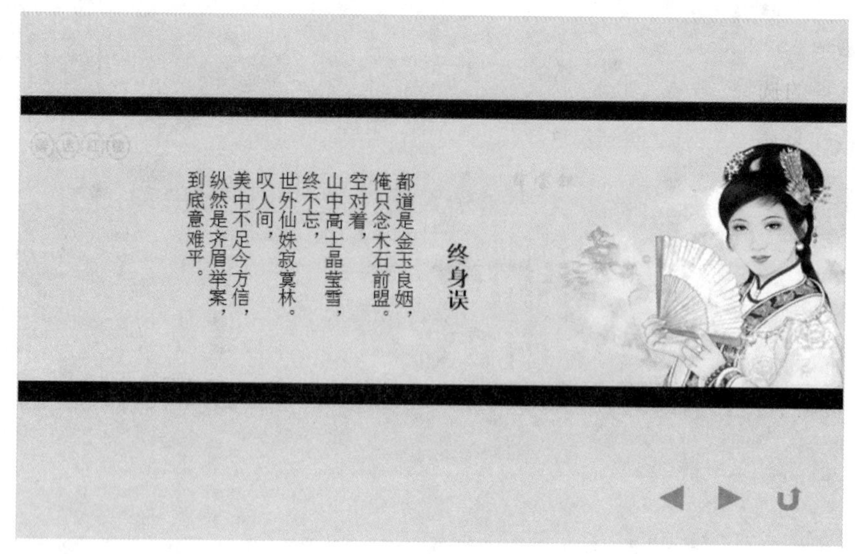

图 7-46　红楼梦内容页

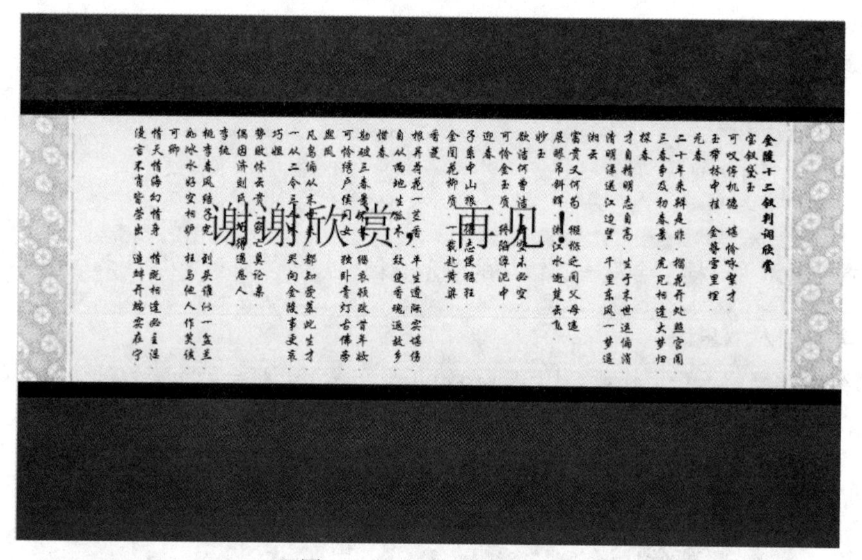

图 7-47　红楼梦结尾页

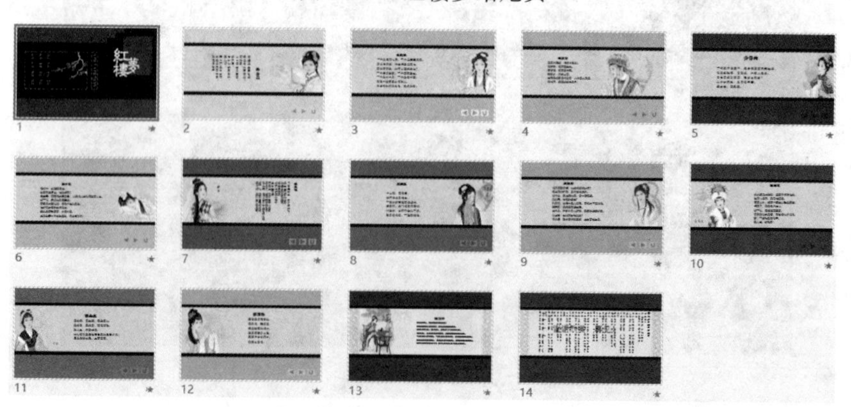

图 7-48　整体效果

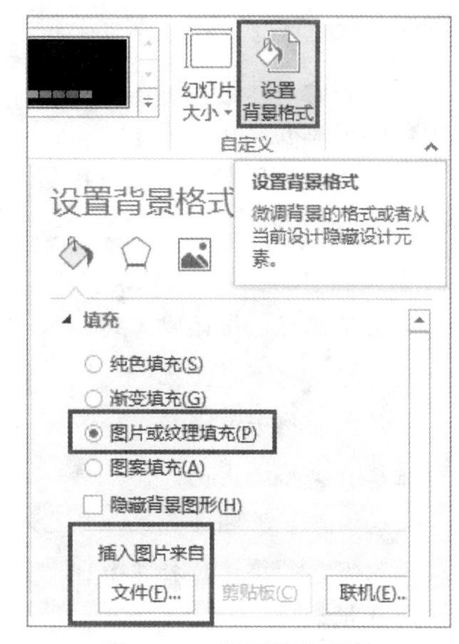

图 7-49　设置图片背景

（2）操作要点分析

幻灯片背景的选择；幻灯片的超链接设置与应用；背景音乐的插入与切换。

（3）操作步骤

① 背景设计。

新建一组 14 张的幻灯片，选中第 1 张幻灯片，插入图片作为背景，单击“设计”选项卡中的“设置背景格式”按钮，打开“设置背景格式”窗格进行设置，如图 7-49 所示。

其他 13 页幻灯片的背景均设置为对应的图片。

② 标题页设计。

选中第 1 张幻灯片，如图 7-45 所示，分别插入 13 个竖排文本框，输入文字内容分别是“红楼梦十二金钗正册赏析”和十二钗的名字。将文本框中文字字体设置为方正隶变繁体、18 号、红色。

③ 内容页设计。

分别选中第 2 张到第 13 张幻灯片，插入文本框，输入对应的文字内容。内容页中的文字均采用方正隶变楷体，标题为 20 号字体，诗词内容文字采用 16 号字体。

幻灯片中文字内容如下：

第 2 张幻灯片：

终身误　宝钗

都道是金玉良姻，

俺只念木石前盟。

空对着，

山中高士晶莹雪，

终不忘，

世外仙姝寂寞林。

叹人间，

美中不足今方信：

纵然是齐眉举案，

到底意难平。

第 3 张幻灯片：

枉凝眉　黛玉

一个是阆苑仙葩，一个是美玉无瑕。

若说没奇缘，今生偏又遇着他；

若说有奇缘，如何心事终虚化？

一个枉自嗟呀，一个空劳牵挂。

一个是水中月，一个是镜中花。

想眼中能有多少泪珠儿，

怎经得秋流到冬尽，春流到夏。

第 4 张幻灯片：

恨无常 元春

喜荣华正好，恨无常又到。

眼睁睁，把万事全抛。

荡悠悠，把芳魂消耗。

望家乡，路远山高。

故向爹娘梦里相寻告：儿命已入黄泉，

天伦呵，须要退步抽身早！

第 5 张幻灯片：

分骨肉 探春

一帆风雨路三千，把骨肉家园齐来抛闪。

恐哭损残年，告爹娘，休把儿悬念。

自古穷通皆有定，离合岂无缘？

从今分两地，各自保平安。

奴去也，莫牵连。

第 6 张幻灯片：

乐中悲 湘云

襁褓中，父母叹双亡。

纵居那绮罗丛，谁知娇养？

幸生来，英豪阔大宽宏量，从未将儿女私情略萦心上。

好一似，霁月光风耀玉堂。

厮配得才貌仙郎，博得个地久天长，

准折得幼年时坎坷形状。

终久是云散高唐，水涸湘江。

这是尘寰中消长数应当，何必枉悲伤！

第 7 张幻灯片：

世难容 妙玉

气质美如兰，才华阜比仙。

天生成孤癖人皆罕。

你道是啖肉食腥膻，视绮罗俗厌，

却不知太高人愈妒，过洁世同嫌。

可叹这，青灯古殿人将老，

辜负了，红粉朱楼春色阑。
到头来，依旧是风尘肮脏违心愿。
好一似，无瑕白玉遭泥陷，
又何须，王孙公子叹无缘。
第 8 张幻灯片：
喜冤家　迎春
中山狼，无情兽，
全不念当日根由。
一味的骄奢淫荡贪还构。
觑着那，侯门艳质同蒲柳，
作践的，公府千金似下流。
叹芳魂艳魄，一载荡悠悠。
第 9 张幻灯片：
虚花悟　惜春
将那三春看破，桃红柳绿待如何？
把这韶华打灭，觅那清淡天和。
说什么，天上夭桃盛，云中杏蕊多。
到头来，谁把秋捱过？
则看那，白杨村里人呜咽，青枫林下鬼吟哦。
更兼着，连天衰草遮坟墓。
这的是，昨贫今富人劳碌，春荣秋谢花折磨。
似这般，生关死劫谁能躲？
闻说道，西方宝树唤婆娑，上结着长生果。
第 10 张幻灯片：
聪明累　凤姐
机关算尽太聪明，反算了卿卿性命。
生前心已碎，死后性空灵。
家富人宁，终有个家亡人散各奔腾。
枉费了，意悬悬半世心，
好一似，荡悠悠三更梦。
忽喇喇似大厦倾，昏惨惨似灯将尽。
呀！一场欢喜忽悲辛。叹人世，终难定！
第 11 张幻灯片：
留余庆　巧姐
留余庆，留余庆，忽遇恩人，
幸娘亲，幸娘亲，积得阴功。

劝人生，济困扶穷，

休似俺那爱银钱忘骨肉的狠舅奸兄！

正是乘除加减，上有苍穹。

第 12 张幻灯片：

好事终 秦可卿

画梁春尽落香尘。

擅风情，秉月貌，

便是败家的根本。

箕裘颓堕皆从敬，

家事消亡首罪宁。

宿孽总因情。

第 13 张幻灯片：

晚韶华 李纨

镜里恩情，更那堪梦里功名！

那美韶华去之何迅！再休提锈帐鸳衾。

只这带珠冠，披凤袄，也抵不了无常性命。

虽说是，人生莫受老来贫，也须要阴骘积儿孙。

气昂昂头戴簪缨，气昂昂头戴簪缨，光灿灿胸悬金印，

威赫赫爵禄高登，威赫赫爵禄高登，昏惨惨黄泉路近。

问古来将相可还存？也只是虚名儿与后人钦敬。

④ 标题页上的超链接设置。

选中第 1 张幻灯片，选中幻灯片中文字内容是“宝钗”文本框并右击，在弹出的快捷菜单中选择“超链接”命令，打开“插入超链接”对话框，做图 7-50 所示的设置。其他文本框的超链接设置方法一样，在“本文档中的位置”注意选到对应的幻灯片即可。

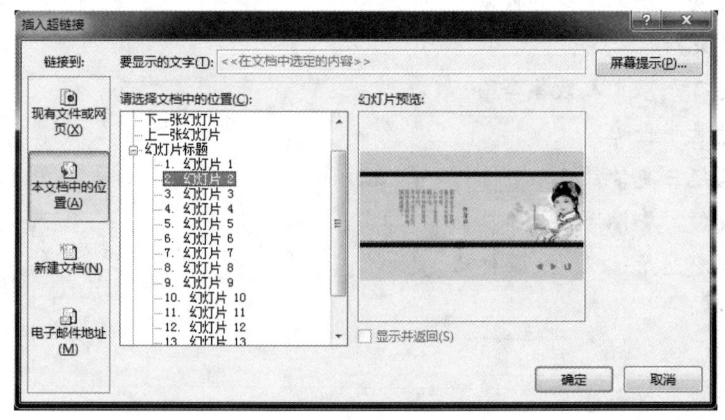

图 7-50 文本框上的超链接设置

⑤ 动作按钮设置。

选中第 2 张幻灯片，分别插入后退、前进和返回 3 个动作按钮，进行图 7-51～图 7-53 所示的设置。然后将动作按钮选中，分别复制到第 3 张到第 13 张幻灯片上，超链接的动作都相同，不必进行设置。按照背景进行颜色设置即可，颜色可自选。

图 7-51　后退动作按钮的超链接

图 7-52　前进动作按钮的超链接

图 7-53　返回动作按钮的超链接

⑥ 插入音频并设置播放格式。

选中标题幻灯片，单击“插入”选项卡“音频”组中的“PC 中的音频”按钮，选中“枉凝眉.mp3”

插入幻灯片，选项卡中弹出“音频工具–格式”选项卡，如图 7–54 所示，进行格式设置，设置为自动开始、跨幻灯片播放、循环播放，且播放时隐藏图标。

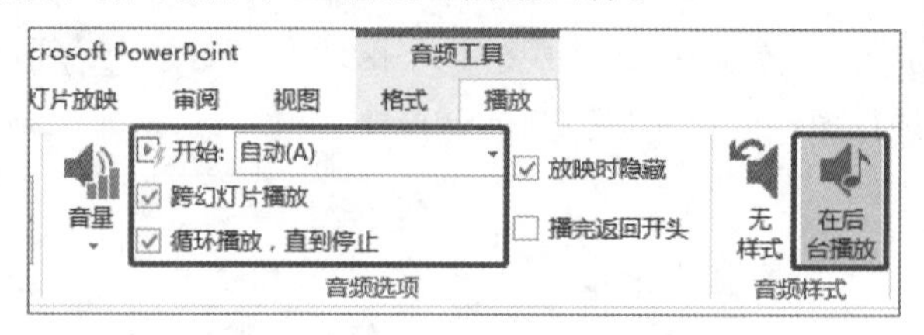

图 7–54 “音频工具—格式”选项卡

⑦ 尾页设计。

插入图片 14 作为背景，添加竖排文本框，文本框内容为金陵十二钗判词。将字体设置为华文行楷、15 号。判词内容如下：

金陵十二钗判词欣赏

宝钗黛玉

可叹停机德，堪怜咏絮才。

玉带林中挂，金簪雪里埋。

元春

二十年来辨是非，榴花开处照宫闱。

三春争及初春景，虎兕相逢大梦归。

探春

才自精明志自高，生于末世运偏消。

清明涕送江边望，千里东风一梦遥。

湘云

富贵又何为，襁褓之间父母违。

展眼吊斜晖，湘江水逝楚云飞。

妙玉

欲洁何曾洁，云空未必空。

可怜金玉质，终陷淖泥中。

迎春

子系中山狼，得志便猖狂。

金闺花柳质，一载赴黄粱。

香菱

根并荷花一茎香，平生遭际实堪伤。

自从两地生孤木，致使香魂返故乡。

惜春

勘破三春景不长，缁衣顿改昔年妆。

可怜绣户侯门女，独卧青灯古佛旁。

熙凤

凡鸟偏从末世来，都知爱慕此生才。

一从二令三人木，哭向金陵事更哀。

巧姐

势败休云贵，家亡莫论亲。

偶因济刘氏，巧得遇恩人。

李纨

桃李春风结子完，到头谁似一盆兰。

如冰水好空相妒，枉与他人作笑谈。

可卿

情天情海幻情身，情既相逢必主淫。

漫言不肖皆荣出，造衅开端实在宁。

再次插入一个文本框，输入文字内容“谢谢欣赏 再见”。将该字体设置为华文隶变繁体、50 号。

3. 创建主题为“电脑产品宣传”的演示文稿

（1）任务提出及效果图

王老师给同学们留了一道作业：用 PowerPoint 制作 5～8 张幻灯片，介绍笔记本电脑。主要效果如图 7-55～图 7-58 所示。

图 7-55　笔记本产品展示标题页

在标题页设计中，将背景图片插入标题页中。然后输入相关文字，效果如图 7-55 所示。

在内容页设计中，通过幻灯片母版，将背景图片插入内容页中，并设计艺术字 Lenovo 放置在标题处，同时将要展示的产品标题放置在标题位置处，调整二者的位置，使其布局合理，如图 7-56 所示。每张幻灯片的内容自行设计，但是每张幻灯片中必须包含相应的图片和文字介绍。增加 6 个动作按钮，超链接到指定幻灯片，具体设置可参考图 7-57。

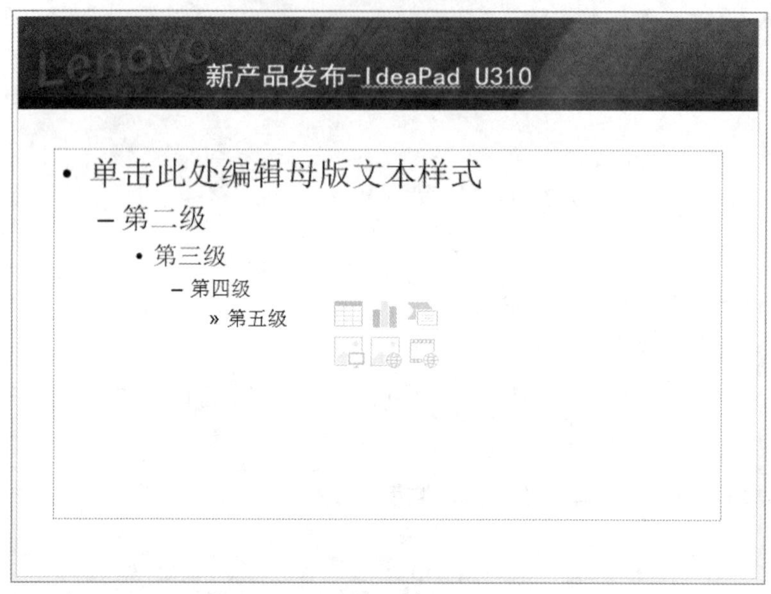

图 7-56 通过母版设计内容页

图 7-57 内容页参考样式

结尾页设计，插入动作按钮和艺术字。可参考图 7-58，也可自行设计。

幻灯片中所用图片均可自选，但必须和相关主题相符。

图 7-58　结尾页参考样式

（2）操作要点分析

幻灯片背景的选择；幻灯片的超链接设置与应用；艺术字的应用。

4. 自主设计制作主题为“我的家乡”的演示文稿

任务要求

制作一组介绍我的家乡的幻灯片，可参考如下提纲：

① 标题幻灯片，例如：我的家乡——青城呼和浩特。

② 导航目录幻灯片。

③ 家乡简介。

④ 名优特产。

⑤ 民俗风情。

⑥ 旅游景点。

⑦ 结尾幻灯片。

在幻灯片设计中应用母版进行内容页设计，内容页上要添加动作按钮，返回导航目录片，导航目录片要有到其他幻灯片的超链接。在幻灯片中适当插入图像、表格、图标、音频等对象。

任务三　为幻灯片中的对象设置动画

任务技能目标

- 掌握幻灯片切换效果的设置
- 掌握幻灯片中对象动画效果的设置

任务实施

1. 跳动的心脏

（1）任务提出及效果图

设计图 7–59 所示的演示文稿，为心形添加动画效果，使其播放效果如同一颗跳动的心脏。

图 7–59 跳动的心脏

（2）操作要点分析

插入形状；为幻灯片中的对象设置动画效果；艺术字的应用等。

（3）操作步骤

① 插入形状。新建幻灯片，插入文字内容“跳动的心脏”，黑体，红色，40 号，分散对齐。插入形状中的“心形”，为心形填充红色，无边框。

② 为心形添加动画效果。选中心形，添加动画效果。单击“动画”选项卡中的“添加动画”下拉按钮，在打开的下拉列表中选择“强调”→“放大/缩小”选项，如图 7–60 所示。

图 7–60 选择动画

③ 设置动画的开始播放方式和动画的播放速度。继续选中心形，打开“放大/缩小”对话框，选择“效果”选项卡，勾选“自动翻转”复选框。再选择“计时”选项卡，将“开始”设置为“与上一动画同时”，“期间”为“非常快”（0.5 秒），如图 7–61 和图 7–62 所示。

图 7-61　效果设置

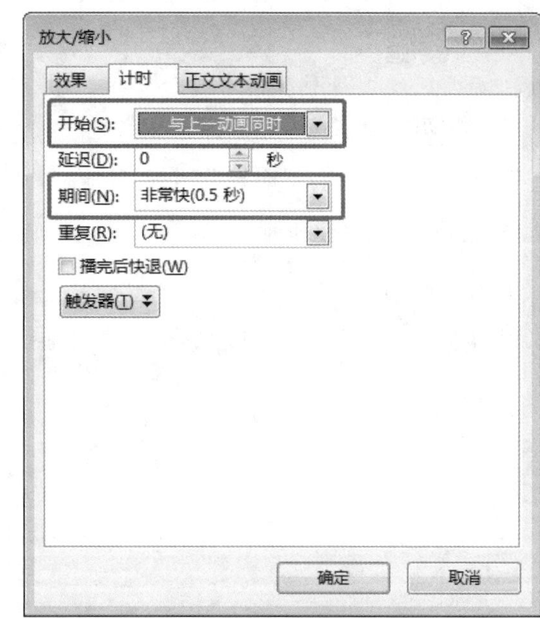

图 7-62　计时设置

2. 设计动画“旋转的轮子”

（1）任务提出及效果图

张老师给同学们留了一道作业：用 PowerPoint 制作“旋转的轮子”演示文稿，添加动画，使得播放效果如同旋转的轮子，效果如图 7-63 所示。

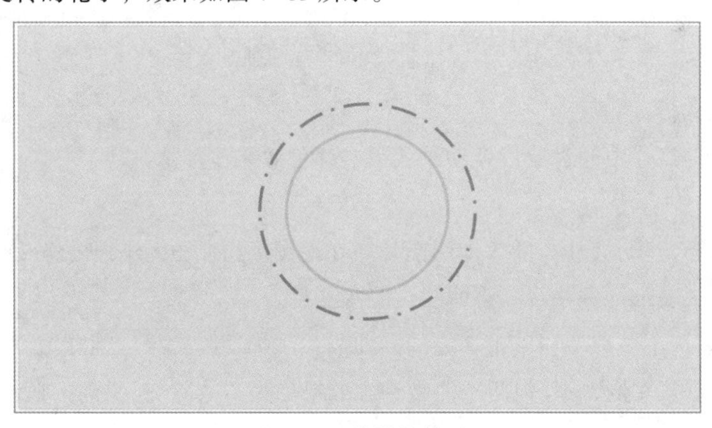

图 7-63　旋转的轮子

（2）操作要点分析

插入形状；为幻灯片中的对象设置动画效果，多种效果叠加。

（3）操作步骤

① 插入形状。新建幻灯片，插入两个同心圆。在绘制圆形时按住 Shift 键，可使得画出的圆形为正圆。设置图 7-63 所示的格式，无填充颜色，不同的轮廓样式，线型自选，粗细为 3 磅。

② 设置动画。选中内侧圆环，添加进入动画效果“轮子”，效果选项中选择“3 轮辐图案”；

添加强调效果“陀螺旋”，效果选项“顺时针”。将两种动画效果均选中，播放方式设置为“上一动画之后”。

选中外侧圆环，添加进入动画效果“轮子”，效果选项中选择“8 轮辐图案”；添加强调效果“陀螺旋”，效果选项“逆时针”。将两种动画效果都选中，播放方式设置为“上一动画之后”。

3．设计行进路线动画

（1）任务提出及效果图

张老师给同学们留了一道作业：用 PowerPoint 设计行进路线动画演示文稿，如图 7-64 所示。

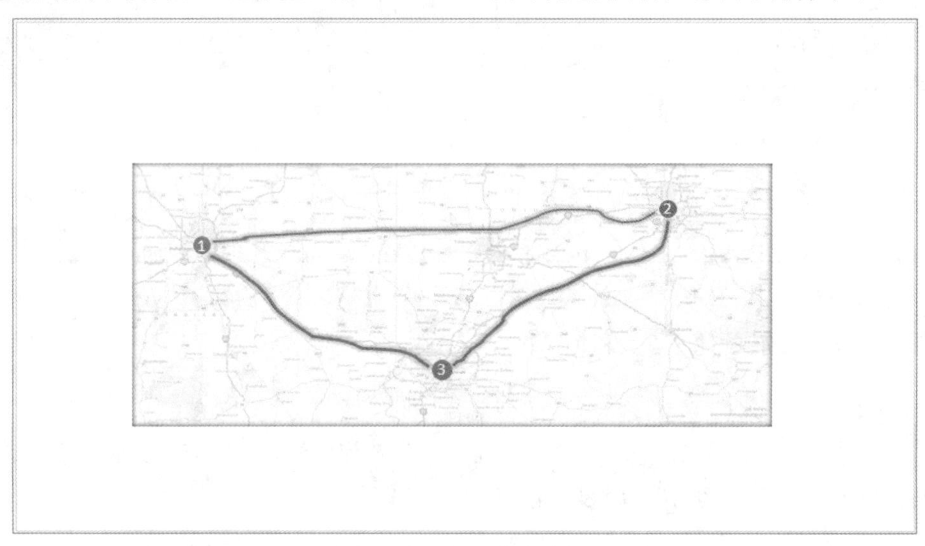

图 7-64 行进路线动画

（2）操作要点分析

插入形状；为幻灯片中的对象设置动画效果，多种效果叠加。

（3）操作步骤

① 插入形状。新建幻灯片，插入地图图片。在地图上绘制 3 个圆形，分别表示 3 个城市，在城市间绘制曲线，表示行进路线。将曲线设置为 3 磅。

② 设置动画。选中城市 1 和城市 2 之间的曲线，添加动画效果“擦除”，将“效果选项”中的“方向”设置为“从左侧”。其他两条曲线动画效果均为“擦除”，方向按照图中具体方向进行设置。

4．设计制作主题为“人均收入”的演示文稿

（1）任务提出及效果图

张老师给同学们留了一道作业：根据给定的 2018 年上半年人均收入电子表格（见图 7-65），创建相应的演示文稿。演示文稿中必须有标题页和结尾页；给幻灯片设置统一的切换效果；结尾页插入艺术字，为艺术字设置动画效果。效果如图 7-66 所示。

	A	B	C
1	2018年上半年人均收入		
2	一线城市	收入水平/元	月均收入
3	北京	18154	3025.667
4	上海	20689	3448.167
5	广州	13778.97	2296.495
6	南京	13655	2275.833
7	福州	14661	2443.5
8	天津	14155	2359.167
9	济南	12627	2104.5
10	重庆	11760	1960
11	西安	10684	1780.667
12	长沙	10864	1810.667
13	武汉	10833	1805.5

图 7-65 2018 年上半年人均收入电子表格中的数据

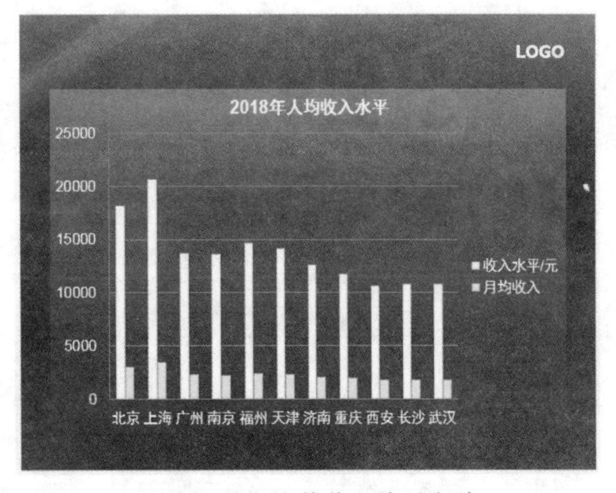

图 7-66 人均收入演示文稿

（2）操作要点分析

插入图表；为幻灯片中的对象设置动画效果，多种效果叠加。

（3）操作步骤

标题页和结尾页比较简单，自行进行设计即可。在内容页里，首先在 Excel 中生成图表，按照图表数据生成柱状图，设置图表格式。然后将柱状图复制到内容页中，为柱状图设置动画效果“擦除”，将“效果选项”设置为“按类别中的元素”即可。

任务四 放映和打包演示文稿

任务技能目标

- 能够熟练放映演示文稿
- 掌握演示文稿的放映方式
- 掌握演示文稿的打包方法

任务实施

1. 设计制作主题为“内蒙古机电职业技术学院简介”的演示文稿

（1）任务提出及效果图

根据所学的演示文稿知识，设计制作一组幻灯片，介绍内蒙古机电职业技术学院，效果如图 7-67～图 7-71 所示。

在幻灯片设计中内容页上要添加动作按钮，返回导航目录片，导航目录片要有到其他幻灯片的超链接。在幻灯片中适当插入图像、表格、图标、音频等对象。添加幻灯片切换效果为“随机线条”，自动放映。最后将幻灯片打包。

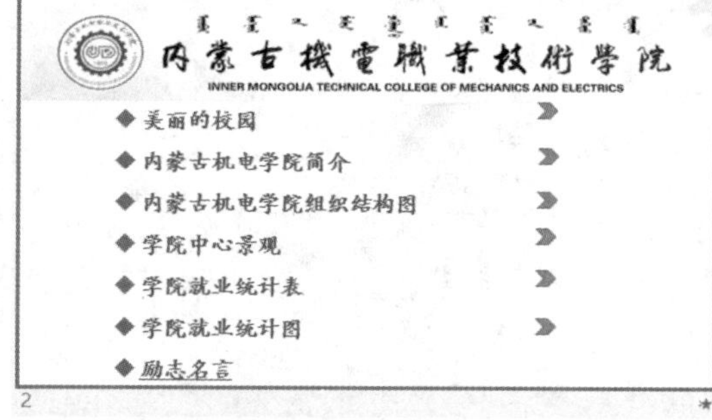

图 7-67　效果图 1

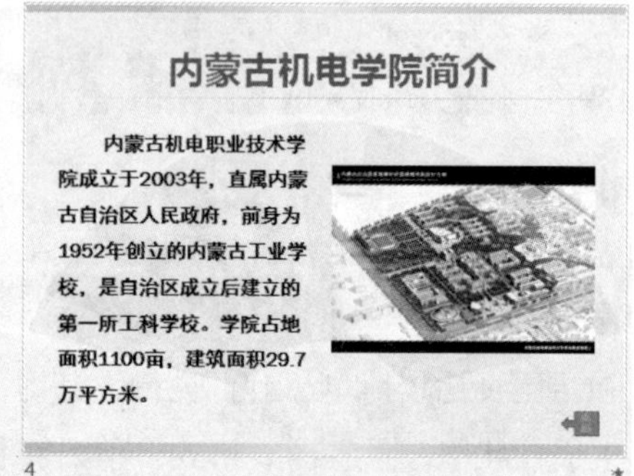

图 7-68　效果图 2

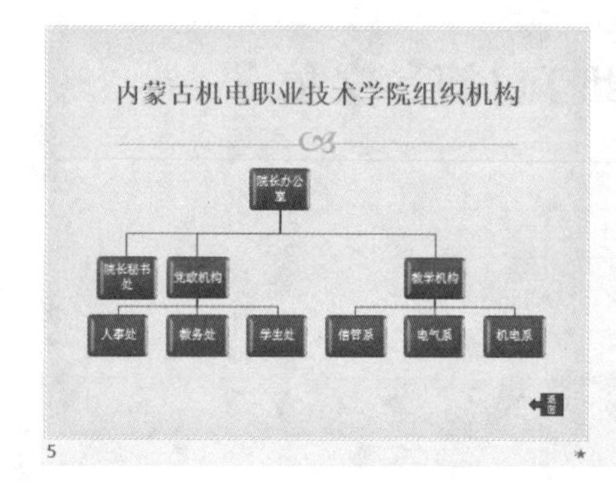

图 7-69　效果图 3

学生就业统计表

系部 / 统计	信管系	电气系	冶金系	水利系
就业人数	200	500	200	400
就业率	95%	90%	95%	98%

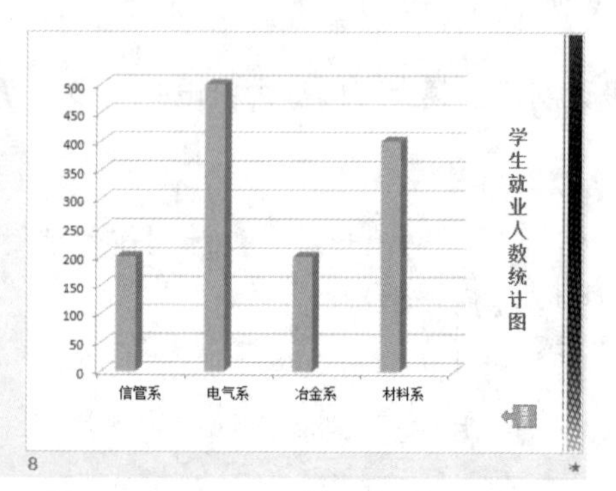

图 7-70　效果图 4

图 7-71 效果图 5

（2）操作要点分析

插入图片；插入艺术字；动画设置；超链接设置；动作按钮设置；幻灯片切换；幻灯片放映；幻灯片打包。

（3）操作步骤

说明：基础设置在以前的任务中均已详述，此处不再赘述，主要说明幻灯片放映和打包的具体操作。

① 幻灯片切换方式设置。选中第一张幻灯片，选择“切换”选项卡“切换到此幻灯片”组中的“随机线条”效果，在“效果选项”下拉列表中选择“垂直”；在“计时”组中单击“全部应用”按钮，将效果应用到所有幻灯片，将“换片方式”修改为“设置自动换片时间 3 秒”，如图 7-72 所示。

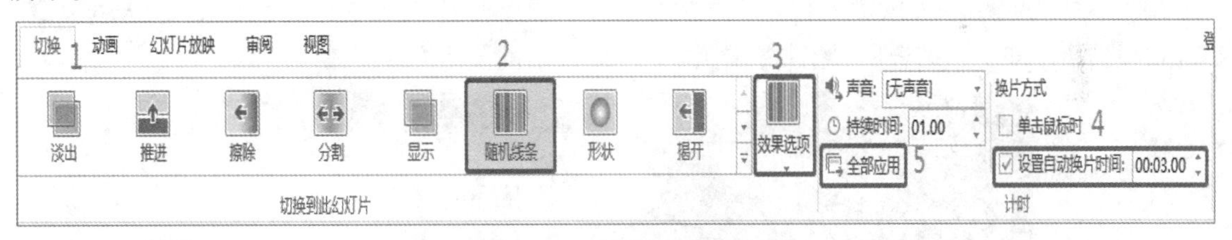

图 7-72 切换方式设置

② 幻灯片放映设置。单击“幻灯片放映”选项卡中的“从头开始”或“从当前幻灯片开始”按钮即可。

③ 将幻灯片打包成 CD。选择“文件”→“导出”命令，在导出选项中选择“将演示文稿打包成 CD”，如图 7-73 所示。打开图 7-74 所示的对话框，在对话框中单击“复制到文件夹”按钮，打开图 7-75 所示“复制到文件夹”对话框，单击“确定”按钮即可进行打包操作。

幻灯片中所用到的文字资料如下：

学院简介

内蒙古机电职业技术学院成立于 2003 年，直属内蒙古自治区人民政府，前身为 1952 年创立的内蒙古工业学校，是自治区成立后建立的第一所工科学校。学院占地面积 1100 亩，建筑面积 29.7 万平方米。

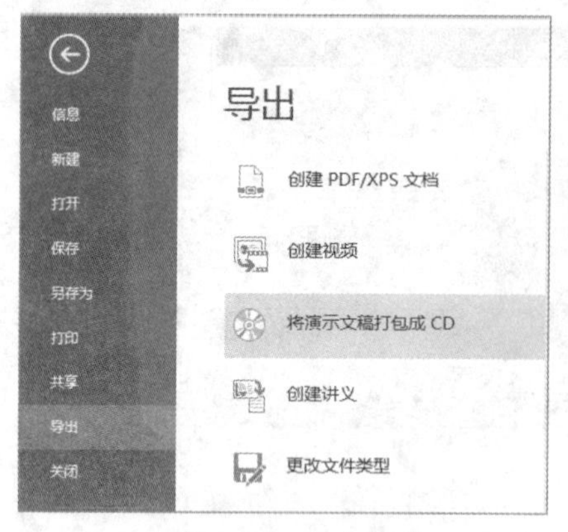

图 7-73 导出菜单

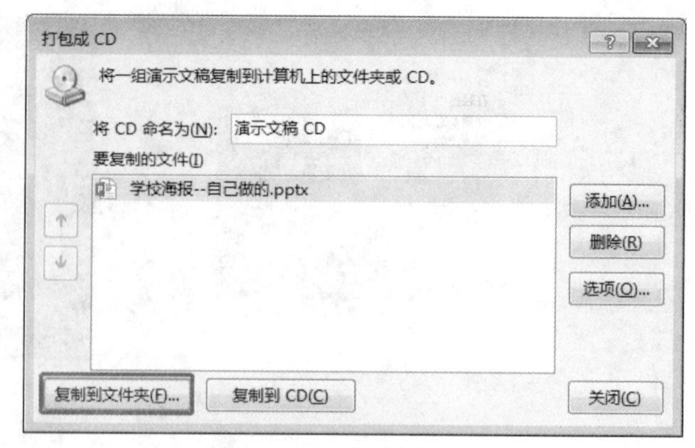

图 7-74 “打包成 CD”对话框

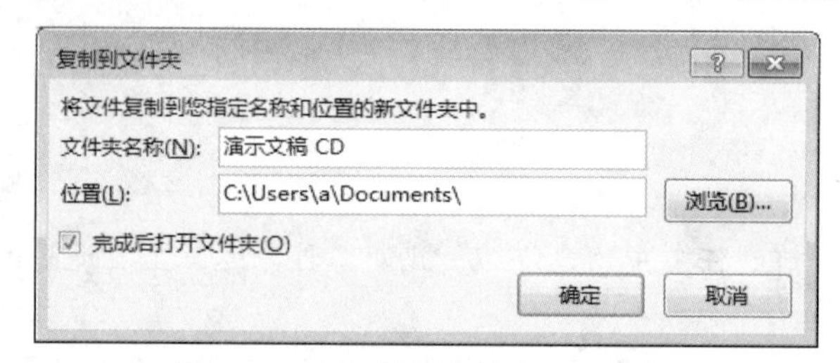

图 7-75 “复制到文件夹”对话框

2. 设计制作主题为 “员工培养计划”的演示文稿

(1) 任务提出及效果图

小王入职到一家人力资源公司，领导交给小王的第一个任务就是制作员工培养计划演示文稿。请根据所学知识，结合所给素材，制作图 7-76 所示的演示文稿。

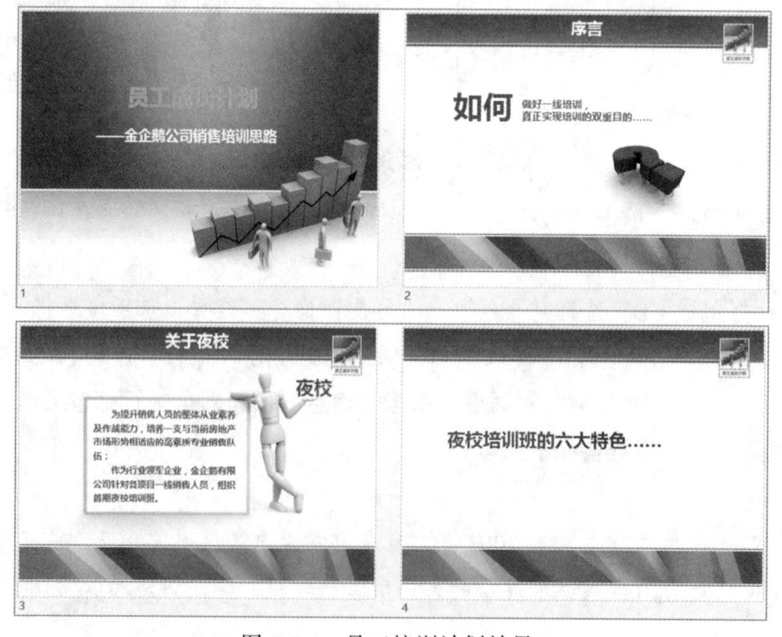

图 7-76 员工培训计划效果

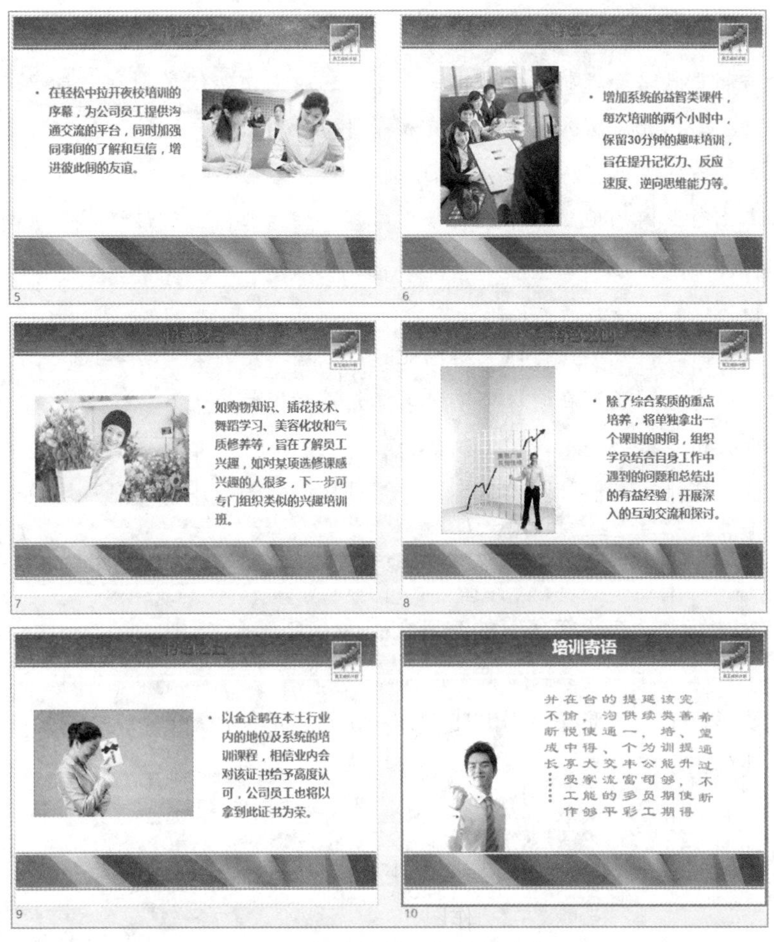

图 7–76　员工培训计划效果（续）

演示文稿中所用文字资料如下：

为提升销售人员的整体从业素养及作战能力，培养一支与当前房地产市场形势相适应的高素质专业销售队伍；作为行业领军企业，金企鹅有限公司针对各项目一线销售人员，组织首期夜校培训班。

特色一

在轻松中拉开夜校培训的序幕，为公司员工提供沟通交流的平台，同时加强同事间的了解和互信，增进彼此间的友谊。

特色二

增加系统的益智类课件，每次培训的两个小时中，保留 30 分钟的趣味培训，旨在提升记忆力、反应速度、逆向思维能力等。

特色三

如购物知识、插花技术、舞蹈学习、美容化妆和气质修养等，旨在了解员工兴趣，如对某项选修课感兴趣的人很多，下一步可专门组织类似的兴趣培训班。

特色四

除了综合素质的重点培养，将单独拿出一个课时的时间，组织学员结合自身工作中遇到的问题和总结出的有益经验，开展深入的互动交流和探讨。

特色五

以金企鹅在本土行业内的地位及系统的培训课程，相信业内会对该证书给予高度认可，公司员工也将以拿到此证书为荣。

培训寄语

希望通过不断完善、提升，使得该类培训能够期期延续，为公司员工提供一个丰富多彩的沟通、交流的平台，使得大家能够在愉悦中享受工作并不断成长……

（2）操作要点分析

插入图片；插入横排文本框和竖排文本框；幻灯片母版的应用；幻灯片切换；幻灯片放映。

（3）操作步骤

（略）

3．设计制作主题为 “个人简历”的演示文稿

任务提出：

小王马上就要毕业了，他准备使用 PPT 制作一份自己的简历。可参考如下结构：

- 标题页：我的简历。
- 目录页。
- 个人基本情况。
- 获奖情况。
- 个人爱好。
- 求职方向。
- 结尾页。

在幻灯片设计中要有目录页到各个内容页的超链接，内容页上要添加动作按钮，返回目录页。利用母版使设计风格统一。给幻灯片设置切换效果，单击鼠标换片。

阶 段 测 试

1．选择题

（1）要快速生成风格统一的演示文稿，应该使用 PowerPoint 的（　　）。

A. 配色方案　B. 幻灯片母版　C. 幻灯片版式　D. 设计模板

（2）在 PowerPoint 中的普通视图方式下，状态栏中出现“幻灯片 2/7”的文字，表示（　　）。

A. 共有 9 张幻灯片，目前显示的是第 2 张

B. 共有 9 张幻灯片，目前显示的是第 7 张

C. 共有 7 张幻灯片，目前显示的是第 2 张

D. 共有 2 张幻灯片

（3）在 PowerPoint 中通过对幻灯片中的对象设置（　　），可以实现作品的交互功能。

A. 自定义动画　　B. 幻灯片切换　　C. 超链接　　D. 幻灯片放映

（4）在 PowerPoint 中，设置幻灯片放映时的换页效果为“盒状展开”，应使用（　　）命令。

A. 动作按钮　　B. 切换　　C. 自定义动画　　D. 预设动画

（5）在 PowerPoint 中，若希望演示文稿作者的名字在播放时出现在所有的幻灯片中，则应将其加入到（　　）中。

A. 配色方案　　B. 动作按钮　　C. 幻灯片母版　　D. 备注母版

（6）在 PowerPoint 中，对于已创建的多媒体演示文稿可以（　　），然后就可以在其他未安装 PowerPoint 的机器上放映。

A. 选择“文件”→“打包”命令

B. 选择“文件”→“发送”命令

C. 选择“幻灯片放映”→“设置幻灯片放映”命令

D. 选择“编辑”→“复制”命令

（7）在演示文稿中，插入超链接中所链接的目标不能是（　　）。

A. 其他应用程序　　B. 另一个演示文稿

C. 同一个演示文稿的某一张幻灯片　　D. 幻灯片中的某个对象

（8）在 PowerPoint 中打开文件，以下说法正确的是（　　）。

A. 能打开多个文件，但不可能同时使用它们

B. 只能打开一个文件

C. 能打开多个文件，可以同时使用它们打开

D. 最多能打开 4 个文件

（9）在 PowerPoint 中，当要改变一张幻灯片的设计模板时（　　）。

A. 所有幻灯片均采用新模板

B. 只有当前幻灯片采用新模板

C. 除已加入的空白幻灯片外，所有的幻灯片均采用新模板

D. 所有的剪贴画均丢失

（10）用 PowerPoint 2013 制作的演示文稿，默认的扩展名是（　　）。

A. .pptx　　B. .doc　　C. .txt　　D. .xls

（11）直接启动 Powerpoint 新制作一个演示文稿，标题栏默认显示文件名称为“演示文稿 1”，当选择“文件”→“保存”命令后，会（　　）。

A. 直接保存“演示文稿 1”并退出 PowerPoint

B. 打开“另存为”对话框，供进一步操作

C. 自动以“演示文稿 1”为名存盘，继续编辑

D. 打开“保存”对话框，供进一步操作

（12）下列说法错误的是（　　）。

A. 同一个 PPT 中文字的颜色一般不宜超过 3 种

B. 同一个 PPT 中文字的字体一般不宜超过 3 种

C. 在一个对象上可以添加多个动画

D. 在 PPT 中动画效果越多越好

（13）PowerPoint 关于超链接的说法错误的是（　　）。

A. 可以在文本上建立超链接

B. 可以在图片上建立超链接

C. 当单击超链接时，就可以转向这个地址所指向的位置

D. 增删、调换幻灯片页面后，不需要修正相关的超链接

（14）为了使 PPT 每一张的播放时间为 5 秒，实现自动播放，要执行的操作是（　　）。

A. 单击鼠标　　B. 使用 Enter 键

C. 设置计时播放　　D. 按 Alt+F5 组合键演示者视图播放

（15）关于备注的说法正确的是（　　）。

A. 备注有字数限制

B. 备注完内容之后不可以删除

C. 如果备注的内容演示者能看到，观众看不到，只需要一个显示器就行

D. 如果备注的内容演示者能看到，观众看不到，需要两个以上显示器

（16）小高做了一组 70 张的幻灯片，为了使演讲更精彩，他需要调整顺序。在下列（　　）方式下调整更方便。

A. 幻灯片播放　　B. 大纲视图　　C. 浏览视图　　D. 幻灯片母版

（17）PowerPoint 2013 演示文稿中，（　　）格式能够自动播放。

A. .pps　　B. .ppsx　　C. .potx　　D. .pot

（18）创建新的 PowerPoint 一般使用（　　）模版。

A. 标题　　B. 设计　　C. 空白　　D. 标题和内容

（19）PowerPoint 2013 中，文字借用（　　）来呈现在幻灯片中。

A. 图片　　B. 文本框　　C. 图形　　D. 不用任何工具

（20）PowerPoint 是（　　）公司的产品。

A. IBM　　B. Microsoft　　C. 金山　　D. 联想

2. 判断题

（1）在 PowerPoint 中，利用复制、粘贴命令，不能实现整张幻灯片的复制。（　　）

（2）在 PowerPoint 中，可以将演示文稿保存成网页文件。（　　）

（3）在 PowerPoint 中，文本、图片和表格在幻灯片中都可以设置为动画的对象。（　　）

（4）在 PowerPoint 中只能同时打开一份演示文稿。（　　）

（5）利用 PowerPoint 可以制作出交互式的演示文稿。（　　）

（6）PowerPoint 中，在幻灯片浏览视图下能方便地实现幻灯片的插入和复制。（　）

（7）PowerPoint 中如果修改幻灯片母版，那么所有采用这一母版的幻灯片版面风格也会随之发生改变。（　）

（8）在 PowerPoint 中提供了多种动画效果，一旦为某对象设置了动画效果，就不能取消，除非删除该幻灯片。（　）

（9）在 PowerPoint 中，凡是带有下画线的文字，都表示有超链接。（　）

（10）在 PowerPoint 中，一个演示文稿文件中可以包含很多张幻灯片。（　）

（11）在 PowerPoint 中，可以利用绘图工具栏中的工具绘制各种图形。（　）

（12）PowerPoint 中如果终止幻灯片的放映，可直接按 Esc 键。（　）

（13）在 PowerPoint 中的幻灯片浏览视图方式下，不能改变幻灯片的内容。（　）

（14）用 PowerPoint 制作演示文稿时，如果用户对已定义的版式不满意，只能重新创建新演示文稿，无法重新选择自动版式。（　）

（15）用 Powerpoint 制作的演示文稿只能顺序播放。（　）

（16）在幻灯片中添加的声音文件只能在单击之后播放。（　）

（17）为幻灯片中的对象设置的动画效果越丰富，越能增强幻灯片的吸引力。（　）

（18）设置幻灯片母版时不必考虑幻灯片所要表达的主题，只要实用就行。（　）

（19）幻灯片母版其实就是一种特殊的幻灯片。（　）

（20）演示文稿规划和设计的关键是如何把演讲的重点内容通过视觉效果呈现出来，并运用艺术手法推送到听众面前，让听众接受这些信息。（　）

（21）在 PowerPoint 的窗口中，无法改变各个区域的大小。（　）

（22）PowerPoint 文档在保存时可以更改名字和文件类型。（　）

（23）要想启动 PowerPoint 只能从“开始”菜单选择“所有程序”，然后选择 Microsoft PowerPoint 命令。（　）

（24）在 PowerPoint 灯片文档中，既可以包含常用的文字和图表，也可以包含一些声音和视频图像。（　）

（25）在 PowerPoint 中，只能插入 GIF 文件的图片动画，不能插入 Flash 动画。（　）

（26）在 PowerPoint 中，在大纲视图模式下可以实现在其他视图中可实现的一切编辑功能。（　）

（27）PowerPoint 中，添加文本框可以从菜单栏的“插入”选项卡开始。（　）

（28）在 PowerPoint 中，文本框的大小不可改变。（　）

（29）在幻灯片中添加图片操作，文本框的大小可以改变。（　）

（30）PowerPoint 中，用自选图形在幻灯片中添加文本时，插入的图形是无法改变大小的。（　）

（31）PowerPoint 编辑时，单击文本区，会显示文本控制点。（　）

（32）PowerPoint 中，文本复制的快捷键是 Ctrl+C，粘贴的快捷键是 Ctrl+V。（　）

（33）PowerPoint 中，如果操作过程中出现了错误，那么可以单击工具栏中的“撤销”按钮来撤销操作。

（ ）

（34）PowerPoint 规定，对于任何一张幻灯片中的文字、图片只能选择一种动画方式。（ ）

（35）新幻灯片的输出的类型可根据需要来设定。（ ）

（36）新幻灯片的输出类型固定是不变的。（ ）

（37）PowerPoint 中，应用设计模板设计的演示文稿无法进行修改。（ ）

（38）PowerPoint 应用设计模板设计的演示文稿，可以节省大量的时间，提高工作效率。（ ）

（39）将两个幻灯片演示文稿合并成为一个演示文稿可以采用复制粘贴的方法。（ ）

（40）演示文稿在放映中可以使用绘图笔进行实时修改和标注。（ ）

（41）幻灯片中的插入的声音不能循环播放。（ ）

（42）演示文稿中的声音不能跨幻灯片播放。（ ）